简明结构吊装手册

余厚极 编

中国建筑工业出版社

(京）新登字 035 号

  建筑结构吊装是建筑施工活动中的一个重要的分项工程，有其独有的技术特点。本手册系统简明地介绍了结构吊装的技术要领和吊装工艺经验以及实用的受力计算方法。全书共十章，计有：工具、索具、结构吊装的准备工作、构件吊装工艺、大跨度屋盖结构吊装、火力发电厂结构吊装、框架结构吊装、钢筋混凝土升板法施工、"土"法吊装、结构吊装中的一般计算、结构吊装常用参考资料。

  手册供建筑结构设计人员、施工技术人员和起重工、建筑机械驾驶员阅读，也可供建工院校有关专业做教学参考。

简明结构吊装手册

余厚极 编

*

中国建筑工业出版社出版、发行（北京西郊百万庄）
新 华 书 店 经 销
北京市顺义燕华印刷厂印刷

*

开本：787×1092毫米 1/16 印张：16 字数：389千字
1995年5月第一版　1995年5月第一次印刷
印数：1—4,100册　定价：**17.50元**
ISBN 7-112-02489-7

TU・1914　（7563）

版权所有　翻印必究
如有印装质量问题，可寄本社退换
（邮政编码 100037）

目 录

第一章 工具、索具 ……………………………………………………………………… 1
第一节 工具及附件 ……………………………………………………………… 1
一、卡环 …………………………………………………………………… 1
二、管式柱子校正器 ……………………………………………………… 3
三、铁扁担 ………………………………………………………………… 3
四、其它吊装用附件工具 ………………………………………………… 4
第二节 索具 ……………………………………………………………………… 10
一、棕绳 …………………………………………………………………… 10
二、钢丝绳 ………………………………………………………………… 10
第三节 简易起重工具 …………………………………………………………… 22
一、千斤顶 ………………………………………………………………… 22
二、卷扬机 ………………………………………………………………… 23
三、葫芦 …………………………………………………………………… 23
四、滑车及滑车组 ………………………………………………………… 25

第二章 结构吊装的准备工作 …………………………………………………………… 34
第一节 施工组织设计编制的主要内容 ………………………………………… 34
一、工程概况 ……………………………………………………………… 34
二、吊装方案 ……………………………………………………………… 35
三、技术措施 ……………………………………………………………… 39
四、施工进度计划 ………………………………………………………… 39
五、机械、材料、工具表、工程量表 …………………………………… 41
六、质量、安全要求 ……………………………………………………… 41
第二节 构件平面布置 …………………………………………………………… 42
一、钢筋混凝土柱平面布置形式 ………………………………………… 42
二、钢筋混凝土屋架预制阶段平面布置 ………………………………… 44
三、吊车梁平面布置 ……………………………………………………… 44
四、屋盖系统构件吊装阶段平面布置 …………………………………… 45
第三节 现场准备工作 …………………………………………………………… 48
一、路线 …………………………………………………………………… 48
二、现场环境 ……………………………………………………………… 48
三、水、电源 ……………………………………………………………… 50
四、安全准备 ……………………………………………………………… 50
五、构件的准备工作 ……………………………………………………… 50
六、其它准备工作 ………………………………………………………… 50
第四节 构件运输、拼装、堆放 ………………………………………………… 51
一、构件运输 ……………………………………………………………… 51
二、构件拼装 ……………………………………………………………… 52

三、构件堆放 54

第三章 构件吊装工艺 55

第一节 柱子吊装 55
一、柱子的绑点位置 55
二、柱子的吊升 57
三、柱子的就位 57
四、柱子的临时固定 58
五、柱子的校正 58
六、柱子的永久固定 60

第二节 吊车梁吊装 60
一、吊车梁的绑扎、吊升、就位 60
二、吊车梁的校正与固定 60
三、重型吊车梁吊装 62

第三节 屋架吊装工艺 62
一、屋架的绑扎点 62
二、屋架的吊升、就位、临时固定 62

第四节 天窗架等构件及不规则构件吊装 64
一、天窗架吊装 64
二、屋面板吊装 65
三、天沟板吊装 65
四、不规则构件吊装 65

第五节 屋盖吊装 66

第四章 大跨度屋盖结构吊装 67

第一节 门式刚架吊装 67
一、门式刚架类型 67
二、门式刚架绑扎点的选定 67
三、门式刚架的临时固定与校正 68
四、门式刚架的永久固定 68

第二节 网架结构吊装 69
一、网架特征 69
二、网架的拼装工艺流程及拼装方向 70
三、网架吊装方法 70
四、网架安装注意事项 73

第三节 大跨度平面桁架屋盖吊装 74
一、钢带提升法 74
二、大跨度屋盖结构顶升法 75
三、钢带提升和顶升法注意事项 75

第五章 火力发电厂结构吊装 78

第一节 火力发电厂主要结构形式 78
一、煤库主要结构形式 78
二、输煤廊结构形式 78
三、主厂房结构形式 78

第二节 火力发电厂结构吊装 80
一、煤库吊装 80
二、输煤廊吊装 80

三、主厂房吊装 ··· 82

第六章　框架结构吊装 ··· 86

第一节　高层钢结构吊装 ··· 86
　　一、高层钢结构施工顺序 ··· 86
　　二、高层钢结构垂直运输机械 ··· 86
　　三、高层钢结构吊装工艺 ··· 88
　　四、高层钢结构的测量 ··· 91
　　五、高层钢结构的焊接工艺 ··· 92

第二节　多层装配式框架结构吊装 ··· 93
　　一、起重机械的选择 ··· 94
　　二、起重机的布置 ··· 94
　　三、框架结构吊装构件布置 ··· 95
　　四、框架结构吊装方法 ··· 95

第七章　钢筋混凝土升板法施工 ··· 99

第一节　升板设备 ··· 99
　　一、自行电动穿心式提升机 ··· 99
　　二、自升提升机的原理 ··· 99
　　三、提升机承受力计算 ··· 100

第二节　升板施工工艺 ··· 100
　　一、柱子预制、吊装 ··· 100
　　二、地坪及楼板制作 ··· 100
　　三、板的提升与固定 ··· 101
　　四、升板工艺提升阶段柱子的稳定 ··· 103
　　五、升板工艺的发展 ··· 103

第八章　"土"法吊装 ··· 104

第一节　"土"法吊装用地锚 ··· 104
　　一、无护板加固地锚受力计算 ··· 104
　　二、有护板加固地锚受力计算 ··· 105
　　三、地锚强度计算 ··· 105
　　四、地锚构造及容许拉力选用表 ··· 107
　　五、活动地锚 ··· 107

第二节　自行式起重机加辅助装置 ··· 110
　　一、起重吊臂增加牵引绳 ··· 110
　　二、两台起重机吊臂加设横梁的吊装方法 ··· 111
　　三、起重吊臂加支柱吊装方法 ··· 111

第三节　桥梁、渡槽"土"法吊装 ··· 112
　　一、龙门架法 ··· 113
　　二、便道横移法 ··· 114
　　三、利用人字桅杆悬吊法 ··· 114
　　四、双人字悬臂吊臂吊装渡槽 ··· 114

第四节　其它"土"法吊装 ··· 115
　　一、人字桅杆扳起铁塔 ··· 115
　　二、人字桅杆抬吊洗涤塔 ··· 116
　　三、桥式起重机吊装方法 ··· 116

第九章　结构吊装中的一般计算 ··· 119

第一节　起重机臂长选择 ································119
　一、图解法 ····································119
　二、数解法 ····································120
　三、估算法求吊臂长度 ··························121
第二节　构件吊点校核 ································122
　一、钢筋混凝土柱的吊点验算 ····················122
　二、屋架翻身扶直时绑扎点强度校核 ··············124
　三、门式刚架吊点验算 ··························130
第三节　起重机的稳定性验算 ··························133
　一、履带式起重机稳定性验算 ····················133
　二、轮式起重机动态稳定性验算 ··················135
　三、塔式起重机的稳定性验算 ····················136
第四节　桅杆式起重机的计算 ··························138
　一、常用几种桅杆吊装时受力计算 ················138
　二、格构式桅杆设计 ····························144

第十章　结构吊装常用参考资料 ························155
第一节　起重机械 ····································155
　一、履带式起重机 ······························155
　二、轮胎式起重机 ······························172
　三、塔式起重机 ································178
　四、汽车式起重机 ······························184
第二节　运输车辆 ····································210
　一、牵引车头技术参数表 ························210
　二、牵引平板技术参数表 ························211
　三、构件运输车技术参数表 ······················212
第三节　常用数据及其它 ······························212
　一、常用数据及常用公式 ························212
　二、构件安装时的允许偏差和检验方法 ············243
　三、起重吊装指挥信号 ··························249

第一章 工具、索具

第一节 工具及附件

一、卡环

卡环又称卸甲，是吊索与构件联系用工具，图1-1及表1-1为卡环的国标（GB359-65）规格。

在施工现场对卡环的容许荷载估算，是采用卡环的横销直径换算的近似公式，见公

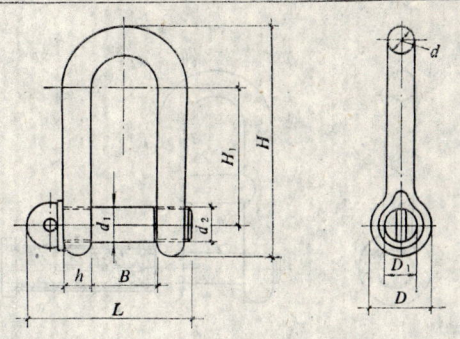

图 1-1 卡环尺寸示意图

卡环技术规格（GB559-65） 表 1-1

型号(GD)	使用负荷		D	H	H_1	L	d	d_1	d_2	C	重量
	(N)	(kg)	(mm)								(kg)
0.2	2450	250	16	49	35	34	6	8.5	M8	1	0.04
0.4	3920	400	20	63	45	44	8	10.5	M10	1	0.09
0.6	5880	600	24	72	50	53	10	12.5	M12	1	0.16
0.9	8820	900	30	87	60	64	12	16.5	M16	1	0.30
1.2	12250	1250	35	102	70	73	14	18.5	M18	1	0.46
1.7	17150	1750	40	116	80	83	16	21	M20	1	0.69
2.1	20580	2100	45	132	90	98	20	25	M22	1.5	1
2.7	26950	2750	50	147	100	109	22	29	M27	1.5	1.54
3.5	34300	3500	60	164	110	122	24	33	M30	1.5	2.20
4.5	44100	4500	68	182	120	137	28	37	M39	1.5	3.21
6.0	58800	6000	75	200	135	158	32	41	M39	2.0	4.57
7.5	73500	7500	80	226	150	175	36	46	M42	2.0	6.20
9.5	93100	9500	90	255	170	193	40	51	M48	2.0	8.63
11.0	107800	1100	100	285	190	216	45	56	M52	2.5	12.03
14.0	137200	1400	110	318	215	236	48	59	M56	2.5	15.58
17.5	171500	17500	120	345	235	254	50	66	M64	2.5	19.35
21.0	205800	2100	130	375	250	288	60	71	M68	2.5	27.83

式(1-1)。

$$[Q] = 40d^2 \qquad (1\text{-}1)$$

式中　$[Q]$——容许荷载（N）；

　　　d——横销直径（mm）。

半自动卡环用于吊装柱子时，为减少高空作业而使用的一种卡环，系各单位自制。受力可采用普通卡环容许荷载公式估算。图1-2为其构造示意图。

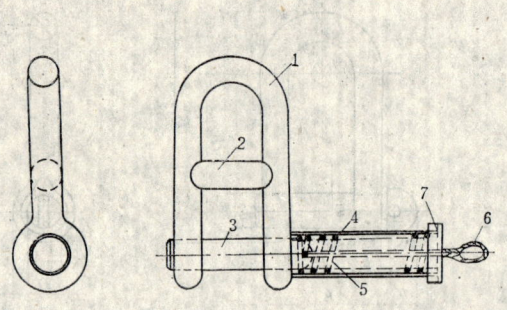

图 1-2　半自动卡环构造示意图　　　　图 1-3　国际标准D形卡环尺寸符号示意

1—弯环；2—加劲横杆（根据卡环大小号，采取加与否）；3—横销；4—导向管；5—弹簧；6—拉绳；7—盖子

D形卡环内部尺寸　　　　　　表 1-2

起重能力 CP (t)	试验负荷 Fe (kN)	开口宽度 $W=14\sqrt{0.1Fe}$ (mm)	内部高度 $S=(2.2W)$ (mm)
1.0	20	20	44
1.25	25	22	49
1.6	32	25	55
2.0	40	28	62
2.5	50	31	69
3.2	64	35	78
4.0	80	40	87
5.0	100	44	97
6.3	126	50	109
8.0	160	56	123
10.0	200	63	138
12.5	250	70	154
16.0	320	79	174
20.0	400	89	195
25.0	500	99	218
32.0	640	112	247
40.0	800	125	275
50.0	1000	140	308
63.0	1260	157	346
80.0	1600	177	390

注：S值是以W精确值得出，而不是按表中圆整数算出。

国际标准D形卡环（卸扣）：图1-3及表1-2、1-3为国际标准（ISO2731-73），所规范的D形卡环的主要尺寸数据。

卡环本体、横销和销孔直径　　　　　　　　　　　表 1-3

起重能力 CP (t)	卡环本体材料（d最小）			横销直径（D） $1.15d$			销孔外径（e）最小 $2D$最小		
	$13\sqrt{CP}$	$12\sqrt{CP}$	$10.2\sqrt{CP}$						
	L级	M级	S级	L级	M级	S级	L级	M级	S级
	(mm)			(mm)			(mm)		
1.0	13	12	11	15	14	12	30	28	24
1.25	15	14	12	17	15	13	34	30	26
1.6	17	16	13	19	18	15	38	36	30
2.0	19	17	15	21	20	17	42	40	34
2.5	21	19	17	24	22	19	48	44	38
3.2	24	22	19	27	25	21	54	50	42
4.0	26	24	21	30	28	23	60	56	46
5.0	29	27	23	33	31	26	66	62	52
6.3	33	31	26	37	35	29	74	70	58
8.0	37	34	29	42	39	33	84	78	66
10.0	41	38	33	47	44	37	94	88	74
12.5	46	43	36	53	49	42	106	98	84
16.0	52	48	41	60	55	47	120	110	94
20.0	59	54	46	67	62	52	134	124	104
25.0	65	60	51	75	69	59	150	138	118
32.0	74	68	58	84	78	66	168	156	132
40.0	83	76	65	94	87	74	188	174	148
50.0	92	85	72	106	98	83	212	196	166
63.0	104	96	81	119	110	93	238	220	186
80.0	117	106	91	134	124	105	268	248	210

注：1. 实际使用的横销和卸扣本体的直径可选择任何标准的棒材系列，必须注意制造方法，成品直径不应低于表列最小值。
　　2. 表列数值d是经圆整的，D是从d的精确值计算出并圆整的。
　　3. L级只供船用。

二、管式柱子校正器

图1-4为一种管式柱子校正器图，在校正柱子时要配合钢丝绳使用（见图3-10）。

三、铁扁担（有称横吊梁）

铁扁担型式有多种，建筑结构吊装用铁扁担常用钢板、型钢或型钢组合制成。

铁扁担主要用途：

吊装柱子时容易使柱子立直而便于安装、校正，吊屋架等构件时，可以降低起升高和减少对构件的水平压力。图1-5为一种钢板式铁扁担，构造简易，使用方便。表1-4为部分钢板式铁扁担规格选用表。

图1-6所示为钢管式铁扁担，图中不代括号尺寸指吊重200kN（约20t）用的铁扁担，有括号数值指150kN（约15t）用的铁扁担。

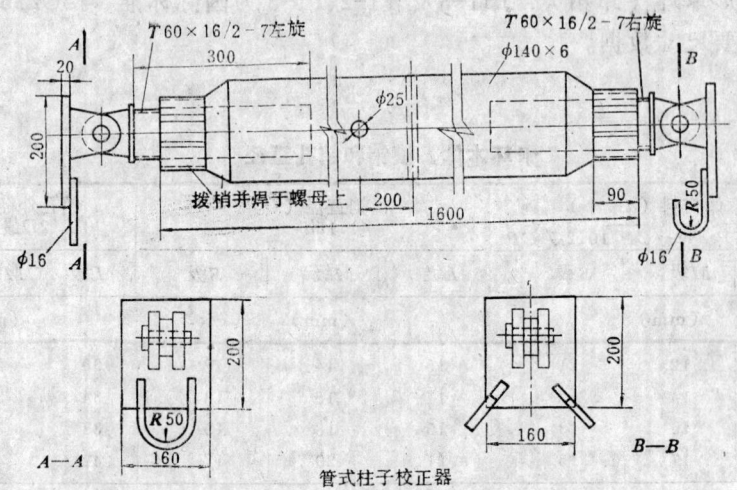

图 1-4 螺旋管式校正器

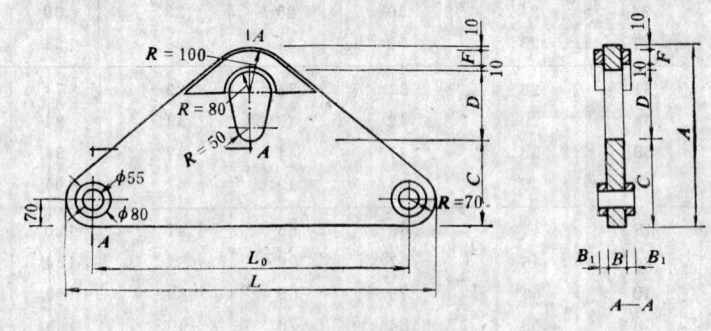

图 1-5 钢板式铁扁担图

钢板式铁扁担规格选用表 表 1-4

规格	起重量 (kN)	L_0 (mm)	L (mm)	各部分尺寸（mm）						材质	重量 (kg)
				A	B	B_1	C	D	E		
板一号	100	700	840	400	30	15	190	160	30	A3F	42
板二号	200	1000	1140	450	50	15	210	180	40		110

四、其它吊装用附件工具

1. 铁、木楔子

其规格选用表见表1-5。

2. 铁垫、撬杠

铁垫是支垫构件找正用，其规格见表1-6。

撬杠在起重吊装作业中，为常用简便工具。撬杠材料用六棱钢和圆钢（45号或20号钢）制成，其梢和弯折部分在锻好后，应进行淬火处理，要求硬度适中。其规格选用见表1-7。

3. 花篮螺栓

花篮螺栓又称松紧螺栓，主要是用它调节钢丝绳松紧程度。花篮螺栓的型号根据其两头结构划分。CC型、CO型多用于经常拆卸场合；OO型多用于不经常拆卸场合。其规格见表1-8～1-10。

花篮螺栓受力估算：

施工现场花篮螺栓容许荷载估算，利用螺栓直径计算。CC型CO型花篮螺栓容许荷载为：

容许荷载＝25×直径（mm）×直径（mm）（N）

OO1、OO2型花篮螺容许荷载为：

容许荷载＝30×直径（mm）×直径（mm）（N）

4．绳卡

绳卡又称夹头或轧头，供固定钢丝绳夹接用。按结构型式分为马鞍式、抱合式、骑马式。表1-11为骑马式规格表。

绳卡数量计算：

（1）马鞍式、抱合时绳卡数量可按式（1-2）计算：

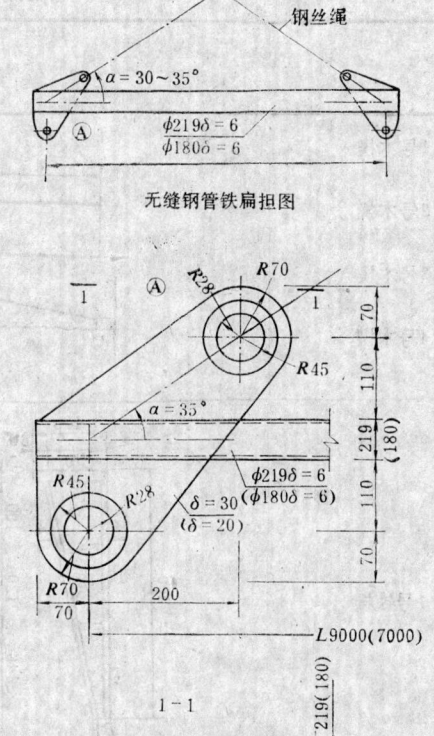

图 1-6 无缝钢管式铁扁担图

$$n=\frac{P}{2T(f_1-f_2)}=1.677\times\frac{P}{2T} \tag{1-2}$$

式中　P——钢丝绳上所受综合计算荷载（kN）；
　　　T——栓紧绳卡螺帽时，螺栓所受的力（N）；（根据螺栓直径，按表1-12求出）；
　　　f_1——钢丝绳与钢丝绳的摩擦系数，$f_1=0.4$；
　　　f_2——钢丝绳与绳卡夹箍的摩擦系数，$f_2=0.2$。

（2）对骑马式绳卡数量，可按式（1-3）计算，设钢丝绳与钢丝绳间的摩擦系数近似为零，则计算按式（1-3）进行。

$$n=\frac{P}{2Tf_2}=2.5\frac{P}{T} \tag{1-3}$$

式中符号同式（1-2）一样。

（3）按国家标准绳卡数量，见表1-13。

铁、木楔子规格选用表　　　　表 1-5

名　称	简　图	尺寸 (mm) a	b	c	d	用　途
1号木楔	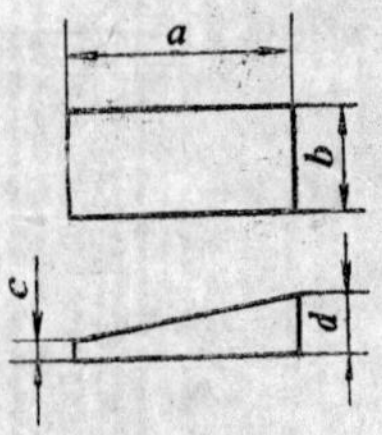	350	100	40	100	主要用于吊装柱子
2号木楔		350	100	25	80	
3号木楔		400	120	25	100	
4号木楔		400	120	25	80	
1号铁楔	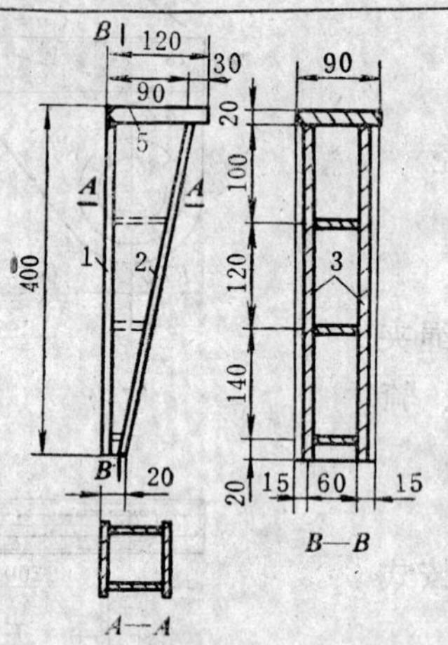 甲	300～350	90	20	120	
2号铁楔	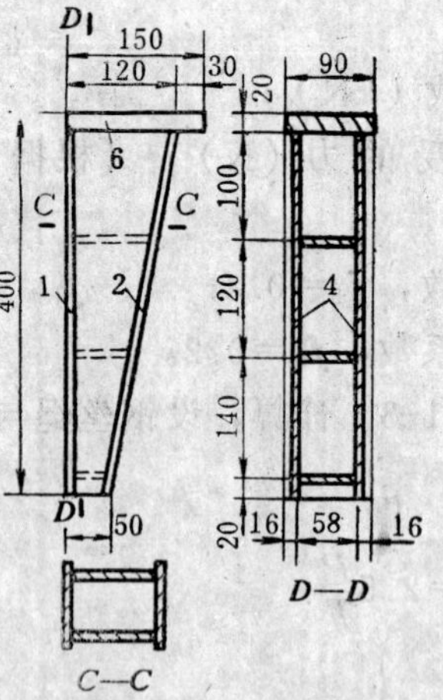 乙	300～400	90	40	150	

注：钢筋混凝土楔子，可参照木楔子尺寸制作，混凝土强度应高于柱子混凝土强度等级。

常用铁垫规格参考表　　　　　　　　　　表 1-6

名称	简图	尺寸（mm）				用途
		a	b	c	d	
1号斜铁垫		40	30	2	6	
2号斜铁垫		60	35	2	8	
3号斜铁垫		80	40	2	6	
4号斜铁垫		100	45	2	8	
5号斜铁垫		120	50	2	6	
6号斜铁垫		150	60	2	8	

常用撬杠规格表　　　　　　　　　　表 1-7

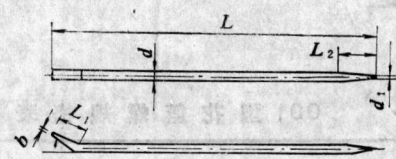

编号	角度	各部尺寸（mm）					
	a	L	L_1	L_2	d	d_1	b
1	45°	1500	65	170	30	8	2.0
2	45°	1200	60	150	25	6	2.0
3	45°	1000	50	150	22	6	2.0
4	40°	800	45	100	20	4	1.5
5	35°	600	40	100	16	4	1.5

CC型、CO型花篮螺栓规格表　　　　　　　　　　表 1-8

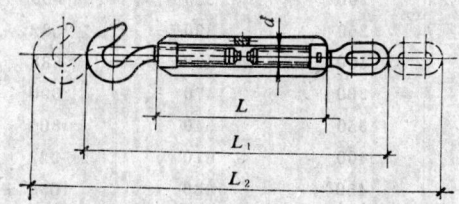 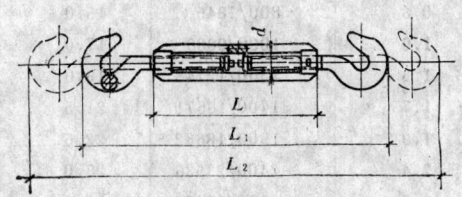

续表

号码	允许荷载 (kg/N)	适用钢丝绳直径 (mm)	螺纹直径 d (mm)	本体长度 L (mm)	最小全长L_1 (mm) CC型	最小全长L_1 (mm) CO型	最大全长L_2 (mm) CC型	最大全长L_2 (mm) CO型
0.07	70/686	2.2	6	100	180	175	258	250
0.1	100/981	3.3	8	125	225	210	317	304
0.2	250/2451	4.5	10	150	270	260	380	370
0.3	320/3138	5.5	12	200	334	320	480	468
0.4	440/4315	6.5	14	200	334	330	490	498
0.6	630/6178	8.5	16	250	446	420	638	610
0.7	770/7551	9.0	18	300	520	500	748	720
0.9	980/9611	9.5	20	300	520	500	740	720

OO1型花篮螺规格表　　　　表 1-9

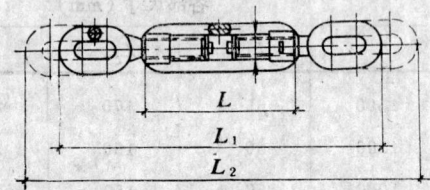

号码	允许荷载 (kg/N)	适用钢丝绳径 (mm)	螺纹直径 d (mm)	本体长度 L (mm)	最小长度 L_1 (mm)	最大长度 L_2 (mm)
0.1	100/980	6.5	6	100	164	242
0.2	200/1961	8.0	8	125	199	291
0.3	300/2942	9.5	10	150	250	318
0.4	400/3922	11.5	12	200	310	416
0.6	600/5884	13.0	14	200	320	466
0.8	800/7845	15.0	16	250	390	582
1.0	1000/9806	17.0	18	300	460	688
1.3	1300/12748	19.0	20	300	470	690
1.7	1700/16671	21.5	22	350	540	806
1.9	1900/18632	22.5	24	400	610	922
2.4	2400/23536	28.0	27	450	680	1035
3.0	3000/29420	31.0	30	450	700	1055
3.8	3800/37265	34.0	33	500	770	1158
4.5	4500/44130	37.0	36	500	840	1270

OO2型花篮螺栓规格表 表1-10

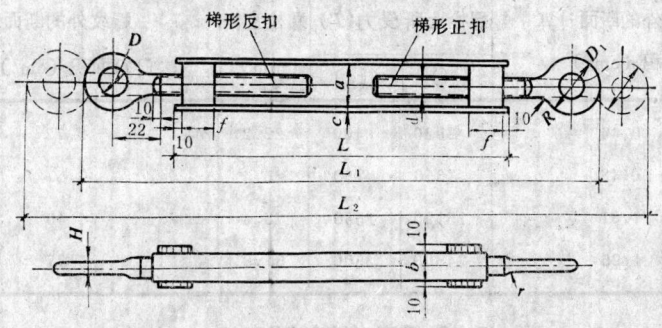

允许荷载 (t/kN)	各部分尺寸 (mm)													
	a	b	c	H	f	n	R	r	d	D	D_1	L	L_1	L_2
3/29	60	40	10	20	50	70	30	15	26	40	86	620	840	1350
5/49	70	50	10	25	70	80	40	25	32	50	100	660	920	1440
10/98	110	90	12	41	90	100	50	40	50	60	130	940	1270	2050
15/147	130	110	14	46	100	110	60	55	55	70	140	1050	1410	2240
20/196	150	130	14	54	120	130	70	70	60	80	170	1320	1750	2650

骑马式绳卡规格表 表1-11

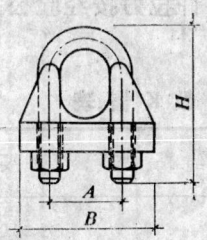 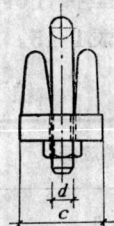

型号	适用最大绳径 (mm)	螺栓直径 (d) (mm)	螺栓中心距 (A) (mm)	螺栓全高 (H) (mm)
Y_1-6	6	6	14	35
Y_2-8	8	8	18	44
Y_3-10	10	10	22	55
Y_4-12	12	12	28	69
Y_5-15	15	14	33	83
Y_6-20	20	16	39	96
Y_7-22	22	18	44	108
Y_8-25	25	20	49	122
Y_9-28	28	22	55	137
$Y_{10}-32$	32	24	60	149
$Y_{11}-40$	40	24	67	164
$Y_{12}-45$	45	27	78	188
$Y_{13}-50$	50	30	88	210

栓紧绳卡螺帽时、螺栓受的力　　　　　　表 1-12

螺栓直径（mm）	螺纹外的断面计算面积（cm²）	螺栓上所受力(T)		螺栓直径（mm）	螺纹外的断面计算面积（cm²）	螺栓上所受力(T)	
		(N)	(kg)			(N)	(kg)
9.5	0.44	3920	400	22.2	2.72	34300	3500
12.7	0.78	7350	750	25.4	3.57	45080	4600
15.8	1.31	15190	1550	28.4	4.49	56840	5800
19.0	1.96	24500	2500	31.8	5.77	73500	7500

绳卡数量表（摘自GB6067—85）　　　　　　表 1-13

钢丝绳直径（mm）	7～18	19～27	28～37	38～45
绳卡数量（个）	3	4	5	6

注：绳卡压头应在钢丝绳长头一边，绳卡间距不应小于钢丝绳直径的6倍。

第二节　索　具

一、棕绳（麻绳）

棕绳又叫麻绳、白棕绳，以剑麻为原料，其性较软，建筑工地应用广泛，多用于牵拉、捆绑，有时也用于吊装轻型构件绑扎绳。其容许拉力按经验公式进行。棕绳安全系数见表1-14。天津产棕绳规格见表1-15。

棕绳安全系数K值表　　　　　　表 1-14

用　　途	作缆风绳	吊索绳	重要处	穿滑车组吊构件
K	6	≥6	10	5

棕绳容许拉力经验公式为：

$$\text{容许拉力} = \text{直径(mm)} \times \text{直径(mm)} \div 0.2 \ (\text{N})$$

二、钢丝绳

钢丝绳绳股是由0.3～3mm直径的高强钢丝绕成。钢丝越细绕成的钢丝绳也比较柔软，反之钢丝粗绕成的钢丝绳则较硬。

建筑工地用钢丝绳多为普通绳，主要规格是6×19、6×37、6×61。

1. 钢丝绳的分类

按钢丝绳结构型式分为普通式、复合式、闭合式；绳芯分：麻芯、棉芯、石棉芯、金属芯等。

普通式及复合式钢丝绳，按捻制方向分为：顺绕（又可分为同向左捻，同向右捻）、反绕（又称交互左捻、交互右捻）、混合绕，如图1-7。

2. 钢丝绳受力计算及其主要数据

钢丝绳破断拉力计算较为复杂，式（1-4）、（1-5）、（1-6）为三种计算方法。

天津产麻绳品种规格　　　　表 1-15

规格			印尼棕绳		白棕绳		混合绳	
直径(mm)	延伸率(%)	股组织 经数(系)	重量 kg	破断力 N	重量 kg	破断力 N	重量 kg	破断力 N
10		3×3	15	4410	15	3038	16	3989
13		5×3	28	7203	28	4410	30	5782
16		8×3	42	10486	42	9800	47	10192
19	14	11×3	60	14896	50	13779	65	—
22	22	14×3	77	17542	72	14700	84	—
25	29	20×3	103	24500	100	21560	118	19992
28	38	26×3	135	38416	120	26460	145	—
32	25	32×3	165	43316	155	—	180	—
38	22	42×3	235	65856	212	—	239	—
42	18	49×3	265	66836	290	—	303	—
45	13	59×3	316	67620	—	—	380	—
50	13	70×3	383	73500	—	—	405	—
57	13	87×3	549	—	360	—	—	—

注：表列各种麻绳重量系每盘绳近似数。破断力栏的空格系数做抗拉试验。

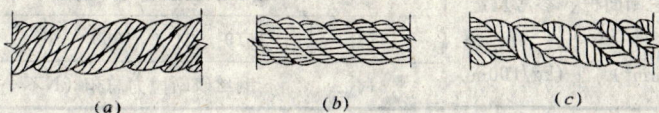

图 1-7　钢丝绳绕法示意图
(a) 顺绕；(b) 反绕；(c) 混合绕

（1）钢丝绳破断拉力近似方法按式（1-4）进行。

$$P_{破}=P_c(\cos\alpha)^m \cdot (\cos\beta)^n \tag{1-4}$$

式中　$P_{破}$——钢丝绳破断拉力（N）；

　　P_c——钢丝绳总和计算破断拉力 $P_c=A\sigma_b$；

　　A——钢丝断面积总和（mm²）；

　　σ_b——钢丝公称抗拉强度极限（MPa）；

　　α——股中钢丝的捻角，取 $\alpha=13°\sim 15°$；

　　β——钢丝绳中股的捻角，平均取 $\beta=16°$；

　　m——股中钢丝层数；

　　n——钢丝绳中股的层数。

（2）施工现场钢丝绳破断拉力估算

按（1-5）式进行。

$$P_{破}=500d^2 \tag{1-5}$$

式中　$P_{破}$——破断拉力（N）；

d——钢丝绳直径（mm）。

（3）钢丝绳在承受拉伸和弯曲时复合应力。

按式（1-6）进行。

$$\sigma_{复}=\frac{P}{A}+\frac{d_1}{D}E_{计算}\leq[\sigma]_{拉} \tag{1-6}$$

式中　P——钢丝绳承受的综合计算荷载（kN）；

　　　D——滑轮或卷筒槽底的直径（mm）；

　　　d_1——单根钢丝的直径（mm）；

　　　$E_{计算}$——钢丝绳的弹性模量；

　　　$[\sigma]_{拉}$——钢丝绳的容许拉应力（MPa）。

其它符号同前。

（4）钢丝绳主要技术数据

钢丝绳主要技术数据见表1-16。此表根据GB1102-74换算数的。

3．钢丝绳安全系数和容许拉力

钢丝绳安全系数见表1-17，容许拉力计算按式（1-7）进行。

钢丝绳主要规格　　　　　表1-16

直径		钢丝总断面积	参考重量	钢丝公称抗拉强度（MN/m²）				
钢丝绳	钢丝			1372	1519	1666	1813	1960
（mm）		（mm²）	（kg/100m）	钢丝破断拉力总和（N不小于）				
6×19+1钢丝绳								
6.2	0.4	14.32	13.53	19600	21658	23814	25872	28028
7.7	0.5	22.37	21.14	30674	33908	37240	40474	43806
9.3	0.6	32.22	30.45	44198	48902	53606	58408	63112
11.0	0.7	43.85	41.44	60074	66542	73010	79478	85946
12.5	0.8	57.27	54.26	78498	86926	95354	103390	112210
14.0	0.9	72.49	68.5	98980	109760	120540	131320	141610
15.5	1.0	89.49	84.57	122500	135730	148960	162190	174930
17.0	1.1	108.28	102.2	148470	164150	180320	196000	212170
18.5	1.2	128.87	121.8	176400	195510	214620	233240	252350
20.0	1.3	151.24	142.9	207270	229320	251860	273910	295960
21.5	1.4	175.40	165.8	240590	266070	292040	317520	343490
23.0	1.5	201.35	190.3	275870	305760	335160	364560	394450
24.5	1.6	229.09	216.5	314090	347900	381220	415030	448840
26.0	1.7	258.63	244.4	354760	392490	430710	468440	506660
28.0	1.8	289.95	274.0	397390	440020	482650	525280	567910
31.0	2.0	357.96	338.3	490980	543410	596330	648760	701190
34.0	2.2	433.13	409.3	593880	657580	721280	784980	
37.0	2.4	515.46	487.1	707070	782530	858480	934430	
40.0	2.6	604.95	571.7	829570	918750	1004500	1092700	
43.0	2.8	701.60	663	962360	1063300	1166200	1269100	
46.0	3.0	805.41	761.1	1102500	1220100	1337700	1460200	

续表

直径		钢丝总断面积	参考重量	钢丝公称抗拉强度（MN/m²）				
钢丝绳	钢丝			1372	1519	1666	1813	1960
（mm）		（mm²）	（kg/100m）	钢丝破断拉力总和（N不小于）				
6×37＋1钢丝绳								
8.7	0.4	27.88	26.21	38220	42336	46354	50470	54586
11.0	0.5	43.57	40.96	59682	66150	72520	78988	85358
13.0	0.6	62.74	58.98	86044	95256	104370	113680	122500
15.0	0.7	85.39	80.27	117110	129360	142100	154350	167090
17.5	0.8	111.53	104.8	152880	169050	185710	201880	218540
19.5	0.9	141.16	132.7	193550	214130	234710	234710	255780
21.5	1.0	174.27	163.8	238630	264600	290080	315560	341530
24.0	1.1	210.87	198.2	289100	319970	350840	382200	413070
26.0	1.2	250.95	235.9	343980	380730	417970	454720	491470
28.0	1.3	294.52	276.8	403760	447370	490490	533610	577220
30.0	1.4	341.57	321.1	468440	518420	568890	618870	669340
32.5	1.5	392.11	368.6	537530	595350	653170	710500	768320
34.5	1.6	446.13	419.4	612010	677670	742840	808500	874160
36.5	1.7	503.64	473.4	690900	764890	838880	912870	984900
39.0	1.8	564.53	530.8	774200	857500	940310	1019200	1102500
43.0	2.0	697.08	655.9	955990	1058400	1161300	1259300	1362200
47.5	2.2	843.47	792.9	774200	1278900	1401400	1528800	
52.0	2.4	1003.80	994.62	1376900	1523900	1670900	1817900	
56.0	2.6	1178.07	1107.4	1612100	1788500	1960000	2131500	
60.5	2.8	1366.28	1284.3	1871800	2072700	2273600	2474500	
65.0	3.0	1568.43	1474.3	2151100	2381400	26611700	2842000	
6×61＋1钢丝绳								
11.0	0.4	45.97	43.21	63014	69773	76538	83300	90062
14.0	0.5	71.83	67.52	98490	108780	119560	129850	140630
16.5	0.6	103.43	97.22	141610	156800	171990	187180	202370
19.5	0.7	140.78	132.3	193060	213640	234220	254800	275870
22.0	0.8	183.88	172.8	251860	279300	306250	333200	360150
25.0	0.9	232.72	218.8	318990	353290	387590	421890	455700
27.5	1.0	287.31	270.1	393960	436100	478240	520870	563010
30.5	1.1	347.65	326.8	476770	527730	579180	630140	681100
33.0	1.2	413.73	388.9	567420	628180	688940	749700	810460
36.0	1.3	485.55	456.4	665190	737450	808500	880040	951580
38.5	1.4	563.13	529.3	772240	855050	937860	1019200	1102500
41.5	1.5	646.45	607.7	886900	980000	1073100	117100	1264200
44.0	1.6	735.51	691.4	1004500	1117200	1225500	1332800	1440600
47.0	1.7	830.33	780.5	1136800	1259300	1381800	1504300	1626800
50.0	1.8	930.88	875	1274000	1411200	1548400	1685600	1822800
55.5	2.0	1149.24	1080.3	1572900	1744400	1911000	2082500	2250080
61.0	2.2	1390.58	1307.1	1906100	2111900	2312800	2518600	
66.5	2.4	1654.91	1555.6	2268700	2513700	2753800	2998800	
72.0	2.6	1942.22	1825.7	2660700	2949800	3234000	3518200	
77.5	2.8	2252.51	2117.4	3087000	3420200	3748500	4081700	
83.0	3.0	2585.79	2430.6	3547600	3924900	4307100	4684400	

钢丝绳安全系数K值表　　　　表 1-17

用途	作缆风绳	手动起重设备	机械起重设备	作无弯曲吊索用	作捆绑吊索	载人升降机
K	3.5	4.5	5～6	6～7	8～10	14

$$[P] = \frac{P_{破}\varphi_{修}}{K} \tag{1-7}$$

式中　K——安全系数；

　　　$\varphi_{修}$——修正系数。按下数据采用 6×19+1

　　　　　$\varphi_{修}=0.85$；6×37+1　$\varphi_{修}=0.82$；6×61+1　$\varphi_{修}=0.8$

其它符号同前。

【例】　现场有一根 $d=17\text{mm}$、6×19+1 的钢丝绳，拟作捆绑绳用，试求其绳的容许应力。

【解】　按现场估算公式（1-5）求得该绳破断拉力为：

$$P_{破}=500d^2=500×17×17=144500\text{N}$$

查表 1-17，6×19+1 钢丝绳，直径为 17mm 抗拉强度是 1372MN/m^2 时，其破断拉力总和为 148470N，相比较两数基本接近。

查表 1-17，作捆绑绳用 $K=8$，则

$$[P]=\frac{144500}{8}=18062\text{N}$$

据此，该绳作为捆绑用绳，其容许拉力为 18kN（约 1.8t）。

4. 钢丝绳其它形式受力状况

在起重吊装工作中，钢丝绳绑扎形式很多，其受力大小也有所变化，为避免事故，保证安全生产，以起重吊装作业中常见形式，来说明绳的受力变化。

（1）单点捆绑绳扣

在图 1-8 中明显表明，当钢丝绳在弯曲处可能同时承受拉力和剪力的混合力，这对钢丝绳破断拉力的降低 30% 左右。因此在选择钢丝绳时要适当提高安全系数，加强安全贮备。

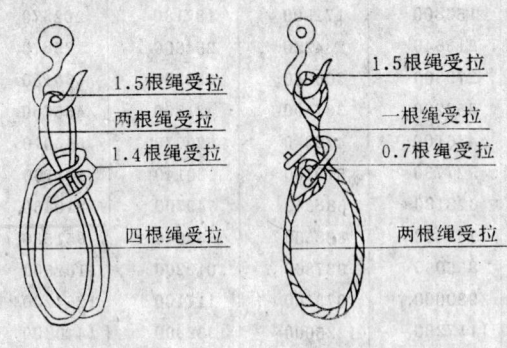

图 1-8　单点捆绑绳扣受力变化

（2）吊装圆柱体时

钢丝绳在捆绑圆柱体时，绳的受力变化与圆柱体的直径大小有关。如图 1-9 所示及表 1-18 所列关系。

钢丝绳破断拉力与曲率半径关系表　　　　表 1-18

吊物直径/钢丝绳直径 (D/d)	25	20	15	5	3	2	1
破断拉力降低率（%）	5	7	10	20	25	35	50

（3）吊装物体的底端有角度时

如图1-10所示，吊装物体底端有角度时，其破断拉力也会降低。表1-19为物体底端角度与绳破断拉力的关系。

底端角度与破断拉力关系　　　　　　　　　　表 1-19

底端角度（α）	120°	90°	60°	45°
破断拉力降低率（约%）	30	35	40	47

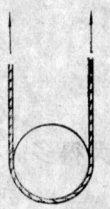

图 1-9　钢丝绳捆绑圆柱体时受力　　　图 1-10　吊装物体底端的角度

（4）角钢上悬挂钢丝绳

图1-11是钢丝绳悬挂在角钢上两种形式，角钢成Λ方向（图1-11，a）和成L方向（图1-11，b），钢丝绳的破断拉力分别降低33%和42%。

（5）冲击荷载

冲击荷载在起重吊装作业中（如紧急刹车）是不允许发生的，冲击荷载对机械及钢丝绳都有损害。冲击荷载的大小与所吊重物落下距离h是成正比，如图1-12，其值可按式（1-8）计算。

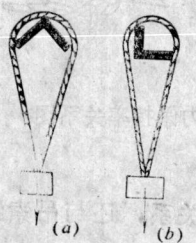 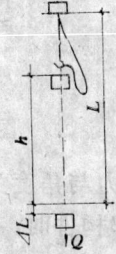

图 1-11　角钢放置形式与破断拉力关系　　　图 1-12　冲击荷载计算简图

$$P_s = Q \cdot \left(1 + \sqrt{1 + \frac{2EAh}{QL}}\right) \qquad (1-8)$$

式中　P_s——冲击荷载（N或kN）；
　　　Q——静荷载（N或kN）；
　　　E——钢丝绳的弹性模量（N/m²）；
　　　L——钢丝绳的悬挂长度（m）；
　　　h——落下距离（m）；
　　　A——钢丝绳面积（mm²）。

【例】 有一根6×61+1——16.5mm钢丝绳（$A=103.43\text{mm}^2$，$E=78400\text{MN/m}^2$），悬挂长度5m，吊重（静荷载）22.54kN，落下距离为165mm，向其冲击荷载为静荷载多少倍。

【解】 先统一各计量单位，$A=103.43\text{mm}^2=1.034\times10^{-4}\text{m}^2$；$E=78400\text{MN/m}^2=7.84\times10^{10}\text{N/m}^2$；

$P=22.54\text{kN}=2.25\times10^4\text{N}$；$L=5\text{m}$，

$h=165\text{mm}=1.65\times10^{-1}\text{m}$，代入式（1-8）

$$P_s=2.25\times10^4\times\left(1+\sqrt{1+\frac{2\times7.84\times10^{10}\times1.034\times10^{-4}\times1.65\times10^{-1}}{2.25\times10^4\times5}}\right)$$

$=2.25\times10^4\times(1+5)$

$=135000\text{N}$

$=135\text{kN}$

从计算可知，冲击荷载为静荷载的6倍左右，要比想像值大得多。

（6）部分绳结受力形式

在起重吊装作业中，有时要一部分绳结，各种形式绳结对绳的破断拉力影响程度不一，常见的绳结与破断拉力保持率关系如图1-13所示。

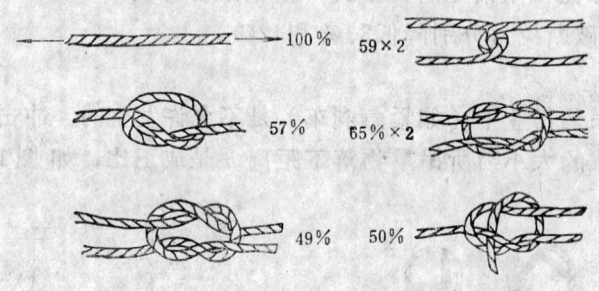

图 1-13 常见绳扣与破断拉力保持率关系图

（7）吊索受力与角度关系

钢丝绳在捆绑构件时，除了与构件重量有直接关系，还与吊索绑扎构件时相交夹角有关。表1-20所列为当构件重量为P时，吊索受力情况。

【例】 有一构件重2t，当吊索捆绑与构件所成夹角$\alpha=30°$、$60°$时，吊索受力大小？

【解】 $P=2\text{t}\times9.8=19.6\text{kN}$

查表1-20当$\alpha=30°$ $S=1.00\times19.6=19.6\text{kN}$

当$\alpha=60°$ $S=0.58\times19.6=11.4\text{kN}$

5．钢丝绳报废标准

在起重作业中，钢丝绳经一定时间使用后，要锈蚀、磨损、断股，到一定程度就不能再使用或降低受力标准使用，表1-21中列出国家规定报废标准。

钢丝绳在使用不当时，还会出现变形现象，这样，破坏了原来合理结构，产生应力重分配，影响使用效果。表1-22中列出常见变形特征和对使用影响的程度。

6．钢丝绳的保养

吊索拉力表   表1-20

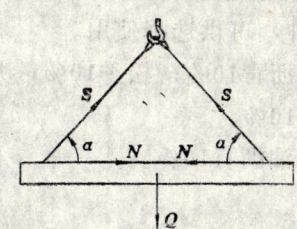

夹角α	吊索拉力(S)	水平压力(N)	夹角α	吊索拉力(S)	水平压力(N)
25°	1.18P	1.07P	50°	0.65P	0.42P
30°	1.00P	0.87P	55°	0.61P	0.35P
35°	0.87P	0.71P	60°	0.58P	0.29P
40°	0.78P	0.6P	65°	0.56P	0.24P
45°	0.71P	0.5P	70°	0.53P	0.18P

钢丝绳报废断丝数（GB6067—85）   表1-21

安全系数 \ 断丝数(根) \ 钢丝绳	钢丝绳结构（GB102-74）			
	绳6W（19）绳6×（19）		绳×（37）	
	一个节距中的断丝数			
	交互捻	同向捻	交互捻	同向捻
小于6	12	6	22	11
6～7	14	7	26	13
大于7	16	8	30	15

注：1. 表中断丝数是指细钢丝，粗钢丝每根相当于1.7根细钢丝。
  2. 一个节距，指每股钢丝绳缠绕一周的轴向距离。

钢丝绳的变形分类及特征   表1-22

名称	图例	特征	对使用影响程度
压扁		局部压扁	钢丝损坏，绳结构破坏，拉力降低，对性能影响较大，尽可能不用或降低受力使用
股松弛		绳股松弛不一	由于结构改变，负荷将失去平衡，报废不用
弯折		局部弯曲产生永久弯曲	弯折处拉力大大降低，应报废不用
起壳		外层股浮起形成灯笼形	不能使用，报废
绳芯外露		绳芯外露	一般不使用，或降低受力使用

建筑工地环境恶劣,钢丝绳磨损大,绳芯油极易干涸、钢丝生锈,影响绳的使用寿命。因此,钢丝绳在使用一段时间后,要对绳进行保养,以保证安全,延长使用寿命。

钢丝绳保养油膏配方有以下三种,可供选择使用。

（1）油膏：煤焦油68%；石油沥青10%；松香10%；凡士林10%；石蜡2%。

（2）油膏：干黄油90%、牛油10%。

（3）油液：含黄干油90%、石油沥青10%。

涂用油量、可按下式估算。

用油量＝绳径（mm）×绳长度（m）×0.0294(N)。

上述油量一般都有一定裕度。

7. 钢丝绳的编接

钢丝绳插接后称为吊索,也有称为千斤绳、带子绳、绳套、栓绳和绳扣的。主要用于捆绑构件。

（1）编插长度

"8"字形和"O"形吊索编接如图1-14所示。

图 1-14 "8"字形及"O"形编插长度

（2）编插方法

第一种编插法,称为"32111"法,即起头为插3压1,插2压1,插1压1的方法,图1-15为其剖面示意。图中①～⑥代表绳股、一～二十五为编插顺序。

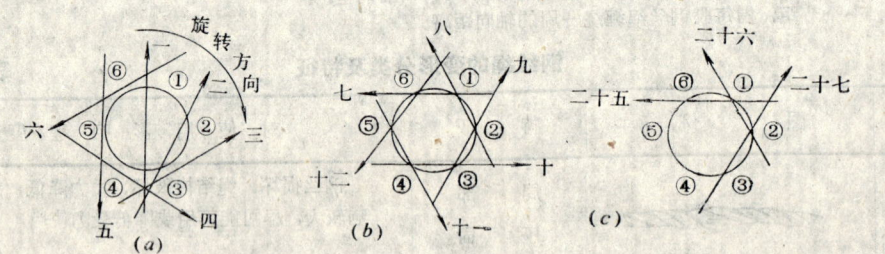

图 1-15 "32111"法编插示意图
(a) 起头剖视；(b) 中间剖视；(c) 收尾剖视

第二种编插方法称为"43222"法,此法仅起头不一样,中间及收尾均同"32111"法一样。图1-16为"43222"法起头示意图。

代号同"32111"法一样。

第三种编插方法：

首先计算好编插长度及吊索的环套大小,在钢丝绳上用20#细铁丝捆住 图1-17a图中a—a处。然后将钢丝绳以三股为组数分开两支,分开时不要将三股抖开,再根据吊索的环套大小，将两支（各三股），按原钢丝绳的扭绞痕迹，相互编捻在一起，如图1-17（b）、(c) 所示，a—a为对编捻处。当两支编捻完环套后，将余下绳段抖开，再以插1编1顺序，再编插3～4次即可。

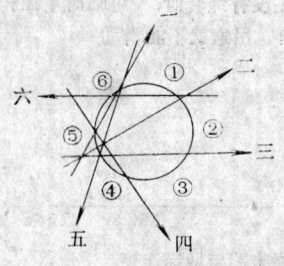

图1-16 "43222" 法编插起头示意图

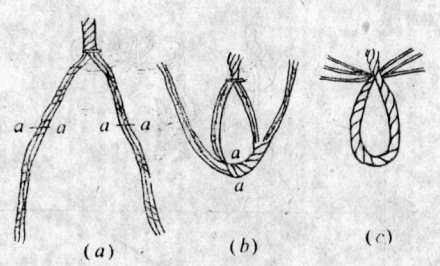

图1-17 钢丝绳第三种编插示意图

第四种编插方法：

钢丝绳第四种编插方法，适用于对接绳的编插。简称"等二"法，起头时各互相交，编插时每次压两股，直到编插到所需长度为止。图1-18所示为编插示意图。为防止对接处绳径过大，可以采取隔一股、切断一股的作法。

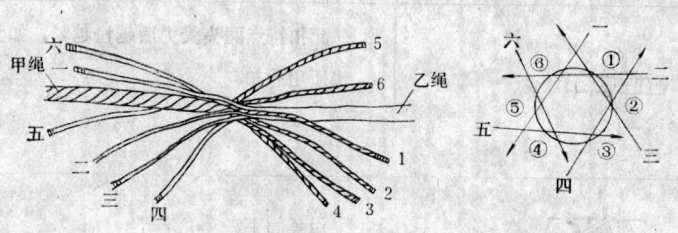

图1-18 "等二"法对接钢丝绳示意图

（3）吊索编插注意事项

1）编插前按所需长度（编插搭接长＋预留长度）用20#铅丝捆牢，每股钢丝头用胶布或细麻绳扎牢后方可松绳。

2）编插第一股时，要注意第一插方向，防止绳扣插好后有破"劲"现象。

3）编插吊索应一面插，一面用木锤等物敲打紧，这样编插的吊索整齐又实用。

4）编插长度符合要求后，去掉麻芯。各股的截口不应在同一断面上。

8．各种绳扣（结）

表1-23中所列绳扣，钢丝绳、麻绳都适用。

绳 扣（结）表　　　　　表1-23

名 称	结 绳 示 意 图	特 点 及 用 途
平结（扣） （直扣） （接绳扣） （果子扣）		临时将绳连接起来，当用钢丝绳打结时，应在图中虚线位置加一根木头以方便解开，不成死结

续表

名　称	结绳示意图	特　点　及　用　途
挂钩扣	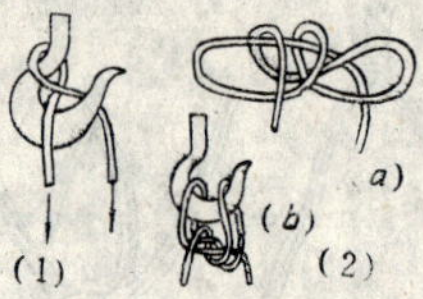	吊装用绳在没有绳套时，可临时用挂钩扣，挂在吊钩上，这样，吊索就不能滑动
栓柱扣（地锚扣）	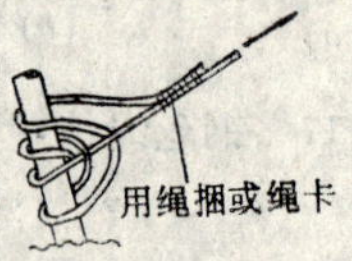 用绳捆或绳卡	用于缆风绳末端与地锚连接
搭梢扣（搭索扣）	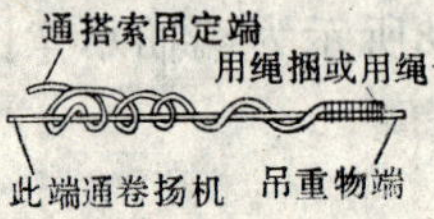 通搭索固定端　用绳捆或用绳卡　此端通卷扬机　吊重物端	当卷扬机绳承重后，此时重物不便放下，又要调整卷扬机绳，用此扣帮助拉住重物，调整其它绳
"8"字扣（梯形扣）（丁香扣）	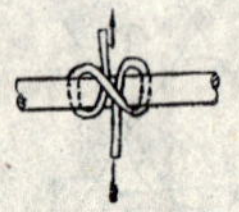	此扣特点两头受力后越拉越紧，如土吊杆顶栓缆风绳所用此扣
鲁班扣	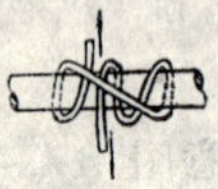	用途同上
缩短扣		当绳子过长，所用此扣缩短，大多用麻绳，拉轻物体，受力小
栓地扣（地锚扣）	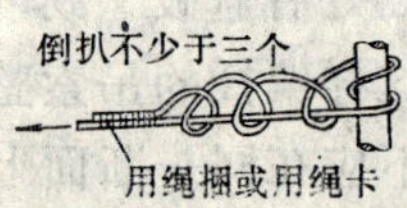 倒扒不少于三个　用绳捆或用绳卡	用于缆风绳末端与地锚桩连结
背扣（绞绳扣）	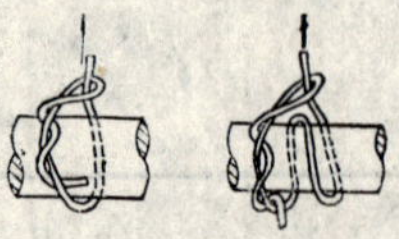	用麻绳捆绑小构件时，此扣很适用，注意的是要压住绳头
倒背扣		此扣适用于物体较长时，且要立着吊装

20

续表

名　称	结绳示意图	特　点　及　用　途
抬扣		用麻绳搬运和吊运物体
简单锁圈扣 （双套扣）		适用于搬运较轻物体时
吊桶扣 （抬缸扣）	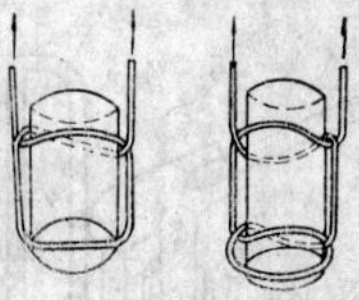	吊运或抬运圆桶物体，主要是将绳索托住物体的底部而不易滑脱
坐人扣 （栓人扣）	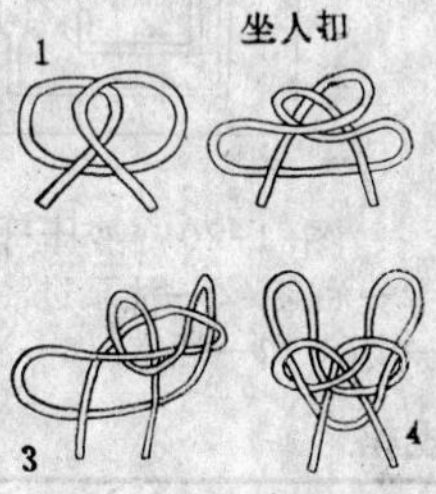	人的两腿从环穿进，一绳端栓于人腰部，另一端通过滑车，将作业人员拉上高空
琵琶扣 （水平扣） （滑子扣）	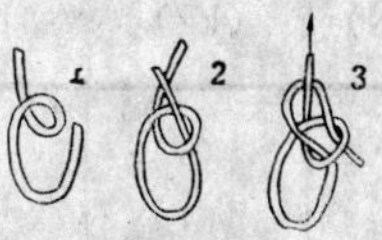	牢固可靠，易解，不出死节，常用于吊装作业中的溜绳
展帆扣		用于连接钢丝绳或麻绳。若用钢丝绳最好加垫圆木
瓶口扣	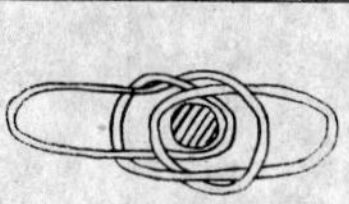	用于拴绑圆柱形物体，绳扣越拉越紧

第三节 简易起重工具

一、千斤顶

千斤顶为简易起重工具。千斤顶升距不高、常用于短距离位移和升高。按构造分为螺旋千斤顶、液压千斤顶、齿条式千斤顶。

1. 螺旋千斤顶

螺旋千斤顶构造和规格见图1-19和表1-24。

2. 液压千斤顶

液压千斤顶构造及技术规格见图1-20表1-25。

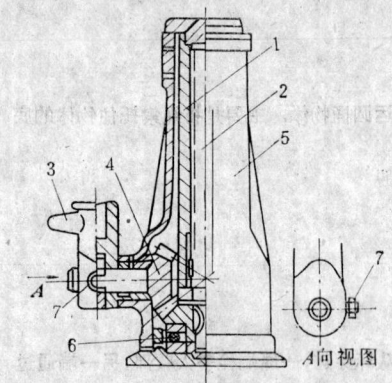

图 1-19 螺旋千斤顶构造图

1—升降套筒；2—锯齿形螺杆；3—摇把；4—小伞齿轮；5—外壳主架；6—底座；7—棘轮组

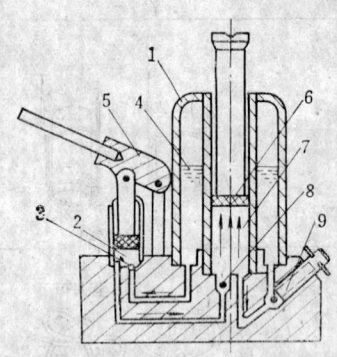

图 1-20 液压千斤顶构造图

1—外壳；2—油泵；3—油泵进油门；4—储油腔；5—摇把；6—皮碗；7—油室；8—油室进油门；9—回油阀

QL型螺旋千斤顶主要规格　　　　表 1-24

型号	起重量 (t)	起重高度 H (mm)	最低高度 Hi (mm)	手柄长度 (mm)	操作力不大于(N)	自重 (kg)	外形尺寸 长×宽×高 (mm)
QL3D	3	50	160	500	100	5	160×130×160
QL5D	5	65	180	600	160	7	178×150×180
QL10D	10	75	200	600	280	10	194×170×200
QL16D	16	90	220	1000	400	15	229×182×220
QL32D	32	180	320	1000	600	24	263×223×320
QL50D	50	150	310	1500	800	40	317×220×310
钢城牌千斤顶							
QL3	3	110	220	500	100	6	160×130×220
QL5	5	130	250	600	160	8	178×150×250
QL8	8	140	260	600	250	9.5	188×154×260
QL10	10	150	280	600	280	11	194×170×280
QL16	16	180	320	1000	400	17	229×182×320
QL20	20	180	325	1000	500	19	243×194×325
QL32	32	200	400	1000	600	28	263×223×400
QL50	50	250	452	1500	800	54	245×315×452
QL100	100	200	452	1500	600	85	320×280×452

YQ型手动油压千斤顶技术规格　　　表 1-25

型号	起重量 (t)	起重高度 H (mm)	最低高度 Hi (mm)	工作压力 (MPa)	手柄长度 (mm)	手柄操作力 (N)	底座尺寸长×宽 （或直径） (mm)	重量 (kg)
YQ—5AD	5		235	52.0		320	140×90	5.5
YQ—5A							130×90	
SS—5A					620	350	130×115	5.8
						400	140×110	7
YQ—8	8	160	240	57.8		360		6.9
						350		7
YQ—10	10		245	63.7		300	160×130	10
YQ—12.5	12.5							9.1
YQ—15	15		250	67.4		310	170×140	13.8
YQ—16	16				850			
YQ—20	20		285	70.7		280	170×130	20
							172×192	
						310	172×192	
YQ—30	30		290	72.4			200×160	29
YQ—32	32	180				310		
			305					
YQ—50	50		300	78.6	1000		230×188	43
			305					
						340	231×188	
50—180H			330	66.3		420	428×255	74
100—180H	100		360	69.9		450	481×308	135
YQ—100				65.0			Φ222	123
YQ—200	200	200	400	70.6	1000	420×2	Φ314	227
YQ—320	300		450	70.7			Φ394	435

二、卷扬机

电动卷扬机是土法起重吊装作业中常用的动力装置。表1-26为常用卷扬机技术数据。

三、葫芦

葫芦分为电动葫芦、手拉葫芦、手扳葫芦，建筑工地常用后两种葫芦。

1. 手拉葫芦

手拉葫芦又称"倒链、神仙葫芦"，起重作业使用较广。表1-27、1-28为常用型号及技术性能参数。

2. 手扳葫芦

表 1-26 电动卷扬机主要技术数据

种类	型号	牵引力 (kg/N)	卷筒直径 (mm)	卷筒长度 (mm)	转速 (r/min)	容绳量 (m)	钢丝绳规格	钢丝直径 (mm)	绳速 (m/min)	自重 (kg)	外形尺寸 长×宽×高(mm)
单筒快速卷扬机	JJK—05	5000/4903	236	441	27	100	6×19+1—1667	9.3	20	310	755×880×460
	JJK—1	1000/9807	190	370	46	110		11	35.4	471	960×1010×587
	JJK—2	2000/19613	325	710	24	180		15.5	28.8	1200	1331×1353×845
	JJK—3	3000/29420	350	500	30	300		17	42.3	2204	2021×1700×1314
	JJK—5	5000/49033	410	700	22	400		23.0	43.6	2785	1884×1743×890
	JD—04	400/3923	200	299	32	400		7.7	25	448	900×520×648
	JD—1	1000/9807	220	310	35	400		11	32	570	1100×765×730
	JB—1	1000/9807	180	350	69	60		11	41	319	1212×820×570
双筒快速卷扬机	JJ2K—2	2000/19613	300	450	20	250		14	25	2350	2126×1600×1075
	JJ2K—3	3000/29420	350	520	20	300		17	27.5	2781	2460×1880×1165
	JJ2K—5	5000/49033	420	600	20	500		21.5	32	5430	2700×2220×1390
单筒慢速卷扬机	JJM—3	3000/29420	340	500	7	100		15.5	8	1100	1400×1510×925
	JJM—5	5000/49033	400	800	6.3	190		23.0	8	1700	1825×1582×1015
	JJM—8	8000/78453	550	1000	4.6	300		28.0	9.9	2985	2160×2110×1170
	JJM—10	10000/98067	550	968	7.3	350		34.0	8.1	4000	2170×2310×1180
	JJM—12	12000/117680	650	1200	3.5	600		37	9.5	6500	3100×1948×1455
	M—20	20000/196133	850	1324	3.0	1000		40	9.6	8960	3820×3360×2085

注：本表产品为国家定型产品。随产品不断改进，上表数值有适当变化。

HS型手拉葫芦技术性能参数　　　　　　　　　　表 1-27

型号		HS1/2	HS1	HS2	HS3	HS5	HS10	HS20
起重量(t/kN)		0.5/4.9	1/9.8	2/19.6	3/29	5/49	10/98	20/196
标准起重高度(m)		2.5	2.5	2.5	3	3	3	3
试验载荷(t/kN)		0.75/7.4	1.5/14.7	3/29	4.5/44	7.5/74	15/147	30/294
两钩间最小距离 H_{min}(m)		0.235	0.27	0.38	0.47	0.6	0.7	1.0
满载时的手拉链拉力(N)		191	304	314	343	373	382	382
起重链行数		1	1	2	2	2	4	8
起重链条圆钢直径(mm)		5	6	6	8	10	10	10
主要尺寸（mm）	A	120	142	142	178	210	358	580
	B	103	120	120	136	160	160	186
	C	24	28	34	38	48	64	82
	D	120	142	142	178	210	210	210
净重(kg)		7	10	14	24	36	68	150

WA型手拉葫芦技术性能参数　　　　　　　　　　表 1-28

型号		WA1	WA1½	WA2	WA3	WA5	WA10	WA20	WA1½特	WA2½特
起重量(t/kN)		1/9.8	1.5/14.7	2/19.6	3/29	5/49	10/98	20/196	1.5/14.7	2.5/24.5
标准起重高度(m)		2.5	2.5	2.5	3	3	3	3	2.5	2.5
两钩间最小距离 H_{min}(m)		0.27	0.37	0.38	0.47	0.6	0.7	1.0	0.335	0.37
满载时手链拉力(N)		304	235	314	343	373	382	382	343	373
起重链行数		1	2	2	2	2	4	8	1	1
起重链圆钢直径(mm)		6	6	6	8	10	10	10	8	10
外形尺寸（mm）	A	142	142	142	178	210	358	580	178	210
	B	120	120	120	136	160	160	186	136	160
	C	28	32	34	38	48	64	82	32	36
	D	142	142	142	178	210	210	210	178	210
重量(kg)		10	13.5	14	24	36	68	150	15	26

手扳葫芦在结构吊装作业中，可作为校正屋架、天窗架工具之一。表1-29为手扳葫芦技术规格。

四、滑车及滑车组

滑车是起重作业中一种简易起重工具。组装成滑车组后，起重能力加大，并可以改变力的方向。滑车组中可以分为定滑车（可改变力的方向，但不省力）和动滑车（不能改变力的方向，但可以省力）。

1. H系列滑车产品代号

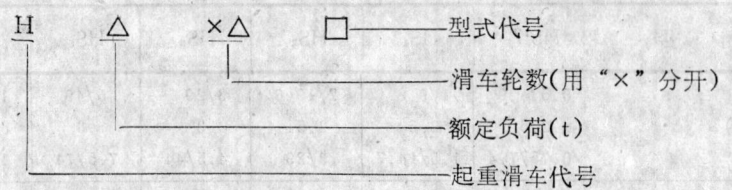

型号代号：开口——K；闭口——不加K；吊钩——G；链环——L；吊环——D；吊梁——W；桃式开口——K_B。

手扳葫芦技术规格 表1-29

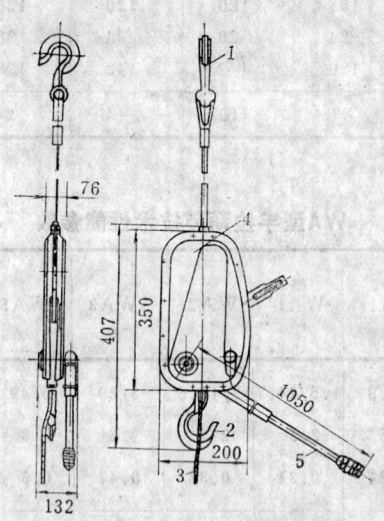

1、2—吊钩；3—牵引钢丝绳；4—收紧机构；5—扳把

型号	起重量 (t/kN)	钢丝绳长度 (m)	外形尺寸 长×宽×高 (mm)	自重 (kg)	生产厂
SB—1.5	1.5/14.7	20	407×132×200	16.5	天津手扳葫芦厂
SB—1.5	1.5/14.7	10	620×150×350		鞍山手扳起重机厂
QY3	3/29	按需而定	495×165×260	21.5	南京起重机械厂
GY3	3/29	绳径Φ13.5		14	天津林业工具厂
SB3	3/29	绳径Φ13.5	620×350×150	20	天津手扳葫芦厂

通用起重滑车系列见表1-30。

表1-31～1-36为H系列起重滑车各部分尺寸表。

2．导向滑车的选择

导向滑车一般可按起重滑车平均单轮负载选用。也可用下述方法选用。

导向滑车的吨位$Q_导$与钢丝绳牵引力P的关系如式（1-9）所示。

$$Q_导 = KP \quad (1-9)$$

式中 K——导向角度系数。

通用起重滑车 H 系列　　　　　　　　　　　　　　　表 1-30

轮槽底径 (mm)	起重量 (t) 0.5	1	2	3	5	8	10	16	20	32	50	80	100	140	使用钢丝绳直径(mm) 适用	最大
					轮				数							
70	一	二													5.7	7.7
85		一	二	三											7.7	11
115			一		三	四									11	14
135				一	二	三	四								12.5	15.5
165					一	二	三	四	五						15.5	18.5
185						二	三	四	六						17	20
210							一		三	五					20	23.5
245								二		四	六				23.5	25
280									二	三	五	七			26.5	28
320										一	四	六	八		30.5	32.5
360										二	三	五	六	八	32.5	35

注: 1. 起重滑车系列符合国家标准 GB783—65。　2. 滑轮、轴套、轴等易损件可互换。
3. 本系列采用粉末冶金含油轴承轴套。

单轮桃式开口链环（吊钩）型起重滑车尺寸 (mm)　　　表 1-31

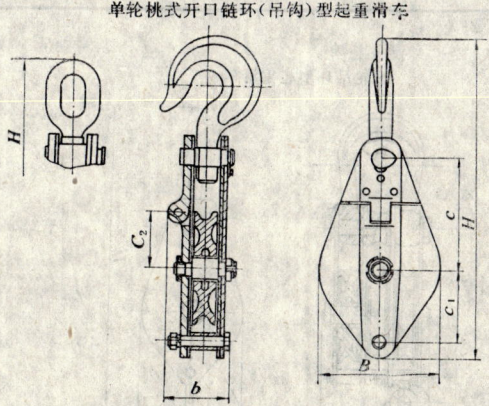

单轮桃式开口链环(吊钩)型起重滑车

型　号	H	B	b	c	c_1	c_2	R	H_1
H0.5×1K_BG (L)	234.5	95	61.5	76.5	55.5	42.5	11	220.5
H1×1K_BG (L)	299	118	70.5	103	69	54	14	288
H2×1K_BG (L)	394	155	87.5	136	90	72	19	377.5
H3×1K_BG (L)	473	180	99.5	160	106	85	21	446
H5×1K_BG (L)	576	216	108.5	194	129	103	26	545
H8×1K_BG (L)	720	280	136.5	248	164	132	33	687
H10×1K_BG (L)	811	321	148	281	186	152.5	38	780
H16×1K_BG (L)	1008	416	180.5	359	242	186	49	980
H20×1K_BG (L)	1123	460	197.5	400	270	207	53	1089

双轮吊环型起重滑车尺寸（mm）　　表 1-32

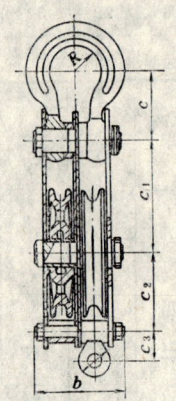
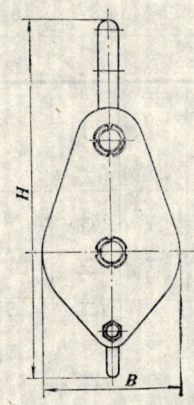

双轮吊环型起重滑车

型号	H	B	b	c	c_1	c_2	c_3	d	R
H1×2D	238.5	95	77	45	72	55.3	21	12	15
H2×2D	319	118	93.5	65	97	69	28	17	18
H3×2D	406	155	113.5	75	124	90	40	23	22
H5×2D	506	180	130.5	100	153	106	50	26	28
H8×2D	593.5	216	155.5	120	175	129	60	31	32
H10×2D	681	244	165.5	146	200	142	64	34	40
H16×2D	826.5	321	198.5	156	254	186	82	45	45

三轮吊环型起重滑车尺寸（mm）　　表 1-33

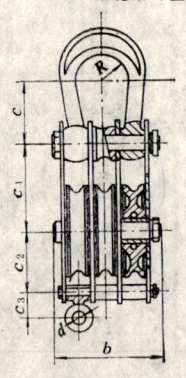
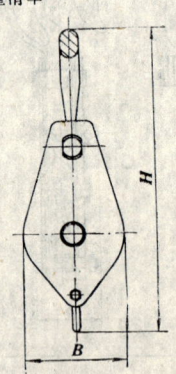

三轮吊环型起重滑车

型号	H	B	b	c	c_1	c_2	c_3	d	R
H3×3D	332	118	128	63.5	97	69	28	17	23.5
H5×3D	441	155	155	92	124	90	40	23	27.5
H8×3D	527.5	180	180.5	110	153	106	50	26	32.5
H10×3D	617	216	214	125	175	129	60	31	39.5
H16×3D	689	244	228.5	140	200	142	64	34	42
H20×3D	771	280	248.5	147	224	164	75	40	45

四轮吊环起重滑车尺寸（mm） 表 1-34

四轮吊环型起重滑车

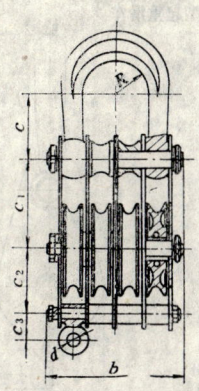 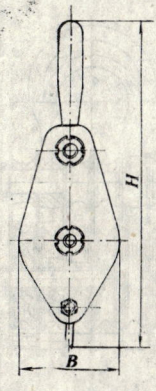

型　号	H	B	b	c	c_1	c_2	c_3	d	R
H8×4D	486.5	155	206	84	136	90	40	23	46
H10×4D	545	180	235	97	155	106	50	26	55
H16×4D	677.5	216	285	130	190	129	60	31	65
H20×4D	746	240	300	143	216	142	64	34	65
H32×4D	943	321	366	170	280	186	82	45	76

五轮吊环型起重滑车尺寸（mm） 表 1-35

五轮吊环型起重滑车

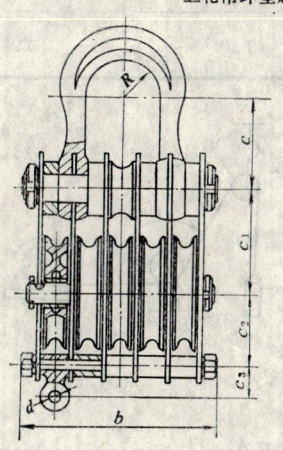 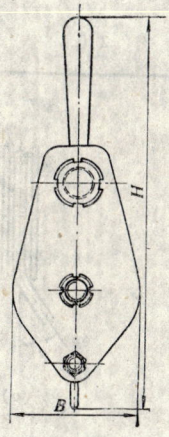

型　号	H	B	b	c	c_1	c_2	c_3	d	R
H20×5D	673.5	216	343.5	146	190	129	60	31	48
H32×5D	855.5	274	398	170	237	164	75	40	72.5

六轮吊环型起重滑车尺寸（mm）　　　表 1-36

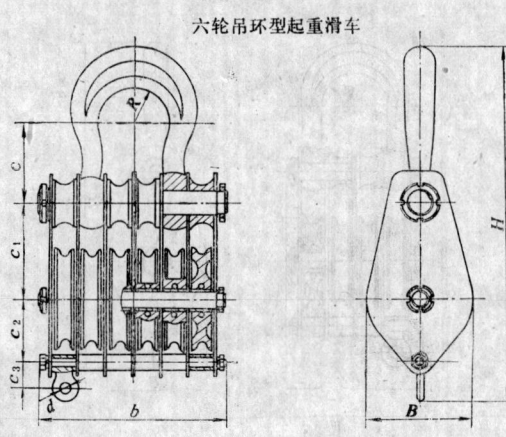

六轮吊环型起重滑车

型号	H	B	b	c	c_1	c_2	c_3	d	R
H32×6D	768	240	424	155	216	142	64	34	63
H50×6D	982.5	321	518	197	280	186	82	45	77

导向滑车系数根据导向角度 β 的大小而定。见表 1-37 和图 1-21 所示。

导向滑车系数 k 表　　　表 1-37

导向角 β	<60°	60°～90°	90°～120°	>120°
系数 K	2.0	1.7	1.4	1.0

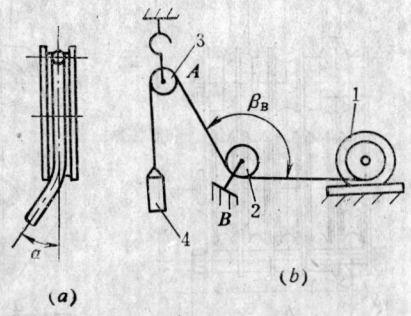

图 1-21　导向滑车及钢丝绳通过滑轮偏角示意图
（a）钢丝绳通过滑轮偏角；（b）导向滑车示意图
1—卷扬机；2—导向滑车；3—定滑车；4—重物；5—滑轮；6—钢丝绳

【例】　导向滑车 B 的导向角 $\beta_B=110°$，卷扬机牵引力 $P=50\text{kN}$，选用导向滑车。

【解】　查表 1-37 知 $K=1.4$、用式（1-9）

则　$Q_{导B}=K \cdot P=1.4 \times 50\text{kN}=70\text{kN}$

B处导向滑车的选用80kN（约8t）或100kN（约10t）级的。

3. 滑车组拉力计算

（1）滑车组拉力理论计算

滑车组的拉力计算按式（1-10）进行。

$$P = P_{计} \cdot \frac{f-1}{f^n-1} \cdot f^{n-1} \cdot f^{m_0} \quad (1-10)$$

式中 P——滑车组拉力（kN）；

$P_{计}$——计算荷载（kN）；

f——转轮转动阻力系数，对于滚柱轴承 $f=1.02$；对于青铜衬套 $f=1.04$；无轴承时，$f=1.06$；

n——工作绳数，如图1-22所示；

m_0——导向滑车轮数。

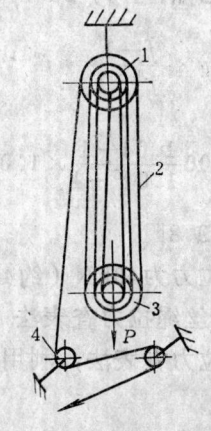

图 1-22 滑车组示意图
1—定滑轮；2—工作线；3—动滑轮；4—导向滑轮

【例】 试计算三轮（6线）滑车组，导向滑车为两处，滑车采用青铜套、欲吊起200kN（约20t）的重物，钢丝绳拉力为多少？

滑车荷载系数 K_0 值　　　　　　表 1-38

工作绳数 n	导 向 滑 轮 数			
	1	2	3	4
1	1.040	1.082	1.125	1.170
2	0.527	0.549	0.571	0.594
3	0.360	0.375	0.390	0.405
4	0.276	0.287	0.298	0.310
5	0.225	0.234	0.243	0.253
6	0.191	0.199	0.207	0.215
7	0.165	0.173	0.180	0.187
8	0.149	0.155	0.161	0.167
9	0.134	0.140	0.145	0.151
10	0.124	0.129	0.134	0.139
11	0.114	0.119	0.124	0.129
12	0.106	0.111	0.115	0.119
13	0.099	0.104	0.108	0.112
14	0.094	0.098	0.102	0.106

注：表中 K_0 值根据滑轮装置为青铜衬套条件计算的。

【解】 已知：$P_{H}=200\text{kN}$，$f=1.04$，$n=6$，$m_0=2$ 利用式（1-10）

则： $P=P_{H} \cdot \dfrac{f-1}{f^n-1} \cdot f^{n-1} \cdot f^{m_0}$

$= 200 \dfrac{1.04-1}{1.04^6-1} \times 1.04^{6-1} \times 1.04^2$

$= 39.8\text{kN}$

钢丝绳拉力为40kN（约4t），可选用50kN（约5t）卷扬机。

（2）钢丝绳拉力查表法

钢丝绳拉力查表法，利用表1-38中找出系数K_0值。再乘以载荷即是拉力。

$$P = P_{H} \cdot K_0 \tag{1-11}$$

式中 K_0——荷载系数，见表1-38；

其它同上。

【例】 采用上例数值，查表复算。从表1-38中查出$K_0=0.199$

则：

$$P = 200\text{kN} \times 0.199 = 39.8\text{kN} = 40\text{kN}$$

滑车之间最小距离尺寸表　　　　　　　　　表 1-39

滑车起重量（t/kN）	滑轮间最小距离h（mm）	拉紧后之间最小距离L（mm）
1/9.8	700	1400
5/49	900	1800
10/98	1000	2000
16/157	1000	2000
20/196	1000	2100
32/314	1200	2600
50/490	1200	2600

注：上表系按H系列滑车顺穿考虑的最小值。

查表得值与计算相符。

4. 滑车使用维护说明

（1）按滑车规定的负荷量使用。滑车的设计安全系数（包括动载系数、工艺系数、材料系数等）。

0.5t～10t　　安全系数为3；

16t～50t　　安全系数为2.5；

80t～140t　　安全系数为2。

（2）滑车使用前必须经过检查，排除故障后才能使用。

（3）钢丝绳通过滑轮的偏角α不得超过4°～6°，见图1-21中a图所示。

（4）滑车组两滑车之间最小距离不得小于表1-39中所列尺寸。

第二章 结构吊装的准备工作

建筑结构吊装工序是建筑施工活动中一个分项工程，也是其中的一个主要组成部份。结构吊装准备工作包括两大内容：

一是技术准备，如熟悉图纸、图纸会审、计算工程量、编制施工组织设计、绘制工序图表。

二是施工现场各项准备工作，如现场环境、道路、水电、构件准备、搭设安全设施等。

这两部分工作是相互联系、相互影响的。

建筑施工是一项复杂的生产活动，需要动员大量劳力、资金、机械设备、材料等生产要素投入运转。而结构吊装更以其独有特点，贯穿在施工过程中。其特点如下：

1. 构件多样化

建筑结构吊装构件种类多，构件重量不等，有柱、梁、板、屋架、支撑等。同一类构件又有多品种，如板类构件，有空心板、槽形板、大型屋面板、墙板等等。

2. 结构吊装露天作业、流动性大

结构吊装施工基本是露天作业，受气候影响大，作业环境恶劣。而吊装施工周期短，几乎是"打一枪、换一个地方"。因此对施工安全、各项准备工作都有很大影响。

3. 施工环境多变、条件各异

4. 劳动强度大、高空作业多

建筑结构吊装的机械化程度虽不断提高，但劳动强度仍然大，而且高空作业多。

第一节 施工组织设计编制的主要内容

编制施工组织设计是建筑施工前的必要准备工作。结构吊装施工组织设计一般包括以下主要内容：工程概况、施工方案（法）、技术措施、施工进度计划、机械、材料、工具计划表、安全、质量要求及相应的技术措施。分述如下：

一、工程概况

工程概况中应阐明以下内容：

1. 工程地点

把工程项目所在的地理位置、周围环境，如距相邻建筑物，构筑物的距离，进出工地道路对构件运输及机械进出场影响程度叙述清楚。

2. 结构特征

注明施工项目的建筑面积、平面组合及长、宽、高、跨度、柱距大小；主要构件或非标特殊构件的几何尺寸、重量、安装标高等。

3. 地质、气象、水文

在编制施工组织设计时，也应说明工程项目所在地区的地质、气象及水文资料，为确定施工方案和安排工程进度提供参照依据。

二、吊装方案

吊装方案中包括以下内容：起重机械选择、吊装工艺、构件平面布置及起重机开行路线等。

1. 起重机械的选择

结构吊装中，使用起重机械是垂直运输的主要手段。选择起重机械时，应遵循："切实需要、实际可能、经济合理"的原则。

起重机械的选择与施工方案关系密切，而起重机的类型与建筑物类型、跨度、柱距、构件重量、安装高度、施工现场条件等因素又紧密联系在一起。

一般高度较低建筑物，如单层工业厂房，宜选用自行式起重机；高大厂房及框架结构，宜选用塔式起重机。各种类型起重机特点见表2-1。

起 重 机 特 性 表　　　表 2-1

起重机类型	优　点	缺　点
履带式	可载荷行走，越野性能好，适用建筑工地较恶劣环境	转移不方便，要用专用拖车运输
汽车式轮胎式	转移方便，机动灵活	越野性能比履带式差
塔式	机身高大，起重臂下宽阔，可利用空间多	转移不方便装拆时间较长

2. 结构吊装方法

结构吊装是将建筑构件通过水平、垂直移运而组合、装配成整体。吊装方法必须根据建筑物的特点、构造形式、施工现场环境、施工单位熟悉掌握的施工方法，机械拥有量等因素来确定。体形重大或新结构的吊装方法与结构设计有更为密切关系，对于这类结构吊装方法，还应与设计部门讨论制定。

结构吊装方法应做到"严、细、准"三三制，三严即：严格要求、严肃态度、严密措施；三细即：考虑问题细、准备工作细、施工措施细；三准即：数据准确、计算准确、指挥准确。所以，吊装方法一般应遵循以下原则：

（1）吊装方法能快速、优质、安全地完成全部吊装工作。力求效率高、成本低、投入少、产出多。

（2）尽量减少高空作业。

（3）采用成熟而又先进的施工技术。

目前，常用的吊装方法有分次吊装法和综合吊装法。以单层工业厂房为例来说明。

分次吊装法：

即将所有柱子（可以留一端抗风柱，待最后同屋面结构一起吊装）一次吊装完，并予校正、固定。第二次吊装将行车梁、连系梁、柱间支撑等构件吊完。最后对屋盖系统逐间进行综合吊装。分次吊装，则起重机开行路线多一些，但便于现场管理，构件进场秩序明确。对工具使用、安全保护都带来一定方便。所以应用比较广泛。

综合吊装法：

即在一次停车位置，将一个单元（或节间）所有构件全部吊装完。这种方法行车路线短，但给施工管理（构件品种多易零乱，工具、索具每换吊一种构件要更换一次），结构稳定必须采取一定的措施。综合吊装法适用于框架结构、拱结构及特殊情况下采用。

大型民用建筑，如剧场、体育馆、展览厅、会议厅、飞机库等大跨度工程，它们都具有构件形体大、重量重的特点，特别是屋盖结构，可能是网架、平面桁架、拱结构或其它新结构体系，对于这些庞然大物，在做吊装方案时，可以采用在地面组装成整体后，以一次抬吊法、顶升法、提升法、爬升法、分单元组装、空中滑移拼装等方法就位。如深圳某仓库61m跨预应力钢筋混凝土平面桁架，采用地面组装好，用顶升法成功地完成了吊装任务。

某电厂煤库为80.7m跨度，是我国目前较大跨度钢结构门式刚架。原设计吊装方法用五点支撑（即膺接架）进行拼装。但这种方法，不仅费用大，也不适宜现场条件。后来改为采用地面拼装，以三点膺接架、一台大型起重机吊装，顺利地完成了任务。表2-2对两种不同吊装方法做了对比说明。

这项工程，也可采用两台起重机分别吊两个半榀屋架，在空中组对拼装。当然，中间膺接架要加高，但起重机的吨位可以小，所以不选用150t。哪种吊装方法在经济上合算、技术上合理，这就要根据具体环境来确定。

80.7m门式刚架吊装方法 表 2-2

施 工 简 图	施 工 方 法 简 介
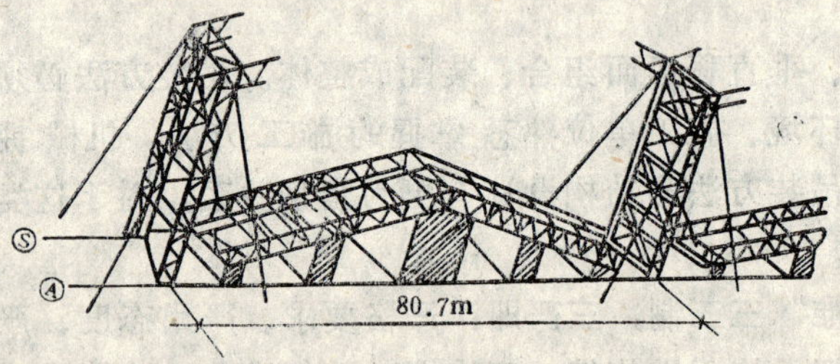	(a)原设计方案
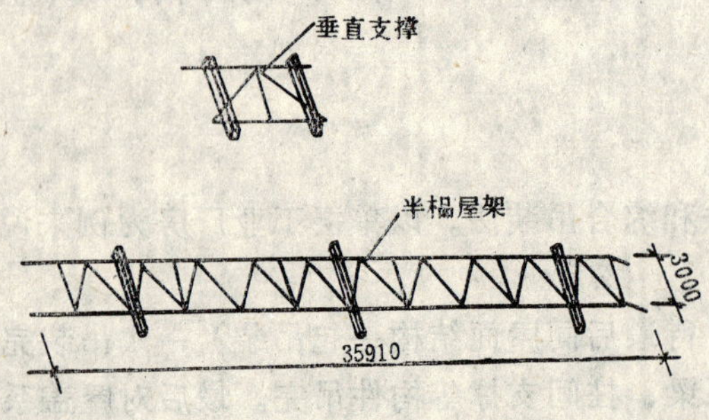	(b)新方案、当钢柱吊装完后，在地面拼装半榀屋架、垂直支撑

施 工 简 图	施 工 方 法 简 介
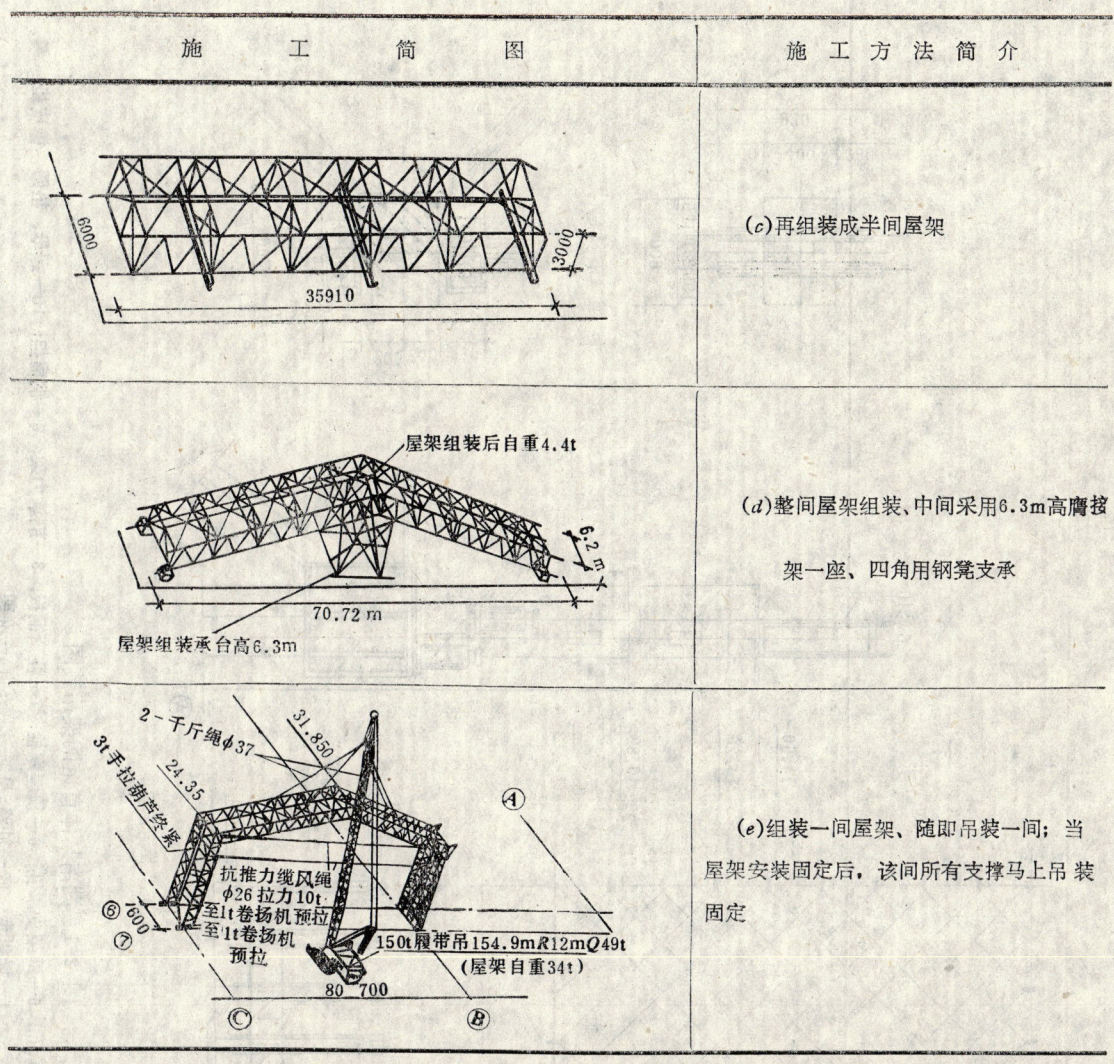	(c) 再组装成半间屋架
	(d) 整间屋架组装、中间采用6.3m高鹰接架一座、四角用钢凳支承
	(e) 组装一间屋架、随即吊装一间；当屋架安装固定后，该间所有支撑马上吊装固定

网架吊装在我国已集累了不少成功经验。多机抬吊、空中拼装滑行等方法都是常用的、熟悉的施工方法。湖南体育馆网架吊装，则是一例充分发挥具体优势的成功范例。网架尺寸为40×60（m）、高3m，网格格距5m，由周边41根钢筋混凝土柱支承。柱顶标高14.5m。网架在地面组装完，做完屋面，利用GYD—35型液压千斤顶，将网架提升到安装标高。既减少了高空作业，又免于租赁大型起重机械。如图2-1所示。

综上所述，对于结构吊装方法，要根据工程结构的特点和施工能力灵活地选择吊装方法，优化吊装方案。不可生搬硬套。

施工方案一旦确定，必须把施工方案中的新技术、关键节点构造、特殊机具、构件绑扎方法、绑扎点位置、索具长短、绳径大小等都要绘制成图并以相应的文字说明，在方案中表述清楚，以便于正确指导施工，计算工程费用，必要时还须附有构件吊装分阶段受力计算，以及各种支架的计算书。

吊装方案中，施工现场平面规划一般是和总包单位共同制定的。吊装施工单位一般要求明确水电源走向、构件运输道路、临时设施位置。

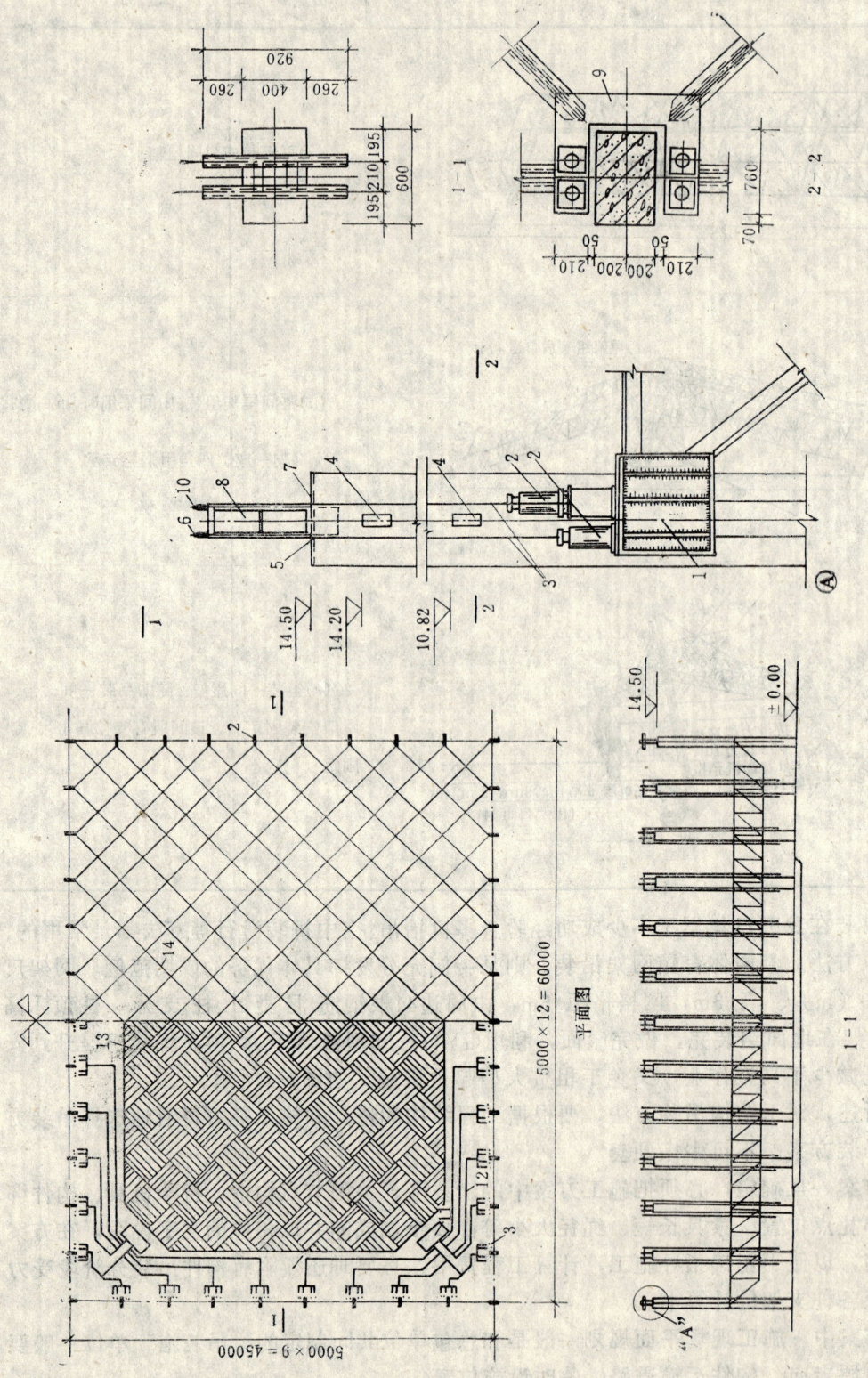

图 2-1 湖南某体育馆网架架吊装图

1—网架支座；2—千斤顶；3—φ25钢筋吊杆；4—同眺孔；5—网架支承孔；6—预埋螺栓；7—柱顶钢垫；8—钢承力架；9—钢隔垫；10—螺母、垫圈、橡皮垫；11—操纵台；12—油路；13—檩条；14—网架

三、技术措施

技术措施是指构件在施工阶段，为保证质量达到工程验评标准和设计要求所采取的技术保障办法。

技术措施编制的主要原则是：

1. 必须保证构件的垂直度、位移不能超过施工规范和设计要求。
2. 构件拼装及安装后各部分的几何尺寸必须达到设计要求和规范规定。
3. 保证构件在施工阶段和施工后不损坏，达到结构设计受力要求。

技术措施与施工方法是相互联系的整体。如细长柱在吊装时，为保证柱子不出现裂纹，达到结构设计的使用要求，就必须采取相应措施，在吊点受力薄弱的部位适当增加配筋量，或者增加吊点，或是移动吊点改变施工方法，以保证在吊装阶段不损坏构件。

又如网架吊装，若采取多点抬吊，吊点的集中荷载会改变网架杆件的设计受力状态。受拉杆可能变成受压杆，受压杆可能变成受拉杆，那是不允许的。要保证施工阶段实际受力需要，就必须采取技术措施，究竟是采取加固的方法，还是增加吊点，改变吊点位置，需要经过具体计算，进行多方案比较来确定。总之，在施工阶段不能破坏设计所要求的构件受力状态和受力值，必须符合国家施工及验收规范技术标准和设计要求。

四、施工进度计划

施工进度计划是施工部署在作业工期上的体现，是施工工日的具体安排，也是施工准备工作的先导。

××××工程施工进度计划表　　　　表2-3

项次	项目名称	工程量		劳动定额	劳动量		需用机械		每天工作班	每班工人数	工作日	进度日程										
		单位	数量		工种	数量(台)	名称	台数				1	2	3	4	5	6	7	8	9	10	11
1																						
2																						
3																						
⋮																						
⋮																						
⋮	劳动力动态曲线																					

编制施工进度计划可以控制施工进度，为计划部门提供劳力安排，材料及成品、半成品构件、机械管理进场的时间依据。

编制施工进度计划的依据是：施工图的工程量、劳动定额、工期要求、施工方案，以及本单位的人力、机械设备状况。根据这些依据通过计算，用图表形式表达出来。

施工进度计划表达形式目前有两种方式：

一种是横线图（又称线条图），常用形式见表2-3。表中的进度日程根据指导工程的需要，可以用天、旬、月来表达。

在实际工作中，有时使用简化施工进度计划表。表中内容只留下项次、项目名称和进度日程三项，其它内容缩减掉。

另一种是采用网络图形式。网络计划法是一种较新的计划表达和管理方法，它是用箭头（带箭头的线段）和节点（圆圈）组成的网络图，来表达计划的安排，把整个工程的各个工序联系起来组成一个整体。在网络图里有许多线段。其中时间最长的线路，是决定工期长短的关键所在，这条线路习惯称为关键线。如图2-2为某嬉水乐园木结构吊装网络图，此木结构呈伞状、最大木梁为30m长、0.4m宽、2m高，其它构件为上下层木檩、上下层木椽子。所有节点均采用铁木、专用木螺丝联接。

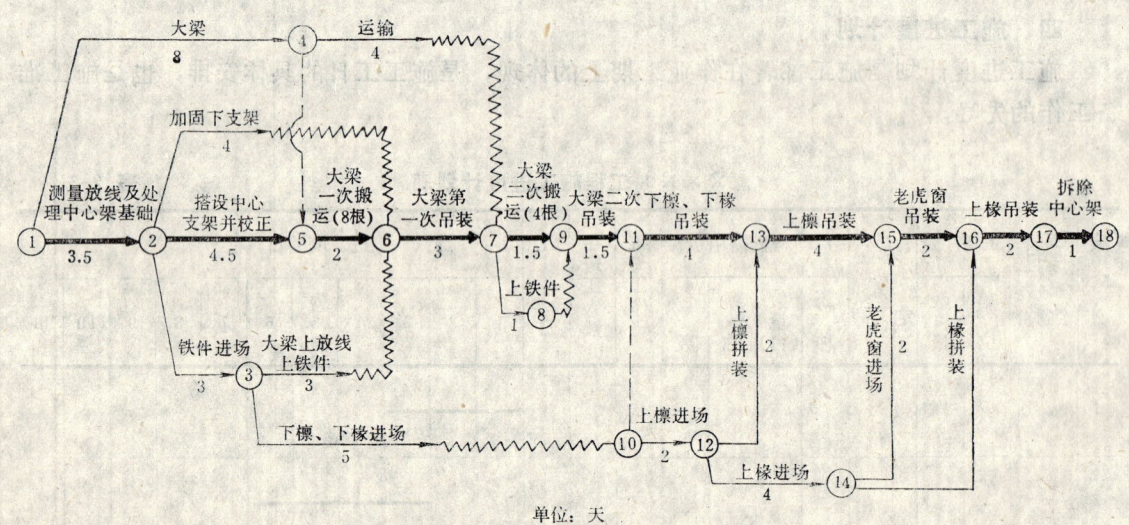

图 2-2 某康乐宫嬉水乐园吊装网络计划图

横道图和网络图相比，有各自特点：

横道图的优点是简单明了，一目了然，绘制简单，费用不大，容易付诸实施。而网络图则可以看出各工序间的逻辑顺序及影响总工期的关键线路。所以采取网络图安排施工进度，比横道图工序易于安排严密，便于抓关键工序，有利于调动一切积极因素。目前应用比较广泛。

工序多、工艺复杂的工程，用网络图安排施工进度计划可用计算机编制。

施工进度计划安排时，不论采用上述哪一种形式，在具体安排时，可以顺排，也可以倒排。当工期要求比较紧时，应采用倒排形式，即从交工日期向前排，这样便于在合同工期内实现目标。

结构吊装是比较复杂的施工活动，每道工序受客观影响较多，诸如构件供应、构件质量优劣，现场条件具备程度，气候影响、起重机械是否先进、车况的好坏、劳动力调配，以及结构构造是否严密、合理。这些因素都可影响施工进度的实现。因此，在安排计划时要留有一定余地，要具备自应变能力，以便于在施工中修改和调整进度。

五、机械、材料、工具表、工程量表

建筑材料是影响工程成本，工期的主要因素之一。工程材料管理应该加强计划性，合理运用材料消耗定额，建立限额领料制度，减少浪费，提高经济效益。

结构吊装用材料、机械、工具数量，根据施工进度列表，表格形式见表2-4。

当机械设备数量较多时，也可将机械需用和材料需用表分别列出。便于提交主管部门做好准备工作。

机械、材料需用表　　　　　　表2-4

项次	名称	规格	单位	数量	进场日期	备注
1						
2						
3						
⋮						
⋮						

审核_____　　　　制表_____

工程量计算列表附于方案后。

六、质量、安全要求

1. 质量要求

结构吊装的质量要求应遵照国家已颁布的《建筑安装工程质量检验评定标准》执行。新结构、新工艺除执行国家标准外，还要结合设计要求制定适用本工程的质量验收标准。

结构吊装的质量高低，将直接影响建筑物的使用寿命，因此，首先应该做好质量管理工作，推行标准化，加强和推行全面质量管理。

构件的质量在吊装时会集中反映出来，也直接影响到吊装的质量、安全、进度。要保证结构吊装质量好，进度快，必须从构件加工阶段开始控制。构件质量控制体系列表在下面。

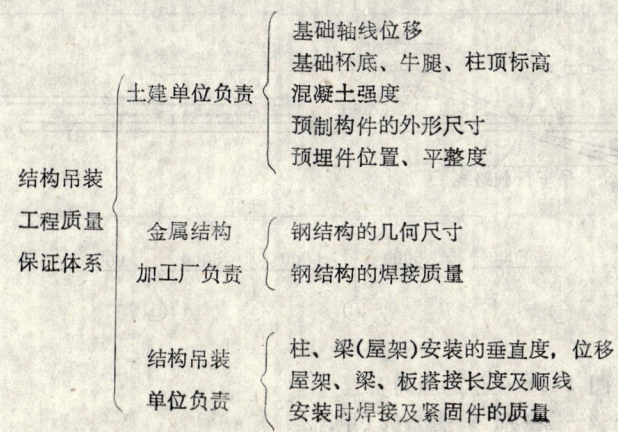

2. 安全技术要求

结构吊装露天作业，高空作业多，系地面、高空多工种立体交叉作业。工人在高空很狭小的地方对构件进行安装就位、校正、固定等工作，无疑是诱发安全事故的因素，所以应特别引起重视。各工种要树立"安全第一、预防为主"的思想，完善安全制度。施工前，应向工人班组进行安全技术交底，而且应有文字性交底，或在施工前对工人进行安全技术培训，提高职工的安全自我防护能力。施工时，必须遵照执行国家颁布的《建筑工程安全操作规程》及有关法律。

吊装安全技术与施工方法是分不开的。如网架吊装，地面拼装比高空拼装安全，减少高空作业，加大地面作业。

吊装安全技术与构件质量优劣相互影响。如柱脚底面不平，或呈弧形，或斜面，柱子吊装校正时，就会象"墙头草"式，对安全威胁十分大。要保障操作人员及设备安全，就必须采取一定的措施。一般将柱底处理平，使符合构件外形尺寸或规范要求；柱子校正时，木楔子尽量少松动，不允许拔出，并加强观测，以保证安全生产。

安全技术措施除文字说明外，必要时应附图说明，特别对新工艺、新结构的安全措施，更应详细、明确。

第二节 构件平面布置

构件的平面布置是结构吊装准备工作的重要环节，也是施工方案中的重要组成部分。

构件平面布置在实际运用时分为两部分。一部分是构件在现场预制阶段的平面布置；另一部分是吊装上部结构时平面布置。现以单层工业厂房为例，分别叙述如下：

一、钢筋混凝土柱平面布置形式

钢筋混凝土柱体积大、重量重。但因造价相对较低而广泛应用，故作专题讨论。钢结构也可以参照实施。

1. 纵向布置法

柱子的纵向布置形式如图2-3所示。根据现场条件，柱子可以单层或重叠预制。柱子重叠预制时应刷好隔离剂。柱子可以布置在跨里也可以在跨外。

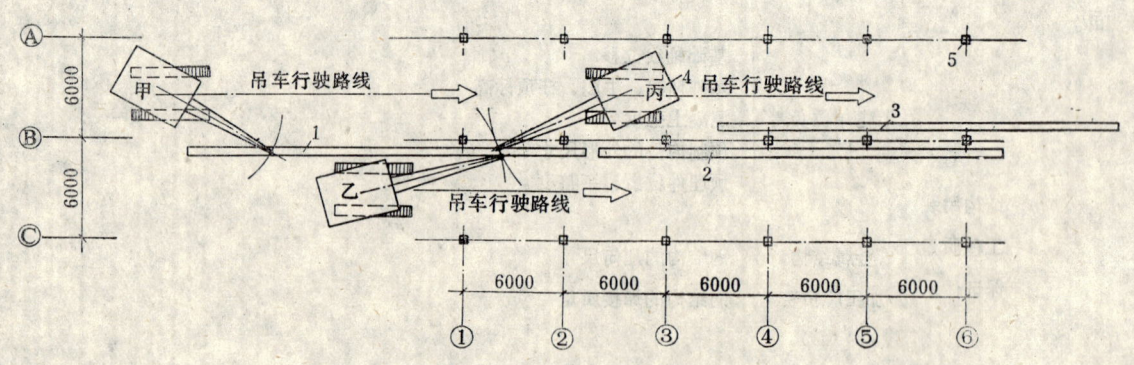

图 2-3 柱子的纵向布置
1—柱子；2—柱基坑；3—起重机（甲、乙、丙）

柱子纵向布置的优点：

占地面积小，空余的地方可以布置其它构件，如屋架、吊车梁等。因此框架结构也多用此法布置。当用土胎模时，柱子翻身清理土胎模时，再就位成吊装时所需布置形式（纵向或斜向）。

2. 斜向布置法

柱子斜向布置如图2-4所示，这种布置法占地面积大，使其它构件布置空间紧张。特别是以土胎模作底模时，柱子翻身后要等待清理胎模，既耽误工作时间，且行车路线上被大量土胎模占据，行车不便。

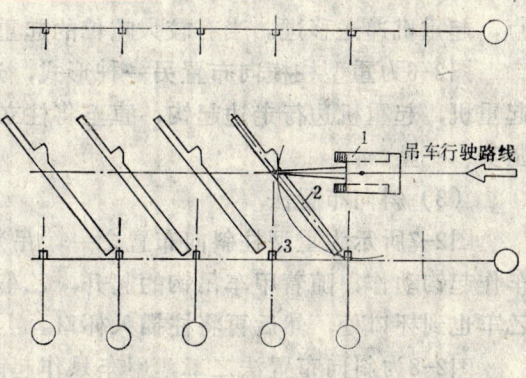

图 2-4 柱子斜向布置法
1—柱子；2—柱基坑；3—起重机

3. 重型柱子的平面布置

重量在15t以上的柱子，都可以称为重型柱。重型柱移动困难，一般都采用重型起重机吊装，起重机的动作对安全随时都可构成危险。所以在平面布置时应慎重、严格，不可疏忽大意。

（1）重型柱的布置原则

1）尽量减少起重机的起落吊臂、迴转、行走等动作。
2）避免柱子二次搬运。
3）柱子翻身后的吊点，尽量在杯口处或柱脚停放在杯口附近。
4）道路要求平整、坚实、宽敞。

（2）横向布置法

重型柱横向布置如图2-5所示。这种布置法的特点是：柱子翻身后，吊点在杯口，适用三

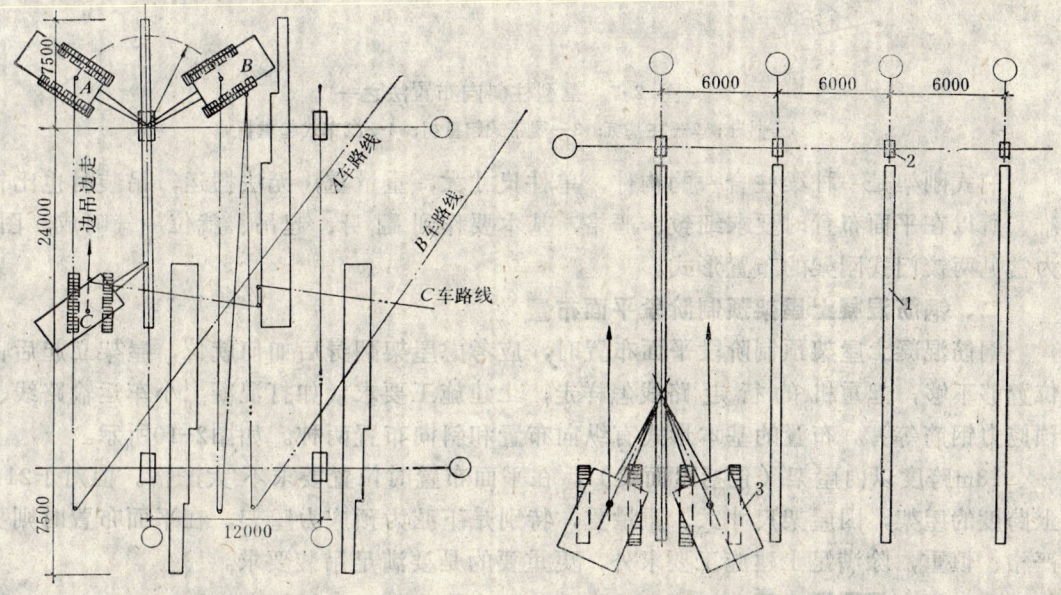

图 2-5 重型柱横向布置之一
1—柱子；2—柱基坑；3—起重机（甲、乙、丙）

图 2-6 重型柱横向布置之二
1—柱子；2—柱基坑；3—起重机

机、两机抬上吊点。起重机停车后不再移动。另一台起重机（图中丙车）则吊住柱下端吊点，起重机递送移进。当有较大吨位的起重机，可采取双机抬吊。

图2-6为重型柱横向布置另一种形式，这种将柱脚靠近杯口的布置法，适用于履带式起重机，起重机边行走边起钩，直至将柱立起。它可以省掉一台起重机，但行走道路要求坚实、平整。

（3）斜向布置法

图2-7所示为重型柱斜向布置之一，吊装时，甲乙两车同时抬起柱子，当吊上端的甲车作起钩动作，随着甲车吊钩的起升，乙车松开回转刹车并向前递送，直至甲车将柱吊立，乙车也到杯口处，然后再将柱插入杯口。

图2-8为斜向布置法之二，甲车只作起钩动作，乙车递送，因此适用于履带式起重机加缆风绳吊装重型柱。

4. 门式刚架的平面布置

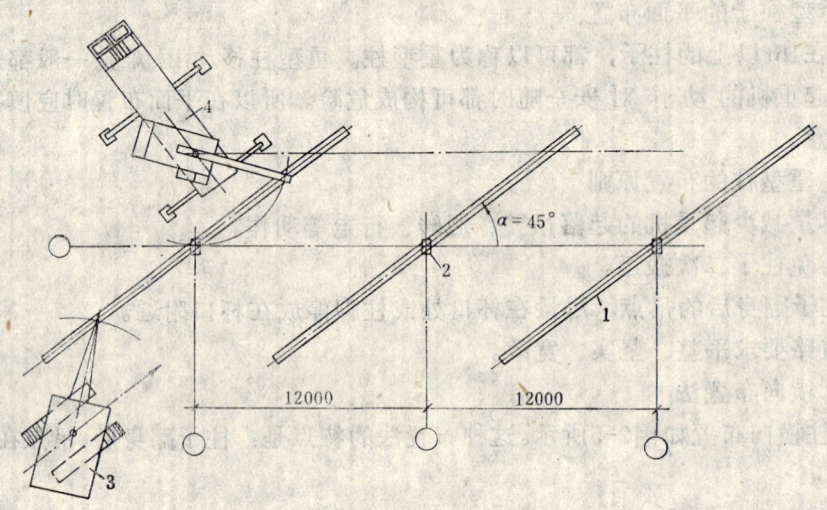

图 2-7 重型柱斜向布置法之一
1—柱子；2—柱基坑；3—履带式起重机；4—汽车式起重机

门式刚架是一种梁柱合一的构件，单件尺寸大，重量重，无法搬运，吊装时也比较困难，所以在平面布置时要求细致、严格，基本要作到翻身、起吊、就位一气呵成，图2-9为常见两铰门式刚架的布置形式。

二、钢筋混凝土屋架预制阶段平面布置

钢筋混凝土屋架预制阶段平面布置时，应考虑屋架翻身后如何就位，屋架立起后占地位置够不够，起重机的行走路线怎样走，土建施工要求（如打混凝土小车运输路线、穿预应力钢筋等）。布置的基本形式有纵向布置和斜向布置两种。如图2-10所示。

18m跨度以内屋架（包括屋面梁），在平面布置时位置要求不太严格。但对于21m以上跨度的屋架，因屋架尺寸大、重量重，特别是下弦为预应力屋架，在平面布置时则要求严格、慎重，除满足土建施工要求外，更重要的是要满足吊装要求。

三、吊车梁平面布置

轻型吊车梁在现场预制时，是插在构件空档间布置，但是不要插在柱子间，吊车梁布

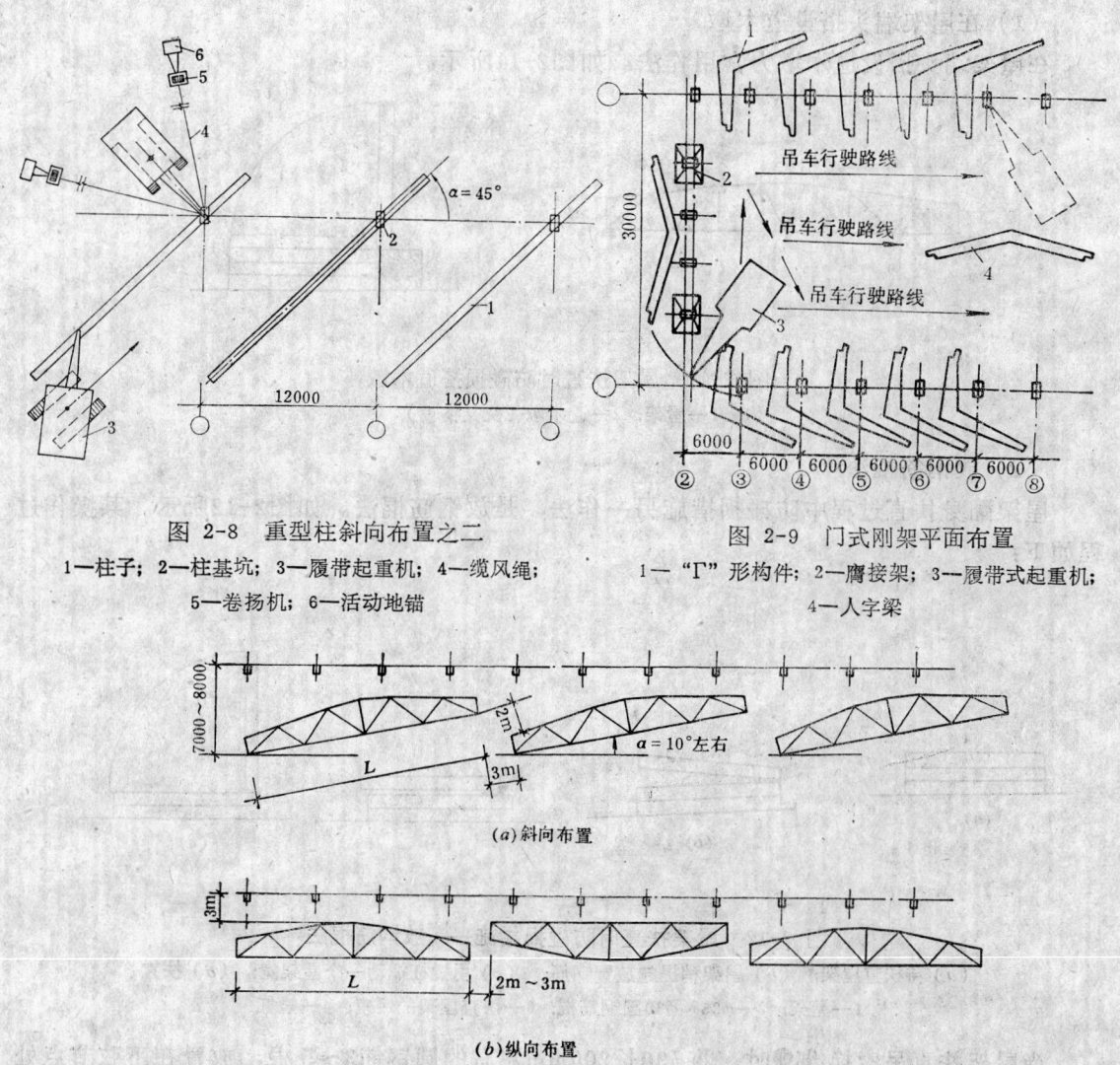

图 2-8 重型柱斜向布置之二
1—柱子；2—柱基坑；3—履带起重机；4—缆风绳；
5—卷扬机；6—活动地锚

图 2-9 门式刚架平面布置
1—"Γ"形构件；2—鹰接架；3—履带式起重机；
4—人字梁

图 2-10 屋架预制时平面布置
1—屋架；2—柱子

置在柱子间会影响吊装柱子进度，既要吊装柱子，又要就位吊车梁。有运输条件时，可在加工厂或场外预制。

重型吊车梁在场外或加工厂预制，采取边运边吊的方法。凡有重型吊车梁的车间，该车间的柱子和屋架尺寸也大，单件重量也重，在考虑平面布置时必须先满足柱子和屋架吊装施工，然后再考虑吊车梁的布置。

四、屋盖系统构件吊装阶段平面布置

屋盖系统吊装阶段的构件平面布置应遵循："先吊在前，重近轻远"的原则。

1. 屋架的翻身、扶直

为节省场地，屋架一般都重叠生产（最多不能超过四榀）。屋架在扶直过程中，为防止碰损，以下三种措施可选用。

(1) 在屋架端头搭设道木墩

在屋架端头搭设道木墩为常用作法。如图2-11所示。

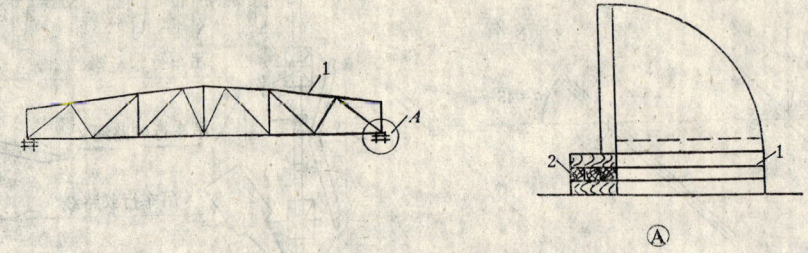

图 2-11 屋架扶直时防碰损搭道木墩
1—屋架；2—道木墩（交叉搭设）

(2) 放钢筋棍法

屋架翻身扶直过程中防碰损措施另一作法，是放钢筋棍法。如图2-12所示。其操作过程如下：

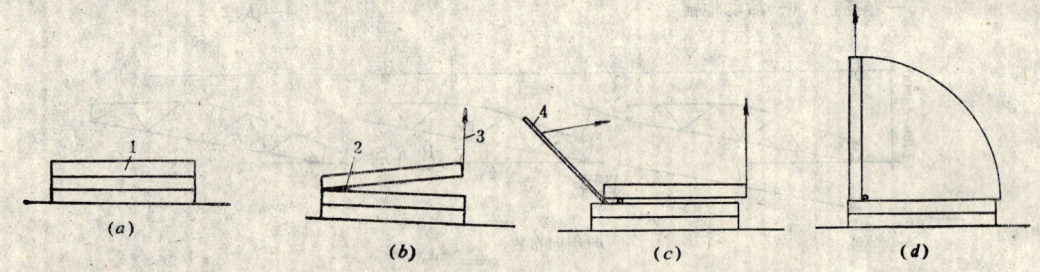

图 2-12 屋架扶直时防碰损措施——放钢筋棍法
(a) 待扶直屋架；(b) 屋架稍提起放置钢筋；(c) 用撬杠撬动一个屋架宽；(d) 扶直
1—屋架；2—$\phi 25 \sim \phi 30$圆钢筋棍；3—扶直屋架的吊索；4—撬杠

当屋架扶直吊索换绑❶时，将$\phi 30$长200mm左右的圆钢筋3～5根，放置在下弦节点处（图2-12中b），然后再稍微落点钩，再用撬杠将屋架撬离一个屋架宽度距离（图2-12中c），这时便可扶直屋架。此法可省去搭设道木墩。

(3) 大跨度屋架增设支点

30m以上大跨度预应力钢筋混凝土屋架,屋架的端头比下弦杆凸出50～120mm。屋架初扶直时，下弦杆会挠度过大而挠出平面，这样很容易使下弦产生裂纹。为此，在下弦节点处适当增设支点，支点的厚度略比屋架端头薄10mm左右，如图2-13。

屋架在扶直时，先用空钩试转一下。当开始和最后扶直后的吊钩停留点都在屋架的中心，这时停车位置为最佳位置。

2. 屋架就位

屋架的就位形式基本可分为两种：斜向和纵向布置法。

---

❶换绑——屋架在扶直过程中，先利用屋架上的吊环将屋架提一下，使屋架分离，然后在上弦节点处放置木楔子（各节点处木楔子应受力均匀）。落钩后，将吊索绕上弦绑扎，俗称换绑（或称大绑）。屋架扶直时绝对不允许用吊环。

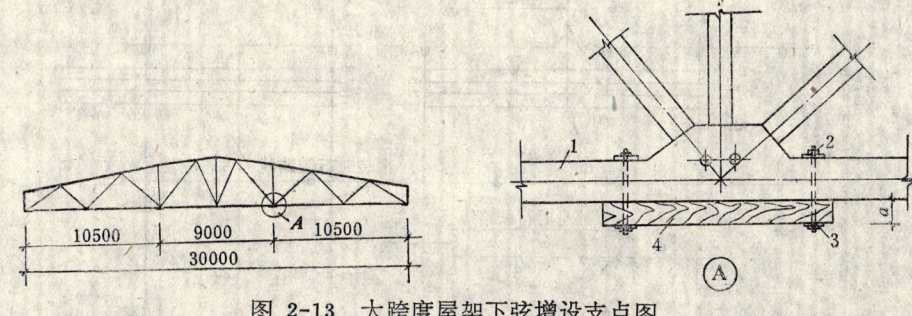

图 2-13 大跨度屋架下弦增设支点图
1—屋架；2—φ20螺栓；3—垫圈螺帽

(1) 斜向布置

屋架的斜向布置如图2-14所示，屋架就位时应注意，使屋架中心点距应吊装轴线1.5～2.0m。斜向布置的优点是：吊装时跑车不多，节省吊装时间。不足之处，屋架支点过多，支垫木、加固支撑也多。必须加强安全检查，否则容易出事故。

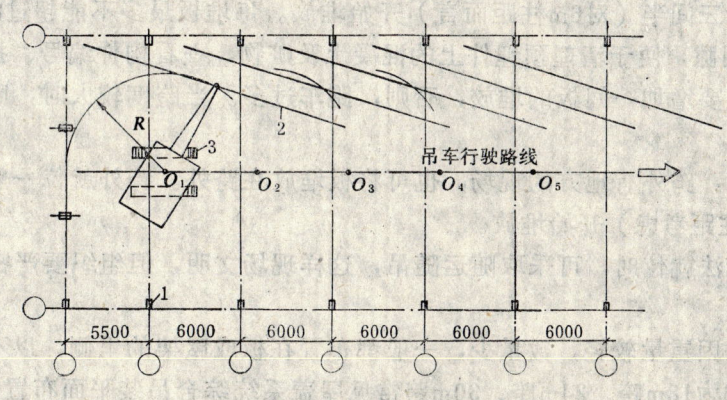

图 2-14 屋架斜向就位
1—柱子；2—屋架；3—起重机

(2) 纵向布置

屋架在预制时，一般以3～4榀重叠生产，为方便屋架就位，将这3～4榀屋架就位成一组，这就是纵向布置法，如图2-15。

纵向布置法最后一榀屋架中心，应离开已吊完屋架轴线2～3m，否则最后一榀屋架起吊困难。

纵向布置法：就位时方便，支点用道木比斜向减少，但在吊装时个别屋架要载荷行走一段距离，所以要求道路平整坚实。

3. 屋盖系统吊装阶段平面布置

屋盖系统除屋架外，还有天窗架、屋面板、天沟板、支撑系统，天窗侧板等。

天窗架有钢筋混凝土和型钢制作之分。钢天窗架可预先拼装在屋架上，钢筋混凝土天窗架一般插在屋架内侧或跨外就位。

屋面板的就位：

跨内就位：吊装跨中板和跨边板的回转半径不一致，所以一般板的就位通常做法是在

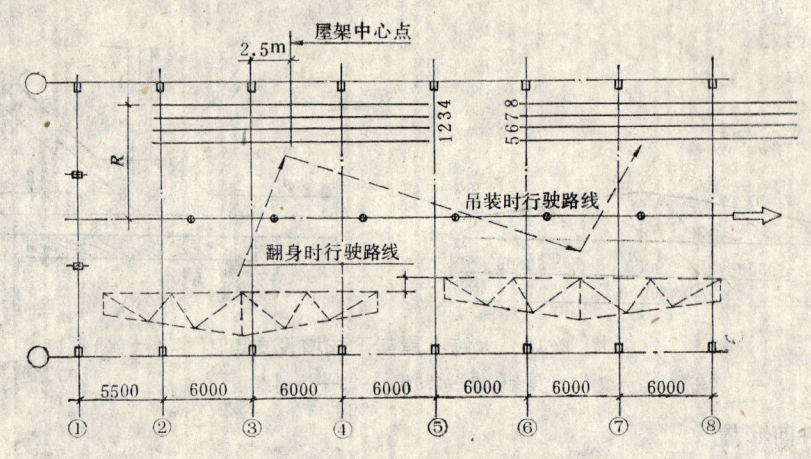

图 2-15 屋架的纵向就位
1—已就位的屋架；2—柱子

（虚线为屋架预制时位置，1～8各代表每一轴线屋架。R—为起重机能吊起屋架重量时最大回转半径。）

应安装间退后三间半（对6m柱距而言）开始堆放。每堆板最多不能超过8块，板与板之间留有约50cm间隙，便于清理预埋件上的混凝土及赃物，查看构件编号、挂钩等。这样布置七～八间后，要增加一间板的堆放，否则，跑车过多。当跨度较大时，屋面板可以横向堆放。

跨外就位：跨外有地方的现场，也可将板堆放在跨外。跨外就位一般退后应安装间一间半（以6m柱距考虑）开始堆放。

当现场无法就位时，可采取随运随吊，这样现场文明，但组织要严密，保证构件供应。

其它构件因重量较轻，数量少，一般都布置在板或屋架的里侧，以不防碍起重机行走即可。图2-16为18m跨、24m跨、30m跨常见屋盖系统综合吊装平面布置形式。

为方便构件平面布置的绘图定型，通常做法为：将主要构件（包括柱子、吊车梁、屋架及其它构件）及起重机的外形尺寸，按一定比例用硬纸片剪成模板，在以同样比例的平面图上进行试摆和调整，经土建单位和吊装单位共同商定后，再绘出正式构件平面布置图。

第三节 现场准备工作

一个吊装工地，要如期、安全地完成任务，现场准备工作是必不可少的。同时也为编制施工组织设计提供施工场地的现实条件。现场准备工作包括以下部分。

一、路线

路线主要看进出场道路，施工现场起重机行走路线及构件运输道路是否平整、坚实、通畅，转弯半径是否符合大型车辆通过的要求。凡是不符合要求的路线，都要进行提前整治处理，绝对不能心存"车到山前必有路"的侥幸心理而盲目行动。

二、现场环境

施工场地主要看是否能布置下构件。对于重型构件，如柱、屋架要尽量满足吊装要求。

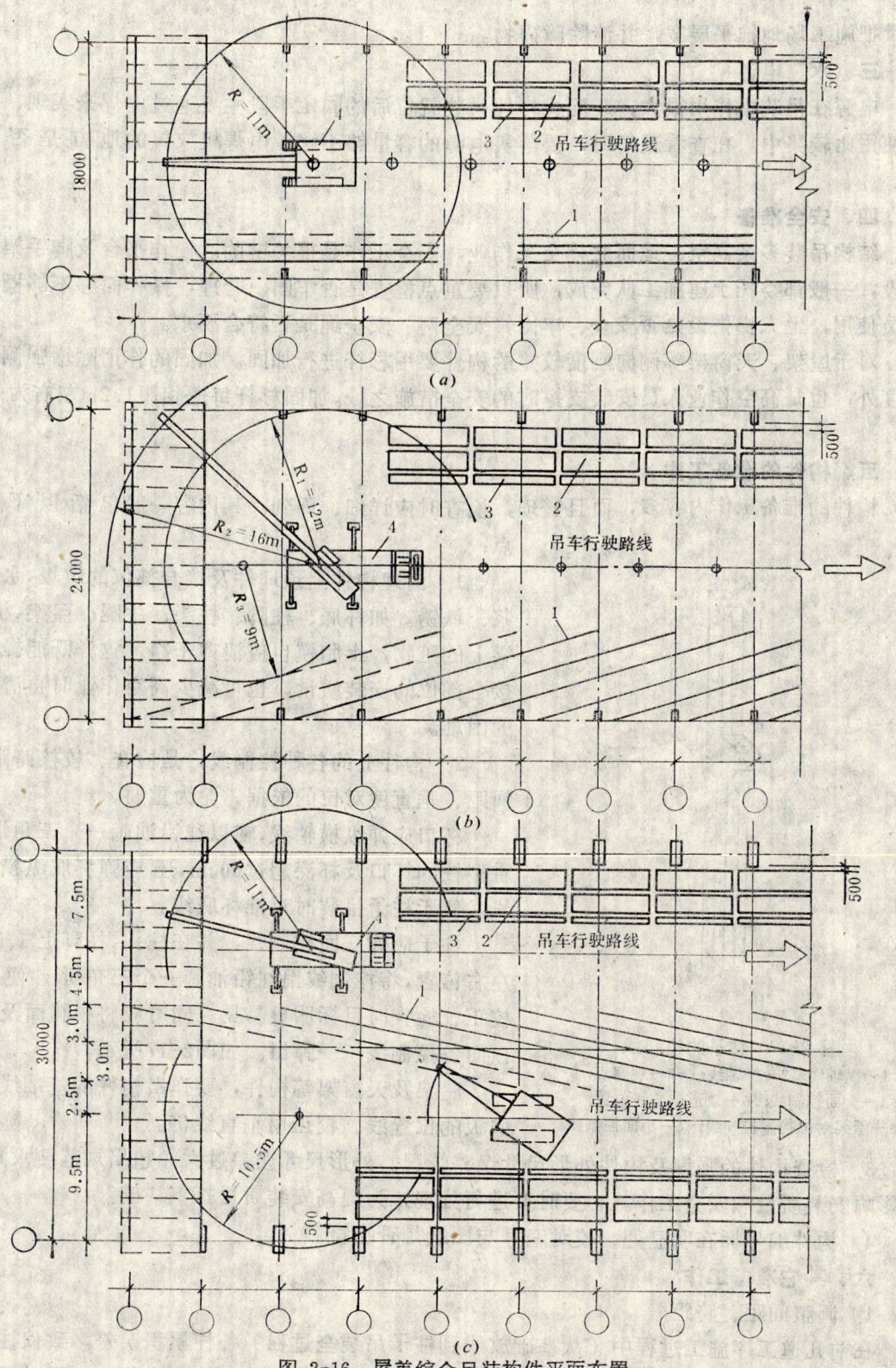

图 2-16 屋盖综合吊装构件平面布置
(a) 18m跨度构件平面布置图；(b) 24m跨度构件平面布置图；(c) 30m跨度构件平面布置图
1—屋架（虚线表示已吊屋架位置）；2—屋面板；3—天沟；4—起重机

尽量把施工场地推平展宽，并清除障碍物。

三、水、电源

电源在吊装中作用很大，装配式构件吊装就位后的固定手段主要通过电焊来实现，而且使用比较集中。在查看现场时，要落实电源的容量够不够，电焊机放置的地方是否合适。

四、安全准备

结构吊装多系高空、地面立体交叉作业，安全工作是很关键的。操作平台及脚手架的搭设，一般都委托土建施工队完成，所以要重点检查是否牢固、合理，操作面够不够操作人员使用，上人梯搭设是否安全、牢固，安全网、安全绳是否符合要求。

对于屋架、天窗架等侧向刚度较差的构件要用杉杆进行加固。加固的作用除增强侧向刚度外，也是高空作业人员安装支撑时的安全措施之一。加固杉杆每道相距1.2m左右为最佳。

五、构件的准备工作

构件的准备工作内容多，而且繁琐，检查时应详细、周到。其内容一般包括以下各点：

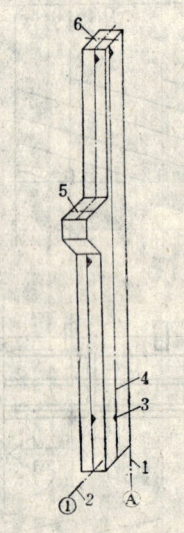

图2-17 柱子的控制线
1—纵轴线；2—横轴线；3—观察点；
4—大面控制线；5—轨道中心线位置；
6—屋架对位控制控制线；7—小面控制线

1. 清理构件上预埋件及接合部位的垃圾、水泥浆、铁锈。如杯底、柱脚、柱头、牛腿、屋架、板、梁上的赃物，土胎模也应清理干净，这样既能提高接合部位的安装质量，也可减少高空作业时再清除的困难。

2. 构件上的各种控制线，是检查、校核跨距、间距、垂直度对位的依据，尤为重要。

杯口应弹纵横轴线，辅以红铅油画一个三角形。重型柱的杯口及杯深超过60cm，还应弹杯底纵横轴线，便于柱子吊装时对准杯底线。

柱子应弹三面控制线，并在柱头、柱脚上1.5m左右位置，将控制线用红铅油画一个三角形，便于校正、检查时目标明显易见。同时应将牛腿面及柱顶面各控制线一一弹出。如图2-17所示。

屋架及天窗架等构件，要弹出构件的基准线，如板的位置线、校正用垂直线等。

3. 检查构件的强度及构件外形尺寸误差情况。外形尺寸误差过大（超出规范要求），将影响安装质量和安全工作。必要时要进行处理，为提高安装质量打下基础。

4. 构件编号标在明显处，校对编号与图纸是否相符。

六、其它准备工作

1. 调整间距、跨距

在前几道工序施工过程中（从基础放线到柱子吊装全过程）各种累积误差，致使柱顶的间距和跨距产生变化，达不到规范要求及设计尺寸、要满足上部结构安装，必须对间距和跨距重新调整。

根据施工要求，钢筋混凝土屋架的间距最大可调整10mm，如6m柱距，调整后的间距是5990mm或6010mm。而钢结构因制作精度高，支撑系统多，其间距最大可调整5mm，即调整后间距为5995mm或6005mm，调整量过多，对支撑安装就比较困难。

重新调整间距线的建立：

先用钢尺实测柱头间距，再按上述原则进行调整。若间距调整不过来，再用经纬仪将柱底轴线翻投到柱顶，以保证各间距达到要求。前者方法简便，后者方法比较繁琐。间距调整后，应重新放线，以便屋架对位。

2. 吊装前的最后检查

屋盖系统吊装全属高空作业，为防止意外事故的发生，在吊装前，应再检查一次，其内容包括：

（1）索具、工具是否齐全，符合安全要求。

（2）所有构件编号、控制线是否齐全。

（3）安全设施是否齐备，道路是否平整，起重设备是否完好。

（4）所有工作进行完，进行试吊，检查各项准备工作是否达到正式吊装要求。特别是新结构、新工艺更应该如此。

第四节　构件运输、拼装、堆放

一、构件运输

1. 装配式构件运输的原则

构件不得变形、损坏。因此要求做到：

（1）现场道路平整、坚实，有足够宽度和转弯半径。

（2）钢筋混凝土构件的混凝土强度，不应低于规范规定的强度。如柱、梁类构件强度不低于设计标号的75%，屋架类构件必须达到100%才能运输。

（3）构件在运输中，支点要正确，位置和数量，设计有规定按设计图；设计无规定者，应进行验算。

（4）长构件运输时，应错过车辆流动高峰期。

2. 柱子运输方法

柱子构件长，常采用拖车运输。拖车分为全挂、半挂及改装半挂（俗称炮车）。

一般柱子采用两点支承，如图2-18所示，当柱子较长，两点支承不能满足受力要求时，可采用三点支承。图2-19和2-20为两种三点支承运输方式图。

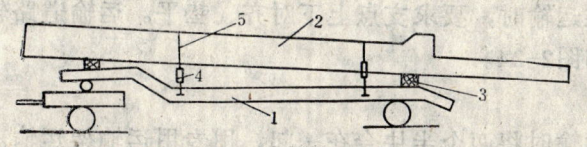

图 2-18　柱子运输两点支承

1—拖车平板；2—柱子；3—垫木；4—葫芦；5—钢丝绳

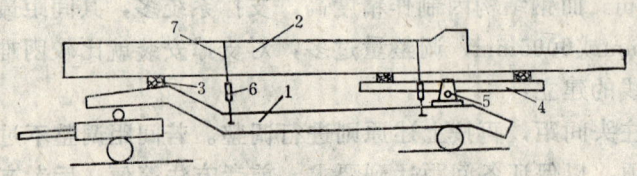

图 2-19 柱子运输三点支承之一
1—拖车平板；2—柱子；3—垫木；4—花篮螺栓或葫芦；5—钢丝绳；6—铰支座；7—平衡梁

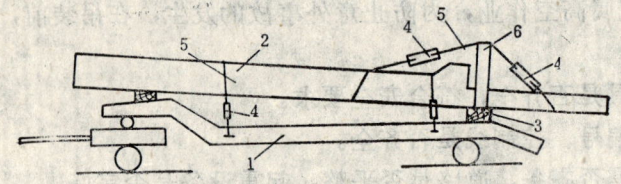

图 2-20 柱子运输三点支承之二
1—拖车平板；2—柱子；3—垫木；4—花篮螺栓或倒链；5—钢丝绳；6—支撑架

3. 屋架运输

18m跨以内的屋架可以整榀运输，如图2-21，24m跨度以上屋架，多采用半榀运输。但也有采用整榀运输，图2-22为24m预应力钢筋混凝土屋架的运输架及运输示意图。钢屋架可以用半挂车平放运输，但要求支点必须放在节点处，而且要垫平、加固好。钢屋架还可以整榀或半榀挂在专用架上运输，如图2-23。

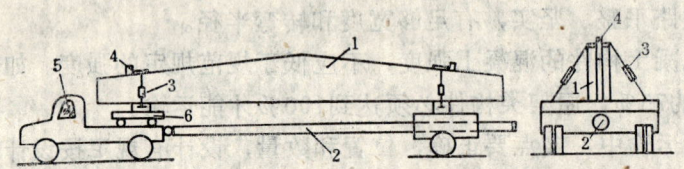

图 2-21 利用炮车式半挂运输屋架
1—屋架；2—无缝管车；3—花篮螺栓或葫芦；4—木楔；5—车头；6—转盘

4. 板类构件运输

运输板类的车辆有黄河、交通、红岩、东风144型平板车；解放、东风半挂车。还有进口汽车如太托拉、斯太尔、尼桑、司柯达等车型。

5. 槽形板运输

槽形板及其它板类运输时，要求支点上下对齐、垫平。运输道路较长及路况不好时，还要用钢丝绳加固，如图2-24。

6. 折板运输

折板板薄且长，运输时将两个半块合在一起，用专用运输架运输。如图2-25。

二、构件拼装

构件拼装分为立拼和平拼两种。大跨度屋架，如60m跨度钢筋混凝土预应力屋架，由于翻身移动困难，常采用立拼的施工方法。立拼时，支架应绝对牢固、不能失稳，支垫木

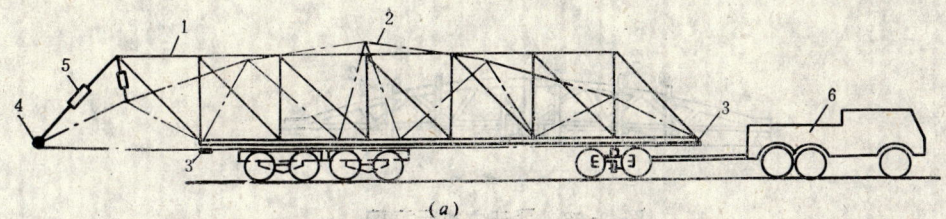

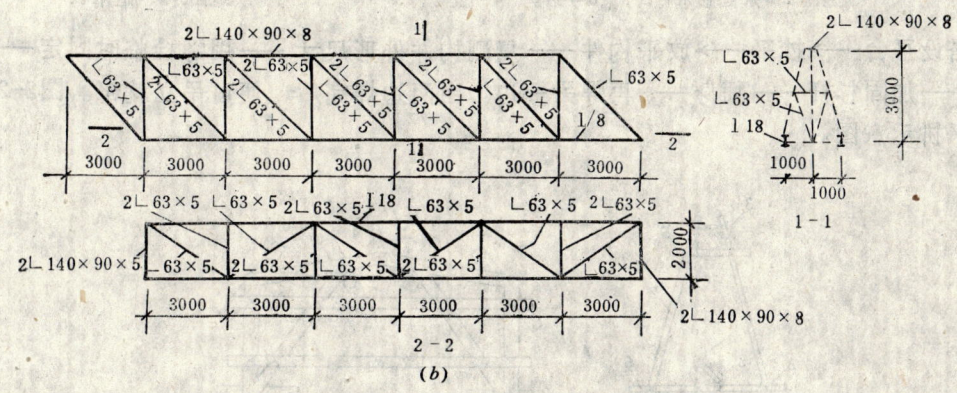

图 2-22 24m屋架运输及运输架

（a）屋架运输示意；（b）运输屋架专用桁架

1—钢桁架；2—屋架；3—垫木；4—加固木；5—花篮螺栓或葫芦；6—拖车头

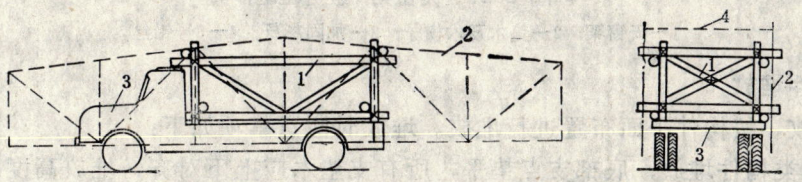

图 2-23 用专用架子挂运钢屋架

1—杉木杆制成的架子；2—钢屋架；3—汽车；4—拉紧绳

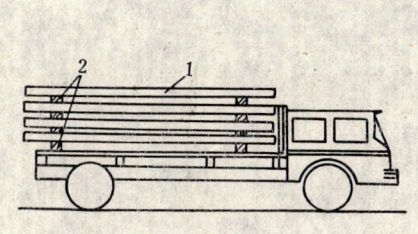

图 2-24 载重汽车运输板类构件

1—大型屋面板；2—支垫木

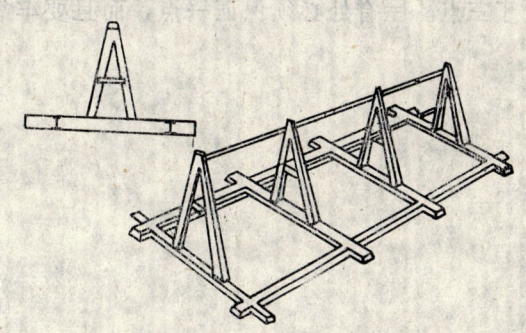

图 2-25 折板运输专用架子

要坚实，不能有沉降变形。拼装示意图如图2-26。

钢屋架、天窗架之类构件则采用平拼法。平拼法施工步骤如下：

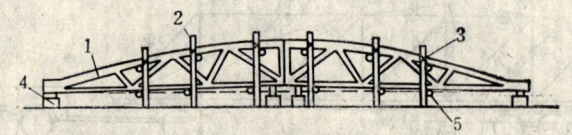

图 2-26 屋架立拼示意图

1—屋架；2—加固杉木杆；3—8号铅丝；4—支墩；5—横木；6—夯实地面；7—道木墩

搭设平台──→抄平──→放平构件──复测构件外形尺寸──用螺栓临时固定──焊接一侧──加固杉杆──翻身──再焊另一边。当两边焊完后，便可吊立就位。图2-27为天窗架平拼示意图。

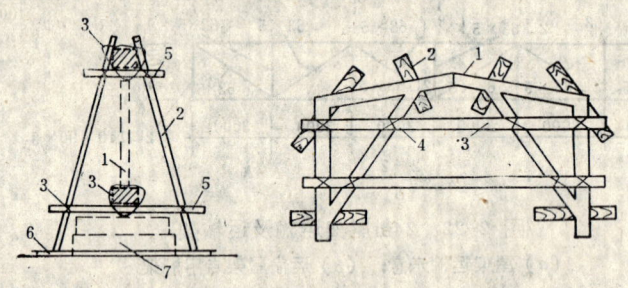

图 2-27 天窗架平拼示意图

1—天窗架；2—垫木及木楔子；3—加固杉杆；4—8号铅丝

三、构件堆放

构件堆放，按构件平面布置进行堆放。堆放时注意事项如下：

（1）板类构件堆放，底部支点垫平，所有支垫木应上下对齐，堆放高度在6~8层。

（2）过梁类构件，支点在端部，堆放层不超过三层。

（3）屋架类构件的垫木应平放在坚实地面。支点在端部节点处。临时加固支撑点不能少于三点。屋脊处必须保证一点，而且要牢靠。

第三章 构件吊装工艺

建筑物结构不同,构件种类是有区别的。如单层工业厂房,其构件主要包括:柱子、吊车梁、连系梁、屋架(屋面梁)、天窗架、支撑系统、屋面板、天沟板等。

构件吊装时,工序分为:绑扎、吊升、就位、临时固定、校正、永久固定等。

第一节 柱 子 吊 装

柱子截面形式有矩形、工字形、双肢形、管柱。

一、柱子的绑点位置

柱子绑点选定很重要,选择不当时,会损坏柱子。比较准确的方法,是通过理论计算来确定(见第九章柱子吊点的计算)。一般来讲,对于柱长15m以内的,不经计算,直接选用牛腿下作为绑扎点。对于等截面细长柱,应绑扎两点或多点,如图3-1所示。不是等截面的柱,可换算成等截面柱长度,再参考图3-1形式进行绑扎。

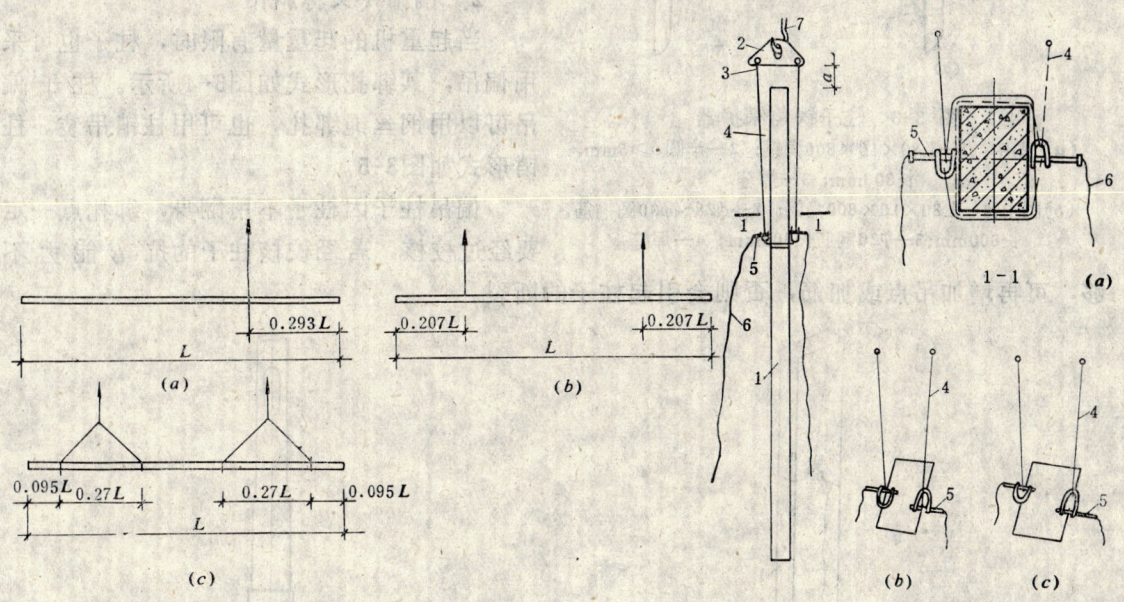

图 3-1 等截面细长柱绑点图
(a)一点绑扎;(b)二点绑扎;(c)四点绑扎

图 3-2 柱子进档直立吊绑扎示意图
1—柱子;2—铁扁担;3—卡环;4—吊索;
5—半自动卡环;6—拉绳

柱子的绑点形式,因起吊时方式不同,分为两种形式:进档直立吊和偏吊两种。

1. 进档直立吊

柱子进档直立吊,首先应将柱子翻身。吊钩挂一个铁扁担。如图3-2。

(a)、(b)、(c)为三种绑扎形式

(1)柱子翻身后优点:

1)充分利用柱子的受力筋,增强柱子的抗弯能力。

2)柱子翻身后,截面高度变大,增强了柱子的抗弯能力。

3)柱子容易进档、就位、校正都方便。

4)便于清除土胎模。

5)利用柱子翻身时可以重新就位,起吊时更方便。柱子翻身不足之处在于增加了工序。

(2)柱子直立吊绑扎形式有三种,如图3-2所示。

1)图3-2中(a)图,吊索各为一根绳对柱子进行大绑。虽然绑扎时较复杂,但对安全有利(一根绳出现故障——断裂,另一根绳起作用,能及时采取应急措施)。

2)图3-2中(b)图,其绑扎绳两根一样长短,串联式绑扎,绑扎方便、明了。但若其中一绳出现故障,来不及采取应急措施。

3)图3-2中(c)图,其绑扎绳采用了长短绳,长绳挂在铁扁担上,短绳连接在一半自动卡环上。长短绳也易出现第二种形式同样的危险。

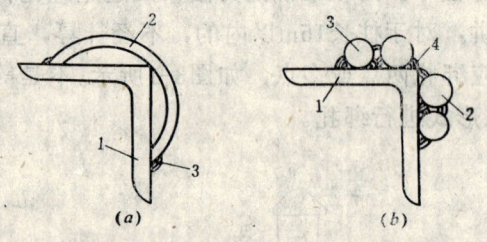

图 3-3 柱子铁角保护器
(a)图中:1—L80×10×800角钢;2—半圆δ≥5mm,长800mm;3—焊缝
(b)图中:1—L80×10×800角钢;2—φ28~φ30圆钢筋长800mm;3—φ20钢筋长800mm;4—焊缝

(3)柱角保护

为使柱角不致损坏,常采用麻袋、轮胎及铁包角(如图3-3)对柱体进行保护。

2. 偏吊(又称斜吊)

当起重机的起重量有限时,柱子也可采用偏吊,其绑扎形式如图3-4所示。柱子偏吊可以用钢丝绳绑扎,也可用柱销吊装。柱销形式如图3-5。

偏吊柱子因柱子不用翻身,绑扎点一定要经过校核,若经校核柱子的抗弯能力不够,可再增加吊点或加筋,否则会引起柱子的断裂。

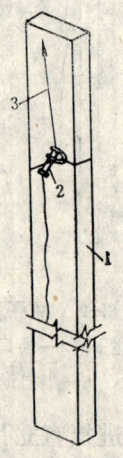

图 3-4 柱子偏吊绑扎形式
1—柱子;2—半自动卡环;3—吊索

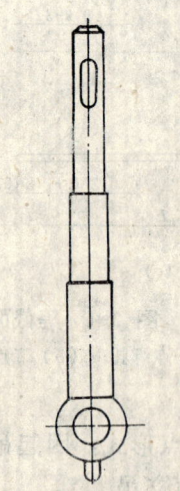

图 3-5 柱销形式图

偏吊柱子,在插入杯口时,初找正都比较困难,宜填重选用。

3. 重型柱子绑扎点

重型柱子吊装,多采用双机、三机抬吊或者用土法吊装,其绑点位置应考虑:

(1) 柱子抗弯能力必须够。

(2) 双机或多机抬吊柱子时,要考虑荷载的分配。每台起重机承担的重量不能超过额定荷载的80%。

在荷载分配时,有两种情况:

一是选用起重机起重量相等,此时可用等分的方法分配荷载。

二是选用起重量不相等的起重机,其荷载分配采用增加垫木方法,调整垫木厚度以平衡起重量。双机抬吊柱荷载分配计算见表3-1。

双机抬吊柱子荷载分配表　　　　　表3-1

类别		计算简图	计算式
起重机起重量	相等	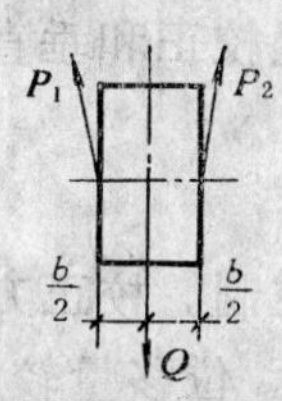	$P_1 \cdot \dfrac{b}{2} = P_2 \cdot \dfrac{b}{2}$
	不相等	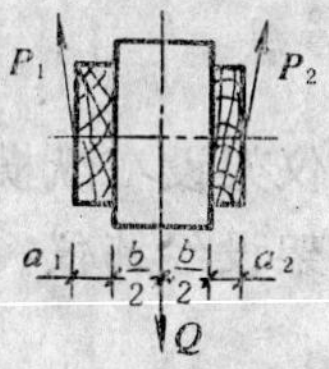	增加板厚 $a_2 = \dfrac{P_1 a_1 + \dfrac{b}{2}(P - P_2)}{P_2}$

(3) 双机抬吊时,还应该注意选择在起落钩、回转速度等性能基本接近的起重机。

二、柱子的吊升

柱子吊升过程中,按柱子运动形式可分为旋转式、滑行式。柱子在吊升过程中采用哪种形式,在柱子平面布置时就已考虑了,但施工现场影响因素较多。诸如,构件平面布置时,其尺寸差异,起重机停车位置不准确,道路影响等。所以柱子吊升时,起重机要随时用行走、起落吊臂、转向等动作来调整柱子的运动方向,最后达到吊起柱子为止。

重型柱子吊装,采用滑行式。若再增加一台起重机,即变成了递送式。

三、柱子的就位

柱子吊起插入杯口,当柱落至杯底似接触又不接触(能用撬杠撬动即可)时,起重机刹住车,这时便可进行对位和垂直度初校。

柱子对位是利用杯口处的纵横轴线与柱面上的弹线相重合,在杯口用一板尺放在轴线上再对准柱面上的线,如图3-6所示。重型柱以及杯口深度超过60cm的,要对准杯底线。柱子对位位移误差不能超过规范规定的5mm。在对位过程中,利用起重机的起落吊臂、转向、起落吊钩、走车等动作,对柱子进行初校正。一般柱子可用目测垂直度。其偏差值控制在

57

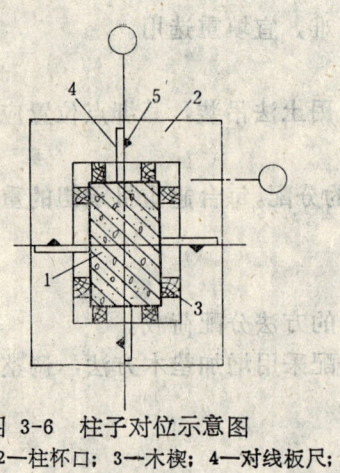

图 3-6 柱子对位示意图
1—柱子；2—柱杯口；3—木楔；4—对线板尺；5—三角形

1～3‰柱高。重型柱及风力较大地区，可用经纬仪观测进行初校，偏差值不能超过 1‰ 柱高。

四、柱子的临时固定

待杯口对位准确、垂直度偏差不超过要求时，便可落钩。当柱子刚一触及杯底，便刹住车。这时，对称地将四对木楔打紧后，便可松钩。用拉臂绳的起重机（如履带式），稍事松钩后，再将吊臂落下几度，以防背吊臂的事故发生。这便完成了临时固定。

对杯口深且高度高的柱，为防止意外，在柱子大面的柱脚处扔几块卵石或钢筋头楔紧。

五、柱子的校正

柱子的校正包括两个内容：平面位置校正和垂直度校正。柱子校正程序为：先校正平面位置，后校正垂直度。

1. 平面位置校正

柱子的位移大小在就位时就应严格控制。校正方法采用一边稍松动木楔，与松动木楔相对应的木楔马上敲紧（工人称跟楔子）。位移量较大的木楔经不住敲打，可改用钢制楔。敲打楔子的同时还应观测柱子的垂直度。

2. 垂直度校正

柱子垂直偏差观测，利用两台经纬仪架设在纵横轴线上，仪器架设点距离柱子1.5倍柱长的地方。一但当纵轴已有柱子，无法架设经纬仪，可将仪器架设在偏离大于或等于5°的轴线上，如图3-7所示。

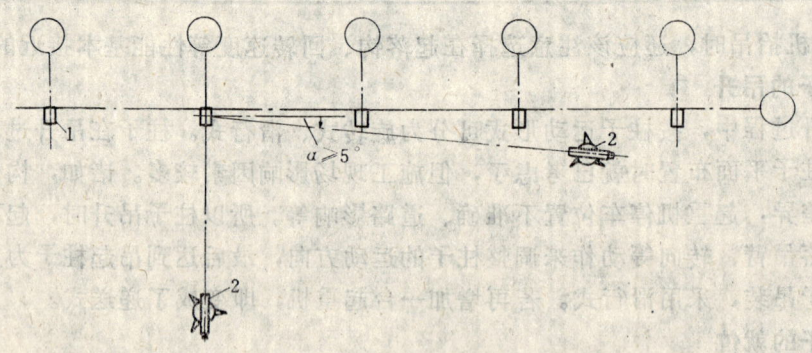

图 3-7 校正柱子测量仪器架设点
1—柱子；2—经纬仪

变截面柱子校正观测时，经纬仪必须架设在轴线上，观测数据准确。不能架设在轴线上时，比较简便的办法，只观测等截面柱段，依此段作为校正柱子的依据，而不必观测到柱顶。

柱子垂直度校正先校正偏差大的一面，后校正偏差小的一面。常用方法有：

（1）千斤顶法

用千斤顶校正柱子有斜顶和立顶之分。方法简便易行。斜顶法最好使用螺旋千斤顶，工作时要在柱子上和基础面打一个坑，便于放千斤顶，如图3-8所示。立顶法适用于双肢柱。如图3-9所示。

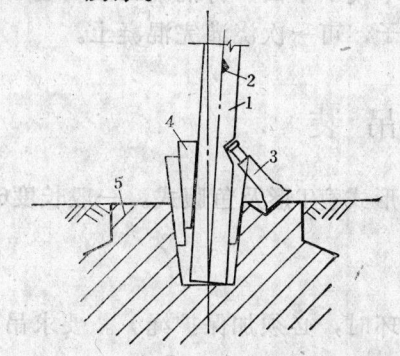 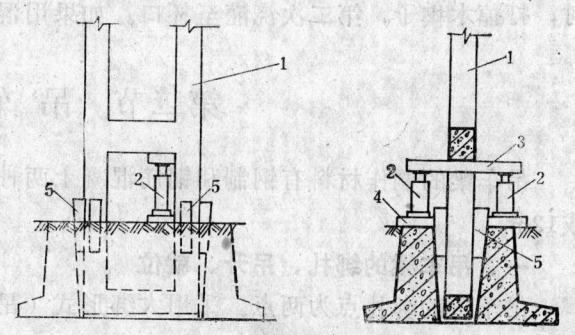

图 3-8　千斤顶斜顶校正柱子图　　　　　图 3-9　立顶法校正柱子
1—柱子；2—下观测点；3—千斤顶；4—木楔子；5—基础　　1—柱子；2—千斤顶；3—上承力梁；4—垫木；5—木楔子

（2）校正器校正法

校正器详图见图1-4，校正柱子时如图3-10所示。

柱子在校正顶推过程中，要配合敲打木楔子，俗称"跟楔子"。敲打木楔时，可以先松动一边，再敲打另一边，每次松动不能多，要防止柱子"推排九"❶。柱子校正敲打木楔时，要随时注意杯口位移线误差不能超过规范要求。否则要重新校正好杯口位移线，再校正垂直度。

3. 阳光温度对柱子垂直度偏差的影响

由于受阳光照射，柱面温度产生差异，温度对柱子产生影响，柱子的垂直度形成一个变化值。影响较大的是横轴方向（即柱子小面的一边）。偏差过大影响上部结构的安装。

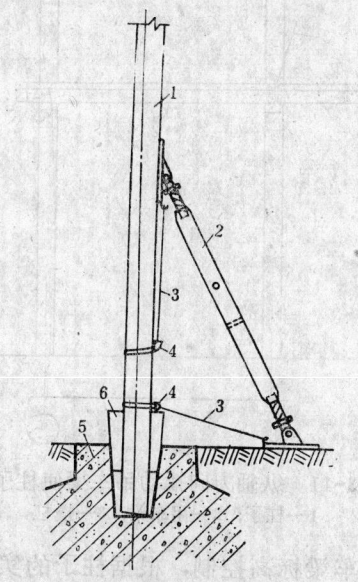

图 3-10　校正器校正柱子
1—柱子；2—螺旋校正器；3—拉绳φ12.5；4—卡环；5—柱基础；6—木楔子

温差影响与柱高成正比。当柱高在12m以内，温差影响可以忽略不计；当柱高超过12m以上者应予考虑。

解决的方法有：

（1）通过某一根柱子一天的跟踪观测，找出该工地柱子偏差规律，在以后校正柱子中，按此规律进行预留偏差值的办法，解决柱子垂直偏差。

（2）尽可能将一排柱子，突击性在早上或傍晚1～2小时之内校正完。在这段时间内，

---

❶ 推排九——即一根柱倒下，砸到下一根柱，如此类推，将一排子全砸到，俗称"推排九"。这是不允许发生的重大故事。

温度对柱子垂直偏差影响较小，可忽略不计。这种方法应用较多。

六、柱子的永久固定

柱子校正好以后，在柱脚扔几粒卵石或钢筋头，紧接着浇灌细石混凝土，完成柱子的永久固定。用木楔时，混凝土浇灌分为两次，第一次灌至木楔子下面，待混凝土强度达50%时，打掉木楔子，第二次浇灌至杯口。如果用混凝土楔子，可一次浇灌完混凝土。

第二节 吊车梁吊装

吊车梁的制作材料有钢制和钢筋混凝土两种，截面形式有T形及鱼腹式。一般长度6m或12m。

一、吊车梁的绑扎、吊升、就位

吊车梁的绑扎点为两点。采用大绑形式（吊车梁吊环时，必须加保护绳）。要求吊车梁吊起后平稳就行。

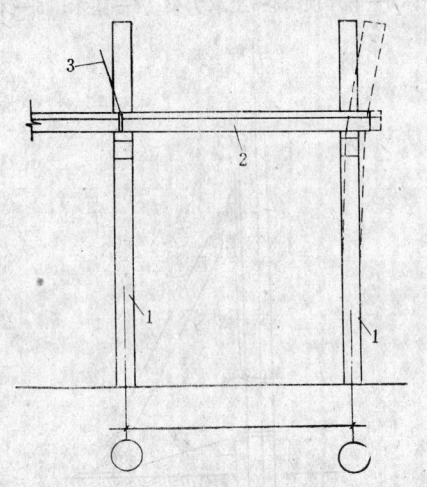

图 3-11 纵轴方向撬动吊车梁使柱子偏斜
1—柱子；2—吊车梁；3—撬杠

吊车梁就位是将吊车梁吊升至牛腿面上，暂按牛腿面的轨道轴线对位，并垫平，使吊车梁不能晃动。吊车梁对位时尽量减少撬动。因为这时柱子上部是自由端，很容易使柱子偏斜特别是纵轴方向。如图3-11所示。

为保证安全，过高的吊车梁（80cm以上），可用8#铅丝将吊车梁与柱子临时加固一下。

二、吊车梁的校正与固定

吊车梁校正如系有屋盖时，要待屋盖吊装后进行较好。露天跨则将吊车梁安装完，就可进行校正、固定。

吊车梁校正包括两项内容：一是将吊车梁平面位置（即位移）校正；二是校正垂直度。

吊车梁标高控制，根据柱子的实长，在杯底找平时用细石混凝土厚度来调整，并由土建施工队施工。

吊车梁轨道中心线的测设：

1. 用经纬仪将柱（一般选第2根柱，并要求两列柱在同一面）杯口处的纵向线引至（测量习惯称为翻线）吊车梁面等高处。设此处至车间纵向轴线距离为a，至轨道中心线距离为b；纵向轴线至轨道中心线为L_1（L_1标准尺寸为750mm），则吊车梁轨道中心线相距为L_K，如图3-12所示。则L_K计算如式（3-1）。

$$L_K = L - 2(a+b) \qquad (3-1)$$

式中 L_K——轨道中心线距离（m）；
L——车间跨距（m）；
a——纵向轴线至杯口引出线距离（m）；
b——杯口引出线至轨道中心线距离（m）。

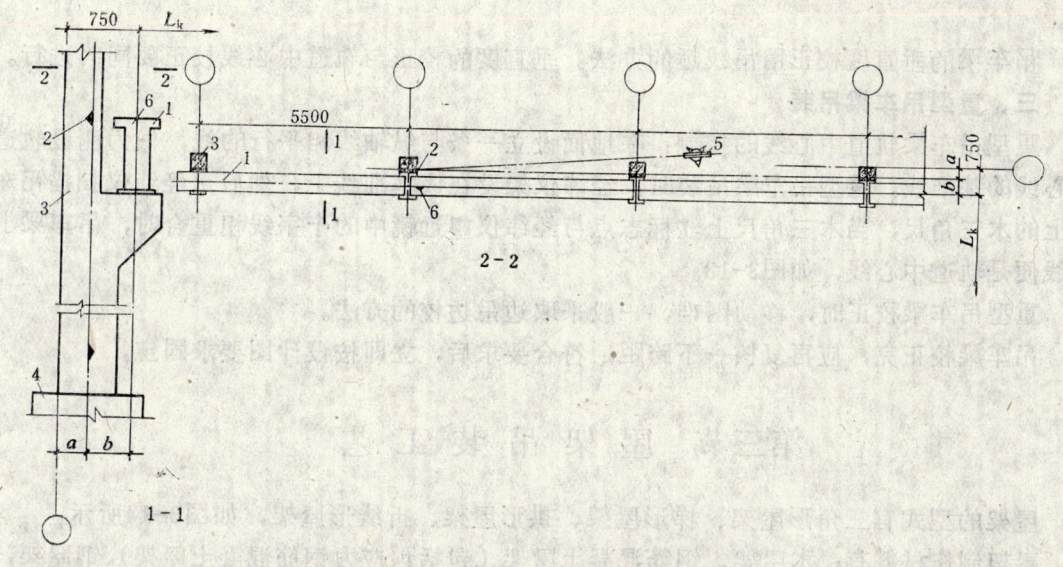

图 3-12 吊车梁轨道中心线位置测设图
1—柱子；2—吊车梁；3—引出标志点；4—柱基础；5—经纬仪；6—校核后的轨距中心点

2. 每列吊车梁测出两点，然后用钢尺和弹簧秤校核两列两点距离是否等于L_K。L_K校正好后，用红铅笔画出标志点（图3-12中6）。

3. 当柱列长度较短时（一般长30~40m），则利用吊车梁面上标准点（6），拉一根通长钢丝的方法，依据此钢丝校正吊车梁平面位置，位移误差不能超过5mm。

当柱列长度很长，而又无法拉钢丝时，则将经纬仪架设在吊车梁面，对准引出的标志点图3-12中的6，后视另一端标志点6，用经纬仪在吊车梁面扫描出一条轨道中心线（实际中只在每根梁的两端用红铅笔点一个点），依据此线用撬杠拨动校正好吊车梁的平面位置

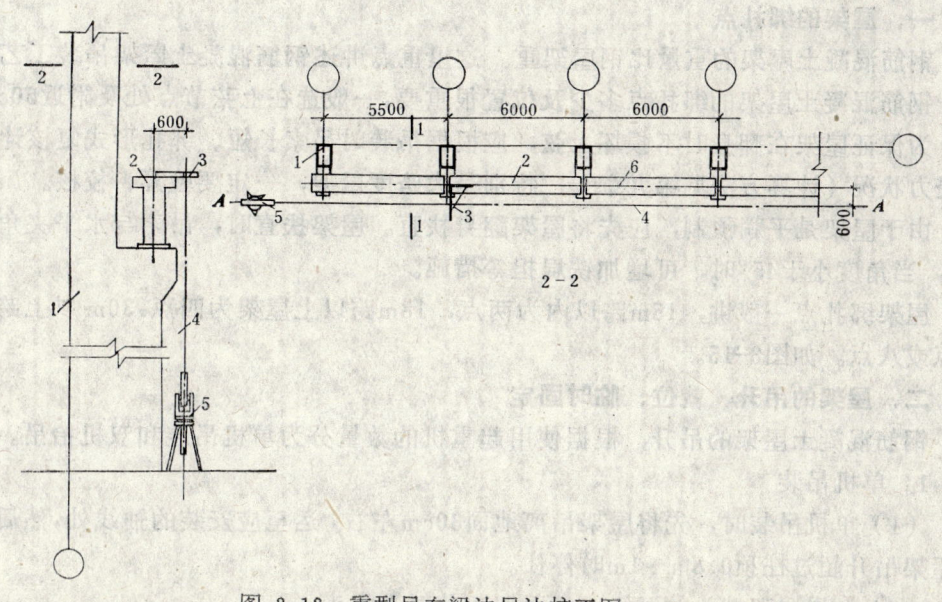

图 3-13 重型吊车梁边吊边校正图
1—柱子；2—吊车梁；3—三角木标尺；4—视线；5—经纬仪；6—轨道中心线

线。

吊车梁的垂直度校正用吊线锤的办法。垂直度的校正与轨道中心线校正要同时进行。

三、重型吊车梁吊装

重型吊车梁轨道中心线的控制：在地面设立一条与纵轴线相平行的线，做为测设轨道中心线的基准线。重型吊车梁吊装时，经纬仪架设在该基准线上，然后用经纬仪扫描吊车梁上的木三角尺，当木三角尺上红标志点与经纬仪望远镜中的十字线相重合时，吊车梁上的线便是轨道中心线，如图3-13。

重型吊车梁校正时，移动困难，一般采取边吊边校的方法。

吊车梁校正完，应再复核一下跨距，符合要求后，立即按设计图要求固定。

第三节 屋架吊装工艺

屋架的型式有三角形屋架、梯形屋架、拱形屋架、折线形屋架，如图3-14所示。

屋架制作材料有：木屋架、钢筋混凝土屋架（包括预应力钢筋混凝土屋架）、钢屋架，

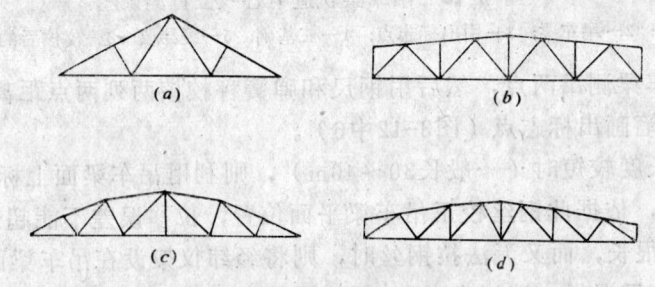

图 3-14 屋架构造形式简图

(a)三角形屋架；(b)梯形屋架；(c)拱形屋架；(d)折线形屋架

一、屋架的绑扎点

钢筋混凝土屋架的重量比钢屋架重。这里重点讲述钢筋混凝土屋架吊装工艺。

钢筋混凝土屋架的绑扎点多少及位置很重要，一般选在上弦节点处及附近50cm区域之内。为保证屋架在翻身时不损坏上弦，应根据吊装时吊索长短、绑扎形式复核计算绑扎点处受力状况（计算方法见第九章），特别是大跨度屋架，一定要验算、校核。

由于屋架是平躺预制，应先将屋架翻身扶直。屋架扶直时，吊索与水平夹角不能小于45°，当角度小于45°时，可增加铁扁担等措施。

屋架绑扎点一般讲，15m跨以内为两点，18m跨以上屋架为四点。30m以上跨度可选用六点或八点。如图3-15。

二、屋架的吊升、就位、临时固定

钢筋混凝土屋架的吊升，根据使用起重机的数量分为单机吊装和双机抬吊。

1. 单机吊装

（1）单机吊装时，先将屋架吊离地面30cm左右，运至应安装的轴线处，然后再起钩。待屋架吊升超过柱顶0.8m～1m时停住。

（2）利用屋架端头的溜绳，将屋架调整对准柱头。

（3）落钩，将屋架落至柱顶，以刚接触柱顶为止。再运用起重机的起、落吊臂、转向

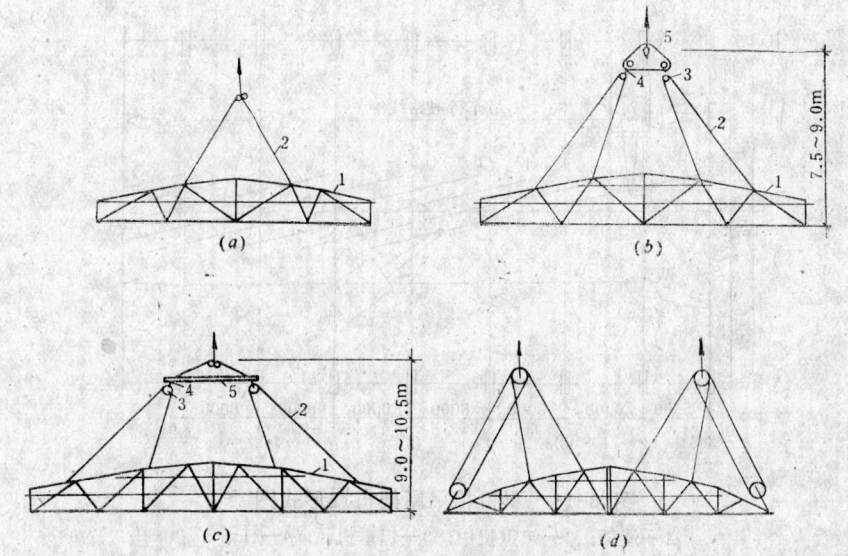

图 3-15 屋架绑扎点示意图

(a) 15m屋架绑扎; (b) 18m折线形屋架绑扎点; (c) 24m折线形屋架绑扎点; (d) 36m折线形屋架绑扎点
1—屋架; 2—吊索; 3—滑轮; 4—卡环; 5—铁扁担; 6—加固杉杆

等动作，同时用撬杠配合，将屋架准确地对位后，再稍落一点钩（注意吊索的松弛程度，俗语称"吃劲大小"），这便完成了屋架吊升及就位过程。

(4) 校正屋架的垂直度，其方法有以下几种：

梯形、折线形屋架一般利用屋架端立杆所弹的中分墨线，用线锤吊校。屋架中部有立腹杆的，再利用立杆复校。这种吊校方法比较简单、实用。不足的是屋架立杆制作误差，会影响屋架的直正垂直度。

另一种方法：从屋架下弦一侧拉一根通线，其距离由屋架端头中心线量出30～40cm，然后从屋脊顶中心线量出一个同下弦一样的尺寸，再依此吊下线锤，当线锤中心与下弦拉线重合时，则表示屋架已垂直，否则应校正。

这种方法，较为繁琐，一般用于三角形屋架。

2. 临时固定

校正好的屋架，马上进行临时固定。第一榀屋架的固定可将屋架与抗风柱连接的弹簧板焊死固定，屋架端头也用电焊固定。第二榀以后各屋架则以螺旋校正器或杉杆和8号铅丝与上弦绑扎后做为临时固定。松钩以后，随即将支撑、屋面板安装做永久固定。

3. 双机抬吊屋架

当屋架过重、单机吊不动时，则采用双机抬吊屋架，图3-16所示为屋架就位在跨中时双机抬吊方法，其操作过程如下：

甲、乙两起重机同时抬起屋架离地30cm左右，甲车不行走，只作少许的起落吊臂和转向，而乙车则要转向进行"掏档"，而后再负荷行走。当屋架运至安装位置时，同时吊升至柱，其它操作工序基本同单机一样。

双机抬吊选用的起重机在起落钩，回转速度要基本一致。负载行走时，起重机的道路要坚实平整。

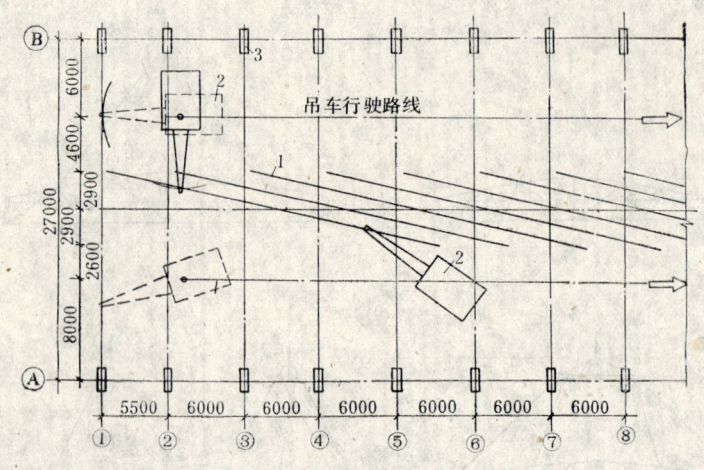

图 3-16 双机抬吊屋架布置形式图
1—屋架;2—起重机甲;3—起重机乙;4—柱子

第四节 天窗架等构件及不规则构件吊装

一、天窗架吊装

突出屋面式天窗架以制作材料分有钢筋混凝土和钢天窗。钢筋混凝土天窗架的跨度有6m、9m两种。而钢天窗有6m、9m、12m三种,结构型式有"Π"形和"W"型。

天窗架(包括端壁板)一般都是分片预制,运至现场进行拼装。工地拼装天窗架,先搭设平台,再将半榀天窗架放平,进行拼装。拼装要求一要平整,二要几何尺寸准确。在焊接连接件时,先用杉杆加固1~2道(视天窗架高度确定)。焊完一边,翻身后焊另一面,焊好后,就位在屋架旁。

天窗架绑扎点选用两点或四点。天窗架吊升到屋架上,对好位先用电焊在倾斜一侧点焊一下,做为临时定位。再进行校正。校正工具用螺旋校正器或用手扳葫芦再配合用具。第一榀天窗架(或端壁板)校正完,应加固3~4道支撑,以防垂直偏移。

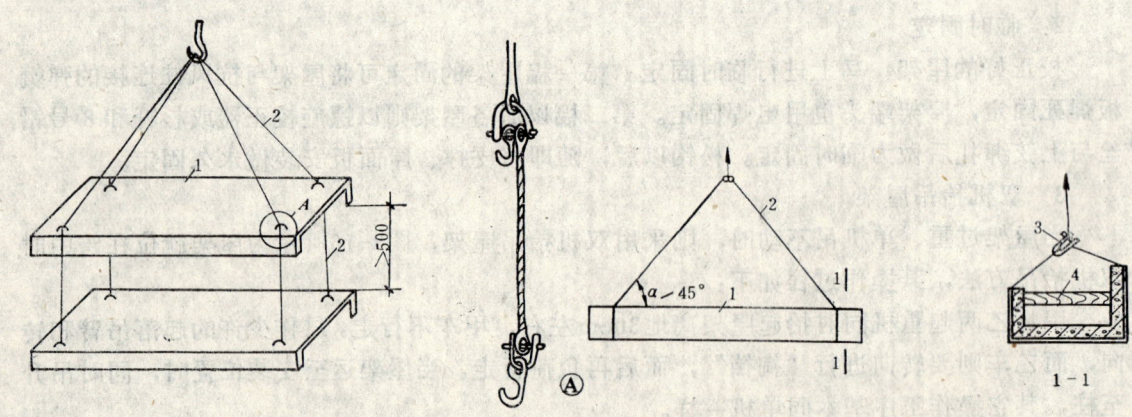

图 3-17 屋面板吊装
1—屋面板;2—吊索;3—卡环;4—挂板钩

图 3-18 天沟板吊装
1—天沟板;2—吊索;3—卡环;4—木撑

二、屋面板吊装

标准的大型屋面板规格有 1.5×6m、3×6m 两种。屋面板的吊装，一般都采用两块板串吊，板与板之间距离不能小于 50cm，这样才能满足摘钩要求。如图 3-17。

三、天沟板吊装

天沟板板壁较薄，易损坏，在吊装时应加横撑，如图 3-18。

四、不规则构件吊装

在结构吊装中，常常会遇到一些不规则的构件，如火力发电厂房、化工厂房的框架工程比较多见。对于这类构件，一般按以下几个方面考虑。

1. 计算构件的重量

不规则构件形状虽然很复杂，但都可以划分为容易计算的规则（或近似规则）形状组合体，再分别求出各单体重，便可求出总重量。

2. 不规则构件重心计算

构件的重心，就是物体各部分重力的中心，如图 3-19 所示。只有当构件重力与吊索作用线重合，即图中作用线 P 与重力线 Q 相重合时，构件才能平衡，才能安全平稳地安装，否则会倾斜、翻转而无法安装。

不规则构件的重心，可以用平行力系求合力的方法，求出构件的重心坐标。如图 3-20

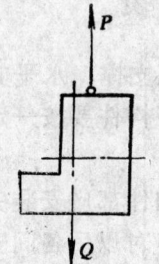

图 3-19 重心与吊点关系

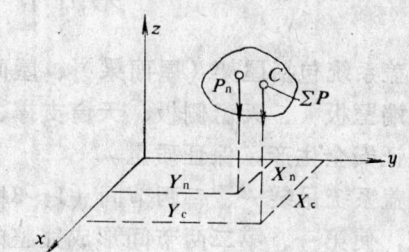

图 3-20 求构件重心图

设 c 点为构件重心则：

$$\left. \begin{array}{l} X_c = \dfrac{\Sigma P_n X_n}{\Sigma P_n} \\ Y_c = \dfrac{\Sigma P_n Y_n}{\Sigma P_n} \\ Z_c = \dfrac{\Sigma P_n Z_n}{\Sigma P_n} \end{array} \right\} \quad (3-2)$$

式中　X_c、Y_c、Z_c——x、y、z 轴的坐标位置；

　　　X_n、Y_n、Z_n——构件各个分部重心的 x、y、z 轴的坐标位置；

　　　P_n——构件各个部分的重力。

3. 不规则构件的绑扎

不规则构件的重心虽然可以求出，但钢筋混凝土构件是一个不匀质体，计算出的重心仍可能与实际不符，影响安装。在实际工作中可以采取以下两种办法来处理构件的平衡。

（1）利用吊索的试绑扎调整构件平衡（一般试绑 1～2 次就可找正），如图 3-21。

（2）利用葫芦调平构件的办法进行吊装，绑扎示意如图3-22。

以上两种方法都比较实用。

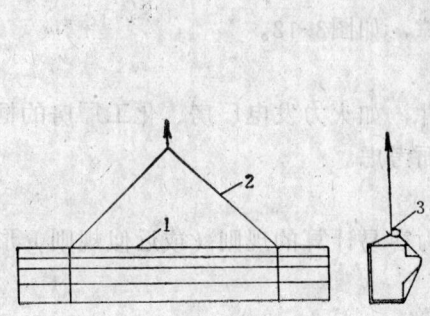
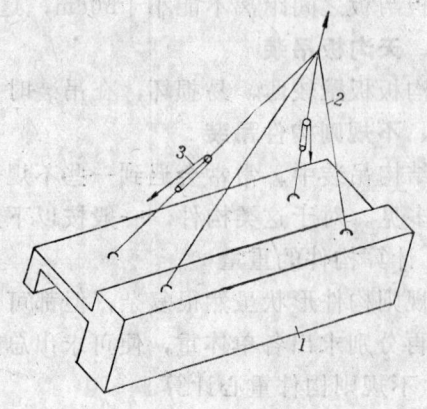

图 3-21 通过试绑扎找构件平衡图
1—构件；2—吊索；3—卡环

图 3-22 利用葫芦调整构件
1—构件；2—吊索；3—葫芦

第五节 屋 盖 吊 装

屋盖系统包括屋架（屋面梁）、屋面板、天沟板、垂直支撑、水平支撑、天窗架（包括天窗端壁板）、天窗侧板、天窗支撑、系杆等。这些众多构件要按一定顺序进行吊装，才能保证安全生产，保证质量。

屋盖系统吊装一、二两节间（1～3榀屋架）内，所有构件都应安装完，校正好，焊接固定完，使第一、第二两节间形成完整的结构体系。这样，对以后各间安装的质量、安全都带来一定的保障。钢结构尤为重要。

每种构件吊装工艺，前面已分别叙述，图3-23中1、2、3……为一般单层工业厂房屋盖系统构件吊装顺序图。

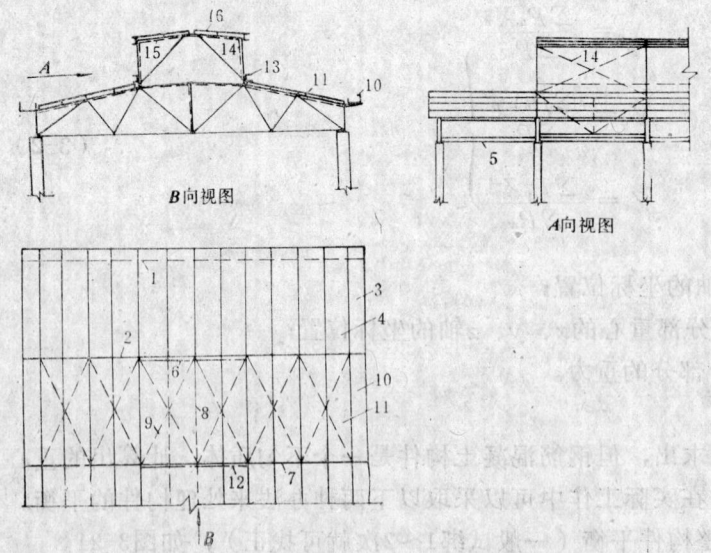

图 3-23 屋盖系统综合吊装顺序图

1—第一榀屋架；2—第二榀屋架；3—天沟板；4—屋面板；5—系杆；6—天窗端壁板；7—第三榀屋架；8—钢垂直支撑；9—上弦水平支撑；10—第二间天沟板；11—第二间屋面板；12—天窗架；13—天窗侧板；14—天窗垂直支撑；15—天窗水平支撑及中间系杆；16—天窗檐口板

第四章　大跨度屋盖结构吊装

大跨度屋盖结构，如飞机库、仓库、体育馆等，按其结构型式可以分为平面结构和空间结构两大类型。平面结构有桁架、拱与刚架等型式，空间结构有网架、薄壳、悬索等型式。

大跨度屋盖结构的特点是跨度大、构件重、安装位置高。因此，如何选择大跨度吊装方案，十分重要，必须慎重对待。它关系到结构设计方案的确定，并对工程造价、施工进度、施工安全都有直接影响。

大跨度屋盖结构吊装方法，基本可以归纳为高空吊装法、单榀吊装法、组合吊装法及整体吊装法。下面按平面结构和空间结构分别叙述。

第一节　门式刚架吊装

门式刚架和拱结构为一种特殊的结构形式。它们有一个共同特点，即：空间大、梁柱合一。如果以钢筋混凝土为材料的都是现场预制，空中拼装。吊装时，都必须采用搭设膺接架的吊装方案。

一、门式刚架类型

门式刚架按制作材料，有钢筋混凝土和钢结构之分。门式刚架构造型式有两铰、三铰之分。可以是单跨，也可设计成连跨，如图4-1所示。

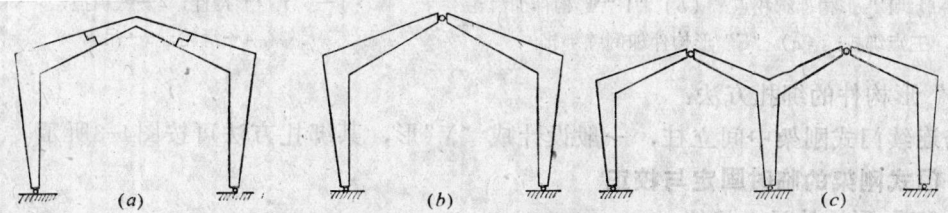

图 4-1　门式刚架型式
（a）两铰；（b）三铰；（c）连跨型式

门式刚架吊装时，对于"Γ"，"Y"形构件吊装困难较多，这种梁柱一体的构件，其形状和构件重心都比一般柱子、屋架复杂。

吊装过程如下所述。

二、门式刚架绑扎点的选定

1. 计算出"Γ"形构件重心"G"（计算方法见第九章）。
2. 按比例画出构件图。定出"G"点位置后，通过"G"点作出当构件符合设计位置时与地面的垂线V—V。
3. 使吊钩位置通过V—V线，并使吊索与V—V线夹角（$\alpha_1 = \alpha_2$）相等。绑扎点一端选在柱身段,一段选在梁上,如图4-2(a)。

绑扎点具体位置,要进行结构复核计算后确定。

当"Γ"形构件梁端较长时,本身抵抗外力矩不够时,可采用三点或多点绑扎,如图4-2(b)。

4. 滑轮位置"A"的高低,应根据构件重量、安装高度及起重机的起重量来确定。定性地讲,滑轮愈高,两绑点愈近,重心愈低,愈易满足空中稳定。

由于"Γ"形构件制作材料的不均匀性,会引起计算出的"重心"位置不准确。为保证安全,便于安装,还可以增加一辅助绳和一副倒链,辅助调整"Γ"形构件的平衡。如图4-2(c)。

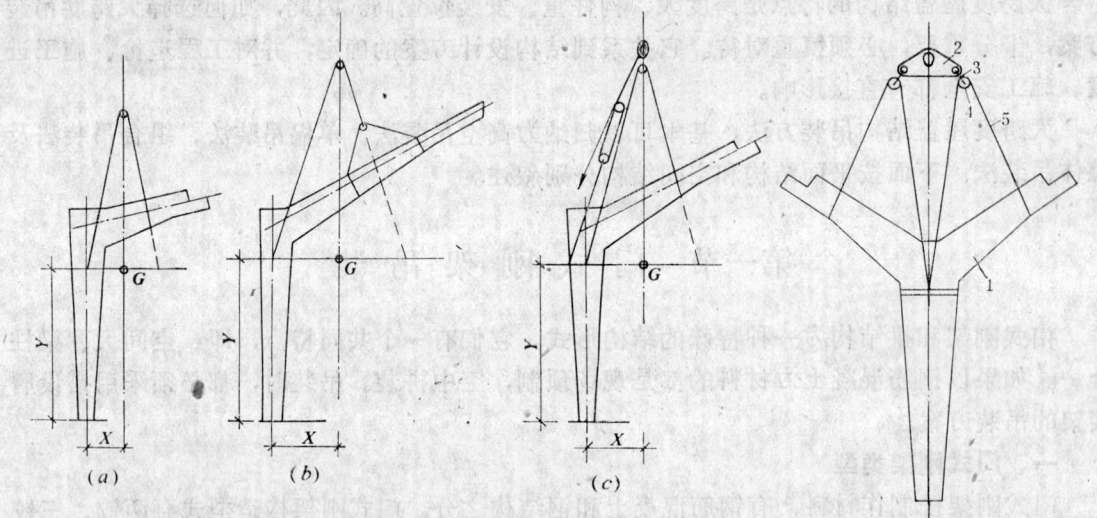

图 4-2 "Γ"形构件绑扎点图
(a)一般"Γ"形构件绑扎点;(b)"Γ"形构件加滑轮三点绑扎;(c)"Γ"形构件加倒练绑扎

图 4-3 "Y"形构件的绑扎图
1—"Y"形构件;2—铁扁担;3—卡环;4—滑轮;5—吊索

"Y"形构件的绑扎方法:

多跨连续门式刚架中间立柱,一般设计成"Y"形,其绑扎方法可按图4-3所示。

三、门式刚架的临时固定与校正

1. "Γ"形构件吊立就位:

"Γ"形构件就位主柱段可按柱子一样处理。斜梁段临时搁置在活动膺接架上,膺接架的位置放在节点处。膺接架高低一般比节点低0.8~1m,再用道木垫至标高。过高或过低都会给安装校正工作带来困难,特别是有仰焊的节点。

2. "Γ"形构件的校正

柱脚校正同柱一样。校正平面位置(纵横轴线)。主柱垂直偏差,一般采用缆风绳或柱子校正器校正,如图4-4所示。

斜梁部分校正,利用膺接架上的千斤顶校正。为防止临时膺接架的受力变形,一般使"Γ"形构件向跨外方向倾斜,预留偏差5~10mm。

四、门式刚架的永久固定

当"Γ"形构件组成门形后。便可将节点焊接完,随即吊装屋面板,当这间构件安装完后,便完成了门式刚架永久固定。再撤走活动膺接架,并进行下一榀刚架的吊装准备工作。

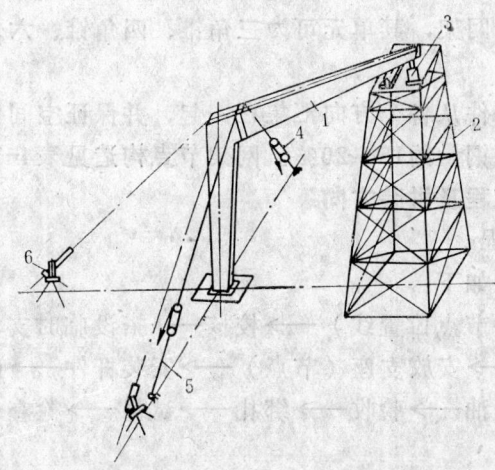

图 4-4 "Γ"形构件的校正示意图
1—"Γ"形构件;2—膺接架;3—千斤顶;4—葫芦;5—缆风绳;6—经纬仪

第二节 网架结构吊装

一、网架特征

网架结构在我国已得到广泛的应用。这种结构具有空间作用,较一般的平面结构具有整体性好、刚度大、结构高度小、单位面积耗钢量少,并能有效地承受地震和悬挂吊车等荷载。建筑平面布置灵活,不论是方形、矩形、圆形、多边形等都可以用网架组成,尤其是对建筑功能有特殊要求的大跨度和大柱网屋盖结构,其优越性更为突出。

网架结构应用相当广泛,如体育馆、工业厂房、仓库、会堂、食堂、剧院、候车(机)室、机库都曾采用,而应用最多的是体育馆。

网架节点构造表　　　　　　　　表 4-1

节点名称	适用范围及特征
焊接钢板节点	适用于角钢杆件,制作简单,杆件长度在拼装时有调整余地,焊接量大,但比较实用
钢板高强螺栓节点	这种节点要保证双向受力,角钢和节点板用高强螺栓连接,安装精度要求也比较高
空心球节点	节点为空心球,由钢板压制而成,适宜联接任意方向的杆件,杆件加工长度严格,焊接工作量较大
螺栓球节点	高强钢锻压制成的实心球体,共有对称的18个面,钻有螺栓孔,钢杆件的两端焊上锥头或封板,共放进一个高强螺栓,螺栓一头伸出并安上套筒,螺栓与套筒都留孔,便于插入销子互相固定。安装时,只要拧动套筒就可将螺栓拧进钢球。这种节点免去现场焊接,网架不用时还可拆除。但机械加工量大加工精度高,造价略高

网架形式基本上可以分为两大类，即以平面桁架系组成的交叉网架，以角锥体为单元组成的空间网架。三向相交的平面桁架系网架，网格为正三角形。适宜布置不规则的平面。以角锥体为单元组成的空间网架，其单元可为三角锥、四角锥、六角锥等。

网架节点构造：

网架的节点是由多根杆件从各个方向汇集在一起，并保证空间传力，但构造是比较复杂的。一般网架节点所占耗钢量约15～20%。网架节点构造见表4-1。

二、网架的拼装工艺流程及拼装方向

1. 网架的拼装工艺流程

网架施工一般工艺流程如下：

测量放线（支座轴线、节点位置线）——→校核——→搭设临时支墩（包括网架节点、支点）——→抄标高——→校核——→安放支座（节点）——→安装杆件——→调整——→固定成型（焊接或安装高强螺栓）——→刷油——→验收——→绑扎——→试吊——→检查——→正式试吊——→就位安装。

2. 网架的拼装方向

为保证网架几何尺寸，减少累积误差影响，网架拼装方向很重要，一般情况下都是从中间开始，向外扩展。但也可从一端向另一端进行，如图4-5所示。

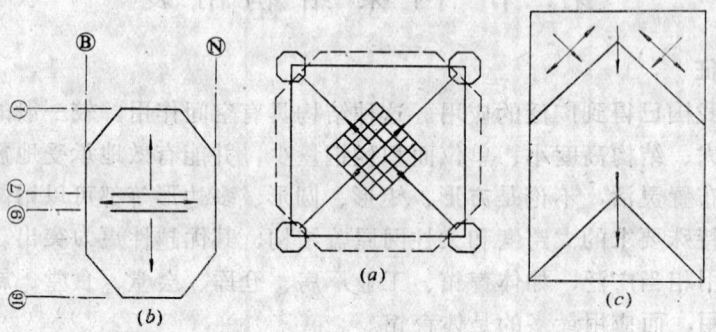

图 4-5 网架拼装方向图
(a) 北京大学生体育馆网架拼装方向图；
(b) 陕西省体育馆网架拼装方向图；
(c) 首都体育馆网架拼装方向图

三、网架吊装方法

网架结构吊装比平面桁架结构要复杂的多，在未拼装成整体之前不能起空间作用，承受不了大的外力作用。因此，通常吊装平面桁架施工方法，就不适用网架吊装。根据我国网架吊装方法，综述如下：

网架吊装方法必须同设计院共同制定。

1. 地面拼装法

网架在地面制作拼装，可以减少高空作业，有利于施工安全和保证工程质量，而准备工作量小，但提升设备较多。在地面拼装又可分为以下几种施工方法：

（1）就地拼装、整体顶升

网架在地面拼装，支点设在柱子的位置上，不必错开，然后用千斤顶将网架顶升到设计标高，突出的工程实例是援巴基斯坦伊斯兰堡体育馆和天津塘沽火车站候车大厅。顶升图如图4-6所示。

图4-7为又一种顶升网架的施工方法。顶升过程中的承力结构由两根无缝钢管担任，柱下端用地脚螺栓固定在混凝土基础上，立柱上端焊有铰支座和下横梁，千斤顶座在下横

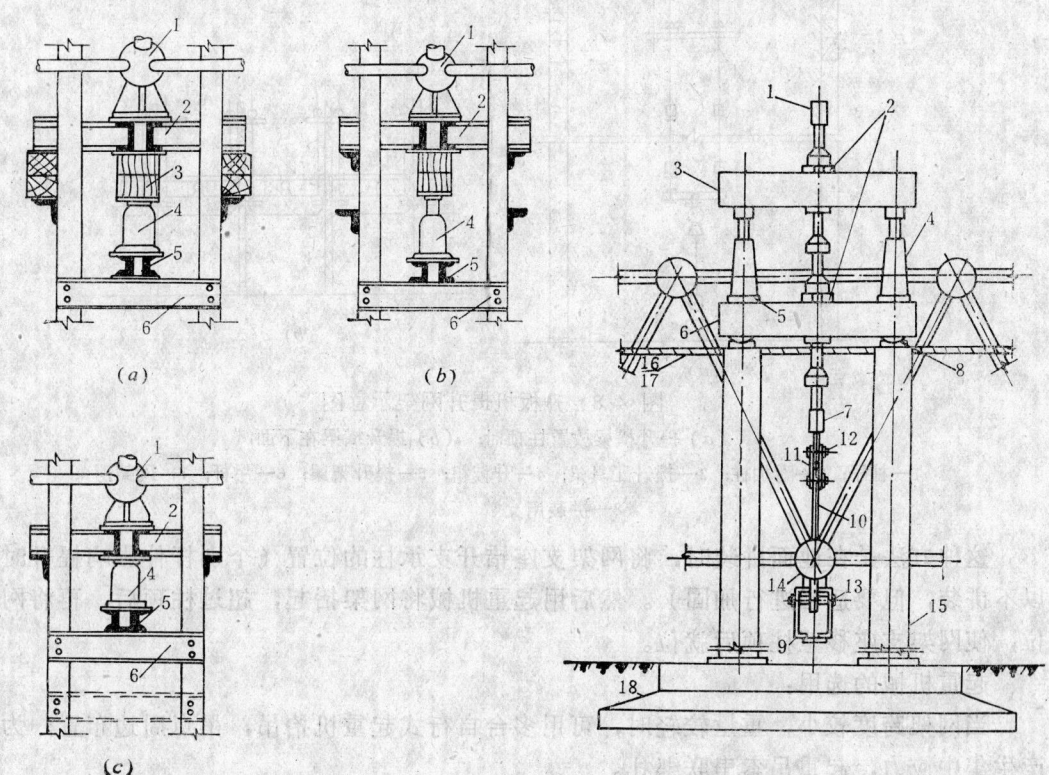

图 4-6　网架顶升示意图
1—网架支座；2—十字梁；3—垫木；4—千斤顶；5—传力座；6—传力梁

图 4-7　竹节提升杆顶升网架示意图
1—竹节螺杆；2—U形卡环；3—上横梁；4—千斤顶；5—压脚；6—下横梁；7—接头；8—铰支座；9—提升大梁；10—分力杆；11—分力板；12—螺栓；13—大梁钢销；14—球节点；15—立柱；16、17—操作平台；18—基础

梁上，两台千斤顶顶住上横梁。上、下横梁中间有竹节式提升螺杆（简称提升杆）穿过，每根提升杆上台阶距离小于千斤顶行程，提升杆下端连接分力杆及分力板、提升大梁（大梁托住两个下弦节点）。

顶升过程如下：网架在地面拼装好，组装提升架。顶升前，将U形卡板在下横梁处将提升杆卡住，再降下千斤顶。就这样，上卡住——顶升——下卡住——降下千斤顶——上卡住，如此循环，就可将网提升到设计标高处。

（2）就地拼装、整体提升

网架在地面进行全部拼装，再利用升板机或滑模提升机具，将网架提升到设计标高。如第二章第二节中用滑模提升设备提升网架，陕西省体育馆利用升板机提升网架的实例。图4-8为利用升板机提升网架的两种方法。

（3）就地拼装，整体吊装，高空移位

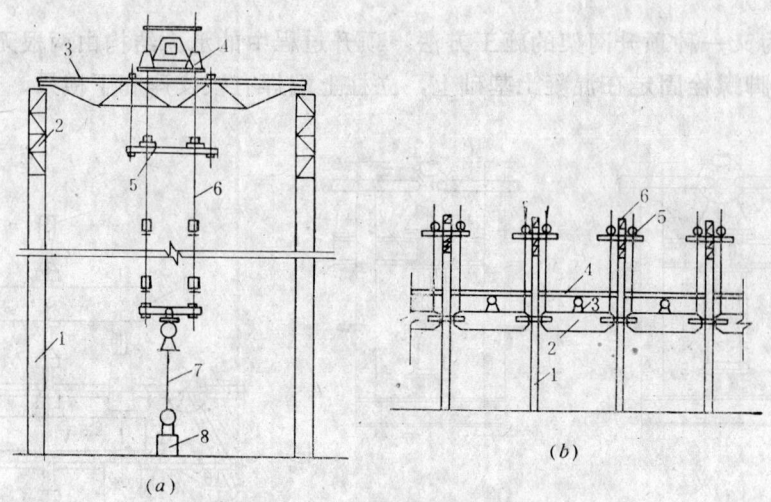

图 4-8 升板机提升网架示意图
(a) 提升横梁放置柱顶时; (b) 提升横梁在下面
1—柱子; 2—附加柱; 3—提升工具梁; 4—升板机; 5—提升架梁; 6—吊杆; 7—网架;
8—拼装用支墩

这种方法是在地面拼装时,将网架支座错开支承柱的位置(个别杆件影响提升时,可以不拼装,但要适当进行加固)。然后用起重机械将网架抬起,超过柱顶后,再将网架移位,使网架支座移至柱顶后就位。

起重机械的选用:

当网架跨度较小,重量较轻时,可用多台自行式起重机抬吊,吊点周边布置;为避免产生集中应力,起重吊索串联绑扎。

当跨度较大、重量较重时,多采用土法吊装施工,利用拔杆、卷扬机吊起网架,并进行少量位移就位,成功的工程项目如上海体育馆直径110m圆形网架吊装。

图4-9为北京大学生体育馆整体吊装图。方案选用了13根拔杆(每根拔杆为$\phi 426 \times 14$(mm)的20号无缝钢管,中心杆长32m,其它均为26m,拔杆顶用缆风绳相连拉紧),配合13台起吊能力为100kN/台的人力绞磨,成功地将重325t,弦高4m的网架提升超过柱顶15.4m的标高后,再拼装四边网架(拼装后总重416t)再就位到支柱上。

(4) 地面拼装,整体提升,利用滑道整体移位,如图4-10所示。

2. 高空拼装方法

(1) 地面制成杆件,高空散装

高空散装施工时,搭设满堂红脚手架或者搭成一定宽度的活动平台,构成承力操作平台,将地面组装工序移至空中平台上进行,最后拼装成整体。但要求平台变形小、稳定,并且安全措施要跟上。使用高空散装法,起重机械可选用起重量小的机械。

(2) 分条制作,高空滑移拼装

该方法是上条的扩大,可以减少部分高空作业。根据网架结构形式,如正放型网架,在地面上将网架务条制作,吊至设计标高后,再拼装成条形单元,然后将单元放在滑道上,通过卷扬机或葫芦牵引,按顺序滑移就位,最后组装成整体。图4-11为一种形式的支座滑道节点图。北京奥林匹克中心的综合馆、游泳馆人字形网架,基本采用此方法施工。

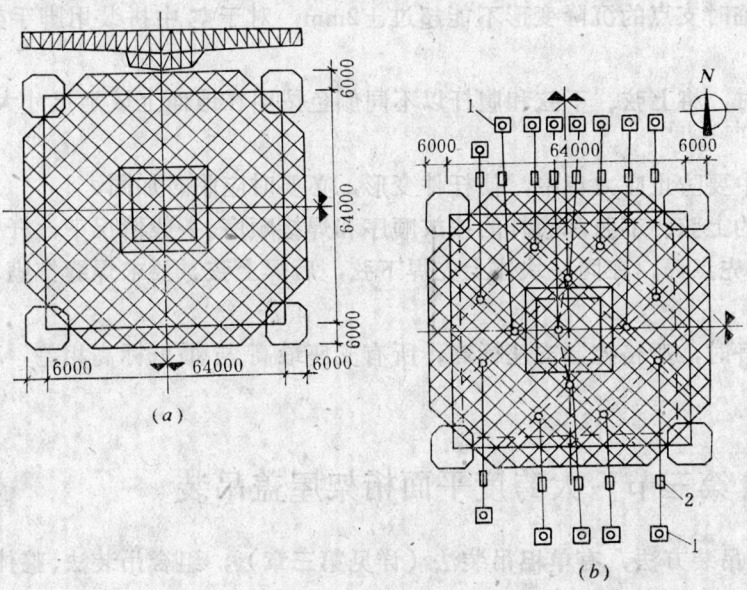

图 4-9 北京大学生体育馆网架吊装
(a) 网架平面图;(b) 网架提升拔杆布置图
1—绞磨;2—导向滑车;3—拔杆

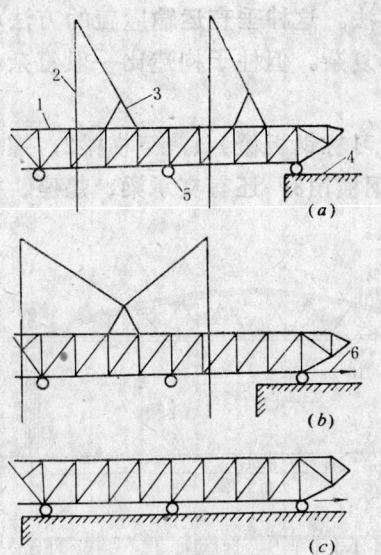

图 4-10 网架整体滑移示意图
(a) 整体吊起;(b) 改变绑扎点;(c) 整体滑移
1—网架;2—拔杆;3—吊索;4—滑道;5—滚轮;
6—牵引力

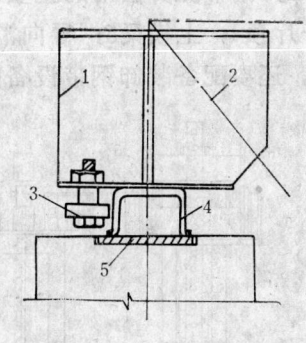

图 4-11 网架支座与滑道示意图
1—网架支座;2—网架杆件轴线;3—限位轮;
4—槽钢滑道;5—预埋件

(3) 地面制成单元,分条或分块安装

这种方法,近似第二种作法。地面组装成一部分,空中拼装一部分,最后成为整体。

四、网架安装注意事项

(1) 严格控制测量放线尺寸。从土建基础放线到构件制作、拼装、安装都使用已校验好的统一钢尺。

（2）严格控制临时支点的沉降变形不能超过±2mm；对于空中拼装用脚手架及平台还要保持稳定。

（3）地面定位时，将上弦、下弦和腹杆以不同颜色按图在地面上放足尺寸大样，注明编号、规格。

（4）网架提升中要防止应力集中，使杆件变形，必要时应临时加固。

（5）编制合理的上弦、下弦和腹杆的按放顺序和焊接顺序。一般情况下，杆件安放顺序和焊接顺序一样，先点焊，在同一块体上先焊下弦，后焊上弦。要求焊缝饱满、焊脚齐整、不咬肉。

（6）网架在提升时，严格控制支座标高，所有支座最高与最低标高相差，不能超过±8mm。

第三节 大跨度平面桁架屋盖吊装

大跨度平面桁架吊装方法，有单榀吊装法（详见第三章），组合吊装法、整体吊装法。本节仅讲述钢带提升法和顶升法施工。

一、钢带提升法

钢带提升法，就是利用有孔的钢带，加上千斤顶等设备，将在地面组装好的屋盖结构，提升到设计标高固定，完成结构吊装的一种施工方法。这种垂直运输屋盖的方法，能减少高空作业，起重能力大，起重时比较平稳，设备不复杂。但柱子构造比一般复杂。

1. 钢带提升法工作过程

图4-12为钢带提升法用的主要设备：小钢柱（习称钢板橙）1；下横梁2；螺栓千斤顶3；液压千斤顶4；上横梁5；导向滑轨6；钢带7；钢横销8；还有支承梁、垫座、操作平台及吊箍等。还要配备装卸钢带设备的汽车式起重机。

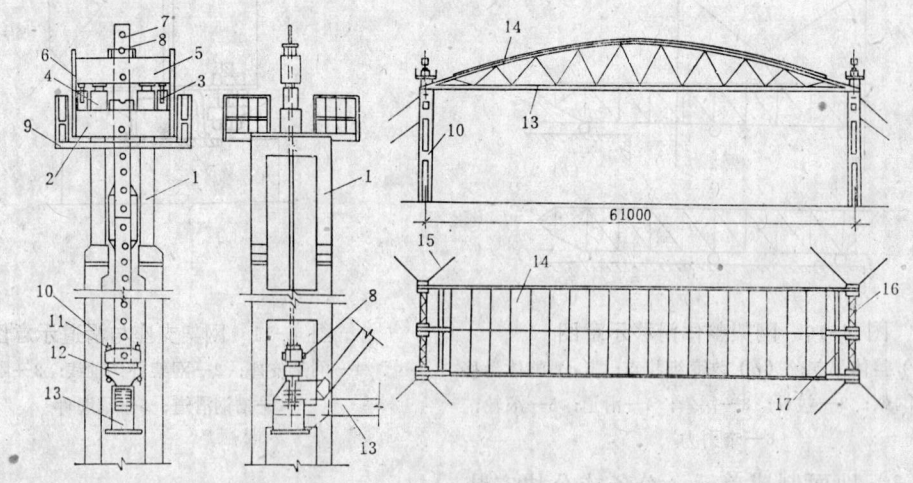

图 4-12 钢带提升屋盖图

1—附加钢柱；2—下横梁；3—保护千斤顶；4—液压千斤顶；5—上横梁；6—导向滑轨；7—钢带；8—钢横销；9—操作台；10—柱子；11—调整螺栓；12—吊卡；13—屋架；14—屋面；15—缆风绳；16—柱加固支撑；17—屋架临时加固支撑

提升钢带的截面尺寸大小，由提升屋盖的重量，设计确定。一般为三层20mm厚钢板焊接而成，截面尺寸为260×60（mm），钢带长度由起升高度决定，但应考虑重复使用的可能性，并要便于拆卸和运输。钢带孔距和上下横梁之间的距离，应与液压千斤顶的工作行程相配合，千斤顶的工作行程如250mm，则钢带孔距采用400mm，上、下横梁的b孔与c孔距离为600mm，a孔与b孔，c孔与d孔的距离为600mm，这样便于插横销，方便施工。

钢带提升的工作过程如图4-13所示。

（1）初始状态，假设屋盖组装后，钢带经调整后同时受力，此时下钢销插在下横梁c孔与钢带的第四孔中。

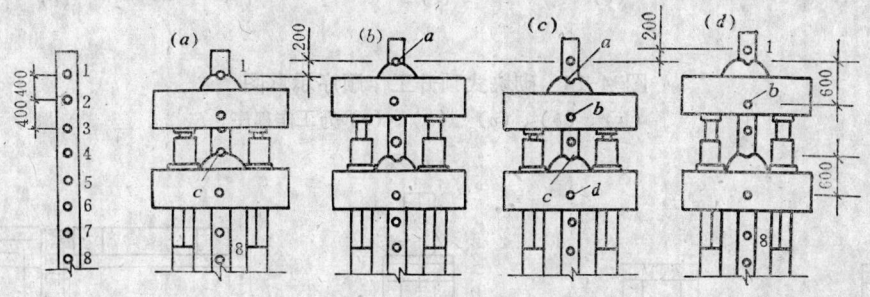

图 4-13 钢带提升屋盖工作过程示意图
（a）、（b）、（c）、（d）操作程序
1、2、3、4……—钢带上的销孔
a—上横梁的半圆销孔；b—上横梁的圆形销孔；c—下横梁的半圆销孔；d—下横梁的圆形销孔

（2）第一次提升：先用另一个钢销（简称上钢销）插入上横梁的a孔和钢带的第1孔内。千斤顶工作、顶升。当下钢销不受力时、拔出。在千斤顶完成一个行程时，将下钢销插入钢带第6孔与下横梁的d孔，为下次顶升备用。

（3）千斤顶回油，上钢销不受力时，拔出钢销，再插入钢带第3孔与上横梁的b孔。

（4）第二次提升，千斤顶再次工作、顶升，拔出下钢销；当千斤顶再次完成一个行程时，此时屋盖提升到设计标高。当一节钢带松下后，便用起重机即时取下，以保安全。

二、大跨度屋盖结构顶升法

顶升法是一种利用千斤顶和垫块，轮番填塞，将在地面拼装好屋盖系统，顶升到设计标高的一种垂直运输方法。顶升法比钢带提升法设备更为简单、可靠，容易掌握，应用较为广泛。

顶升法又可分为两种施工方法：

1. 图4-14所示，屋盖系统的升高，利用千斤顶和临时垫块、轮翻工作。屋盖承重柱是由Π形及方形柱块组合而成，柱块安装时要坐浆，块与块之间要求焊接。当柱砌高1.5m左右，还要用混凝土封闭，以保持柱子的稳定性和整体性，保证施工安全。

2. 图4-15所示，屋盖系统的承重结构，由钢筋混凝土双肢柱承担，两肢之间仍然用千斤顶和临时垫块将屋盖升高，当屋盖顶升到设计标高后用柱帽承重，临时垫块可以撤下来，重复使用。显然第二种方法比第一种方法更安全、方便、实用。

三、钢带提升和顶升法注意事项

（1）屋盖系统在提（或顶升）前，应将柱间支撑安装完，在没有支撑的柱间，应增

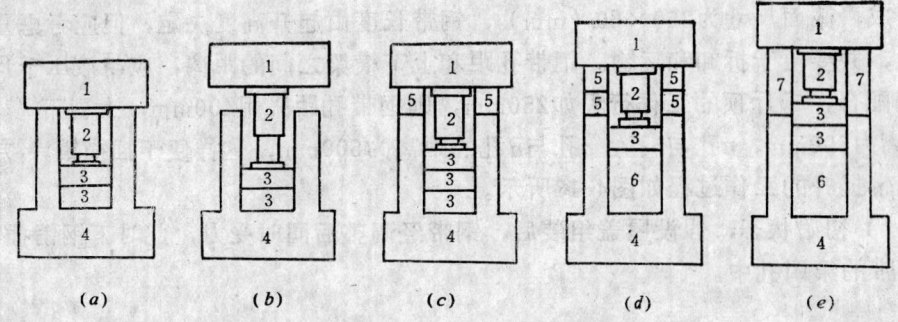

图 4-14 砌块式顶升工作顺序示意图
(a)、(b)、(c)、(d)、(e) 为工作程序

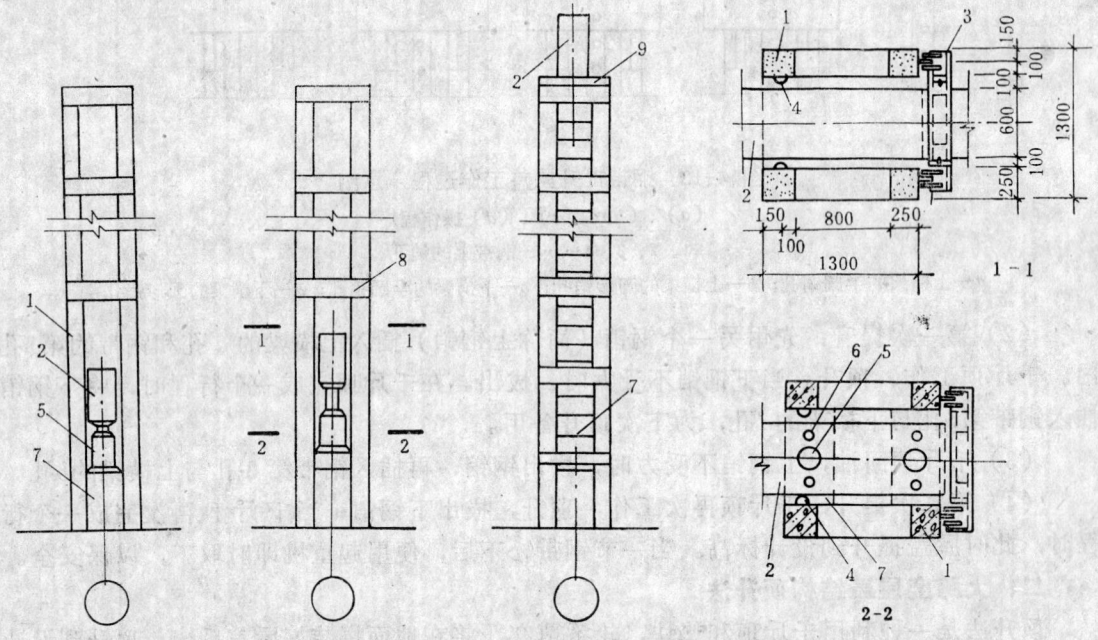

图 4-15 第二种顶升法工作顺序示意
1—双肢柱；2—屋架；3—18#工字钢；4—导杆；5—液压千斤顶；6—螺旋千斤顶；7—临时垫块；
8—系杆；9—柱帽

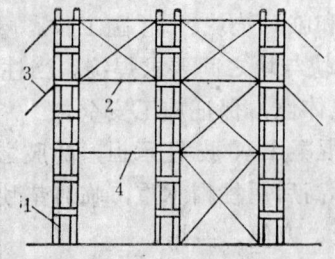

图 4-16 柱间支撑及临设支撑示意
1—柱子；2—剪刀撑；3—缆风绳；4—临时水平支撑

设临时支撑，适当加设缆风绳，以增强柱子的刚度，保证提升（顶升）过程中的稳定性。如图4-16。

（2）屋盖在地面组装时，所有支点应该坚实，不得沉降。支点标高以及提升过程中，相邻标高不超过3mm。屋架就位时，应该严格拼装在设计轴线上。为防止屋架在提升（顶升）过程中失稳或变形，屋架之间除原设计支撑应全部装妥，还要增设数道(根据跨度大小设定)临时垂直支撑及水平支撑。

（3）两相邻提升（顶升）单元一旦就位固定，必须随即将两提升（顶升）单元之间的构件（如支撑、屋面板等），用起重机吊装上去，以增强屋盖结构的稳定性。

（4）为保证提升（顶升）时操作方便，跨边板可暂不安装,待屋架提升（顶升）固定完，再安装就位。

（5）提升（顶升）设备组装完，应用假负荷单机调试；在联机正式吊装时,还应进行试提升（顶升），以检查提升设备是否完好。加固措施（临时支撑、缆风绳等）有无松动及异常现象。各项条件完全具备后，方可正式起升。

（6）提升（顶升）标高控制很重要，一般用水平仪观测法、激光法或用砌砖皮数杆等方法检查、控制。

（7）为保证提升（顶升）安全，防止液压千斤顶回液，一定要用螺旋千斤顶做保护措施。螺旋千斤顶高度紧随液压千斤顶的高度变化而变化。

（8）在提升（顶升）过程中，要有专人负责监控关键部位，不论是升或降，要做到尽量同步，千斤顶回油不能太猛，而应分次缓慢降落。

第五章 火力发电厂结构吊装

火力发电厂厂房高大、结构复杂，构件种类多，且安装高度高，施工难度大。是结构吊装中很有特色的工程项目之一。

火力发电厂需要吊装的主要厂房有主厂房、煤库、输煤廊等，如图5-1所示。

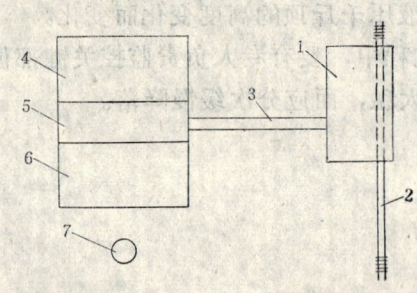

图 5-1 火力发电厂主要厂房示意图
1—煤库；2—铁路专用线；3—输煤廊；4—汽机间；5—除氧煤仓间；6—锅炉间；7—烟囱

第一节 火力发电厂主要结构形式

一、煤库主要结构形式

煤库又称干煤棚，是存放发电用煤的地方。煤库柱子多为排架柱，跨度大小根据用煤周转量决定，小到18m，大到94m，间距大小以跨度大小而定，跨度小的采用标准间距6m，跨度大的为非标间距，如宝钢电厂煤库间距为7.5m。屋盖承重结构有平面桁架式（桁架又分型钢制作和预应力钢筋混凝土制作）、网架、钢结构门式刚架，拱结构等。如福州电厂煤库为80.7m跨格构式钢结构门式刚架；岳阳电厂煤库为94m跨钢结构箱形梁门式刚架，宝钢电厂煤库为75m跨钢结构椭圆曲线拱结构。

二、输煤廊结构形式

输煤廊又称输煤栈桥。主要结构有钢筋混凝土柱（或H型柱），型钢或钢筋混凝土制作的桁架。为了减少柱子的数量，桁架跨度均在20m以上，其它构件有底板、顶板、围护用壁板及支撑。

输煤廊低端连接煤库里输煤地沟，高端连接主厂房煤仓间上平台，高达20m以上，结构为倾斜式。

三、主厂房结构形式

主厂房是火力发电厂的核心。主厂房主要结构包括：汽机间、除氧煤仓间、锅炉间等三大部分，如图5-2。

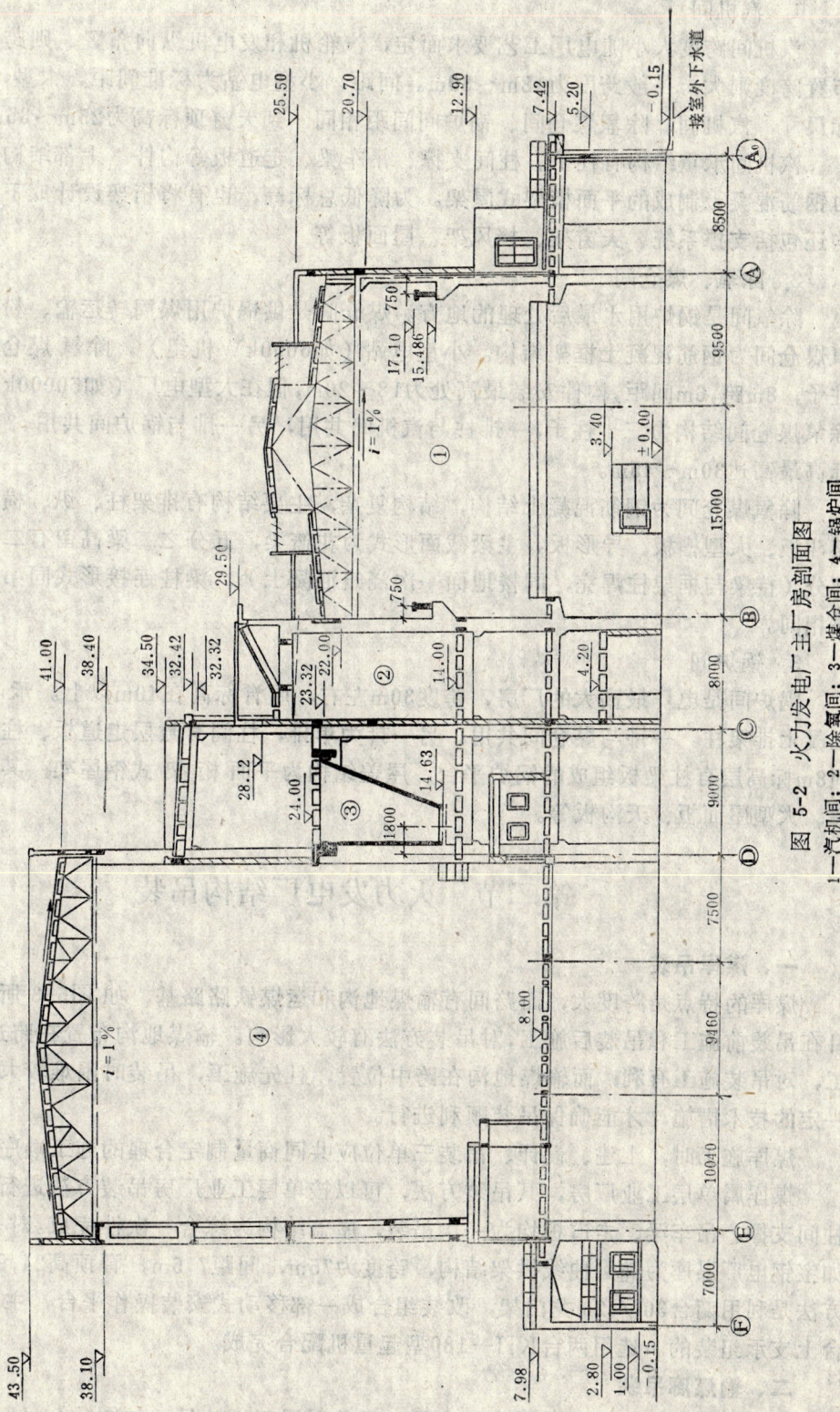

图 5-2 火力发电厂主厂房剖面图

1—汽机间；2—除氧间；3—煤仓间；4—锅炉间

1. 汽机间

汽机间跨度大小随电厂工艺要求而定，汽轮机和发电机纵向布置，则跨度较小，横向布置跨度则大，一般跨度为18m～30m。间距，小型电站为标准间距，大型电站设计成非标尺寸，汽机间、除氧煤仓间、锅炉间间距相同。到天窗顶标高为25m～35m。

汽机间承重结构有柱子、柱间支撑、吊车梁、走道板等构件。上部结构为型钢或预应力钢筋混凝土制成的平面桁架式屋架。为降低总标高，也有将桁架设计成下垂式。屋面结构还包括支撑系统、天窗架、挡风架、屋面板等。

2. 除氧、煤仓间

除氧间是锅炉用水最后处理的地方。煤仓间是供锅炉用煤周转运输、粉碎的地方。除氧煤仓间为钢筋混凝土框架结构。小型电站（如6000kW机组），除氧煤仓间结构为两排柱子，8m跨，6m间距，构件安装最高处为18～20m，但在大型电厂（如50000kW以上机组），除氧煤仓间结构为三排柱子，一排柱与汽机间共用，另一排与锅炉间共用，跨距8m、9m，标高最高达30m～45m。

除氧煤仓间为钢筋混凝土结构，结构复杂，主要结构有排架柱、纵、横梁、煤斗梁、煤斗板、大型槽板、异形板。主梁截面形式为花篮梁，五分之二梁高留有二次浇筑混凝土部分（待梁与框架柱焊完，同楼地面一次浇筑混凝土）。梁柱连接形式同第六章第二节所述相同。

3. 锅炉间

锅炉间是电厂最高大的厂房，跨度30m左右，屋脊标高在40m以上。承重结构为钢筋混凝土排架柱。一排与煤仓间共用，另一排为单排，柱间有数层走道板、柱间支撑等。跨间8m标高层有柱梁板组成的锅炉平台。屋盖结构为平面桁架式钢屋架；其它构件有钢支撑、大型屋面板、天沟板等。

第二节　火力发电厂结构吊装

一、煤库吊装

煤库的特点是跨度大，而跨间有输煤地沟和运煤铁路路基，如图5-3所示。这两个项目在吊装前施工和吊装后施工，对吊装方法有较大影响。输煤地沟布置在跨边，而且是后施工，对吊装施工有利；而输煤地沟在跨中位置，且先施工，吊装时困难较大，必要时采取一定的技术措施，才能确保吊装顺利进行。

煤库施工时，土建、设计、吊装三单位应共同商量制定合理的施工顺序。

煤库属单层工业厂房，其吊装方法，可以按单层工业厂房吊装方法进行施工，柱子、柱间支撑、吊车梁、走道板均为一次吊装，屋盖结构为综合一次性完成。对一些特殊结构，如宝钢电厂煤库为椭圆曲线拱架结构，跨度为75m，间距7.5m，脊顶高24.9m，主要施工方法是利用两台30t/42m龙门架，改装组合成一部移动式安装操作平台，主拱架在操作平台上支承组装的。选用两台KH—180型起重机配合完成。

二、输煤廊吊装

输煤廊的柱子，因重量重，长度长，吊装采用双机抬吊，如图5-4。H型柱校正时，两根柱垂直度如有偏差，要对偏差方向和数值进行综合考虑，两根柱同时向里（相向），

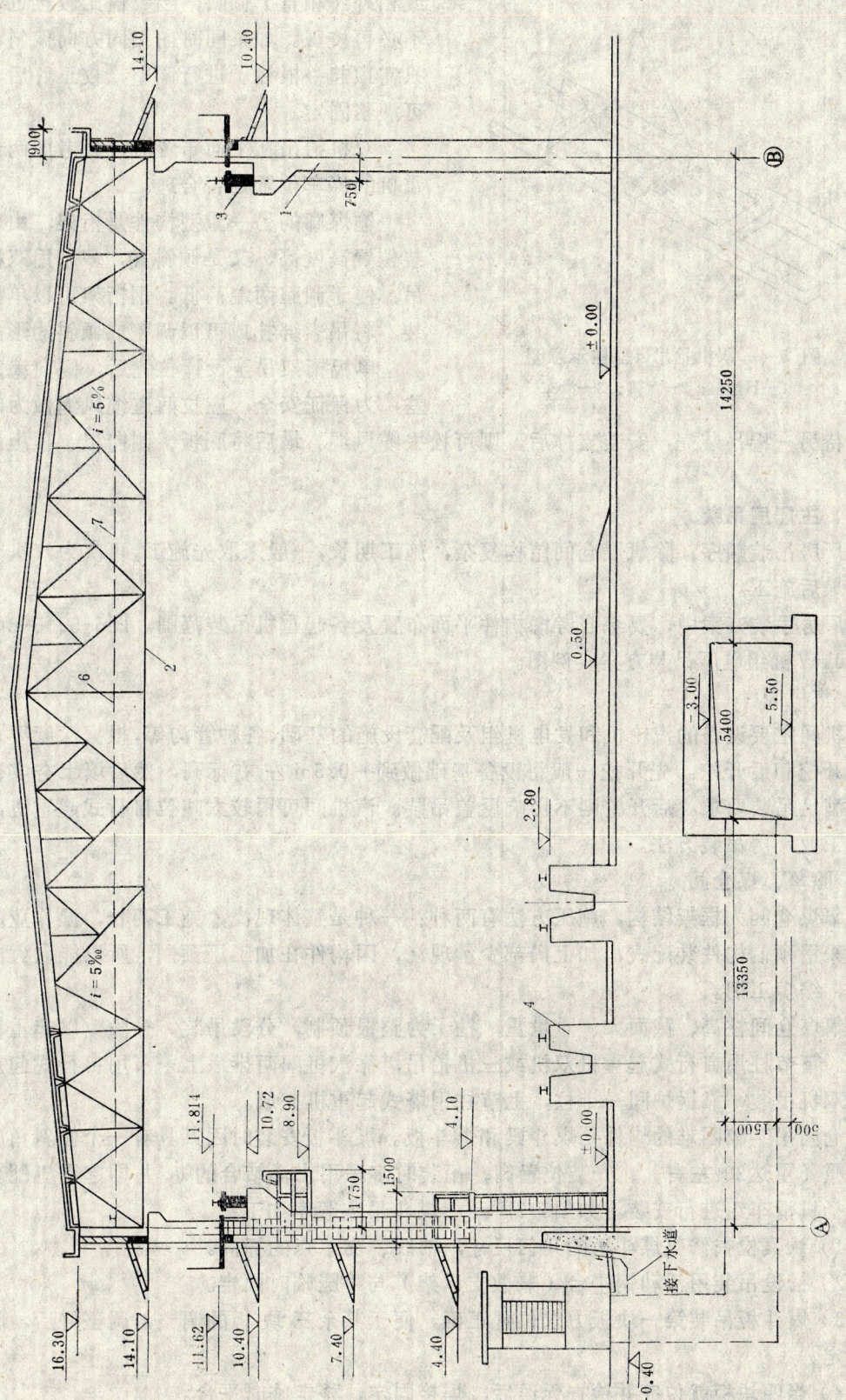

图 5-3 一般煤库结构形式
1—柱子;2—屋架;3—吊车梁;4—铁道路基;5—输煤地沟;6—检查孔;7—水落管

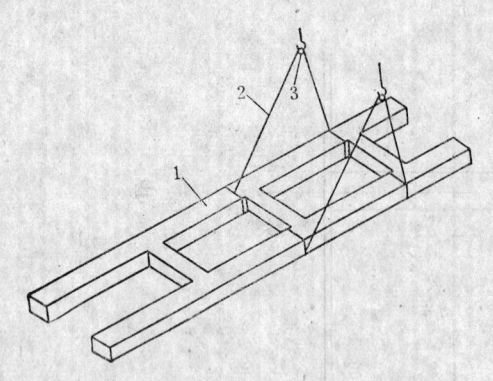

图 5-4 双机抬吊H型柱示意图
1—H型柱；2—吊索；3—滑车

或相外（相背）倾斜，当数值比较接近，则不必再校正。如果同时向相同方向偏斜，则只需顶起一根柱子进行调整，校正好后，便可灌浆固定。

双机抬吊在平面布置时，要考虑两台起重机的停车位置是否合理。

输煤廊的另一重型构件是桁架，由于安装位置高度高，又是倾斜式，多采用双机抬吊，便于调整两端高低。钢桁架可以单机吊装，将吊索绑扎成可以调整成倾斜的形式。

单榀桁架吊至设计位置后，侧向稳定性差，为保证安全，应拉两道缆风绳做为临时加固，待另一榀吊装完，安装支撑后，则可松去缆风绳。最后将底板、侧向板、顶板吊装完。

三、主厂房吊装

主厂房吊装顺序：除氧煤仓间结构复杂，施工期长，一般采取先施工，再次为汽机间，锅房间最后施工。

主厂房吊装方案中，要综合考虑构件平面布置及各起重机吊装范围。图5-5、5-6所示为50000kW机组电厂吊装方案实例图。

1. 汽机间

汽机间主要设备的汽轮机和发电机组及配套设施的基础、各种管沟等，根据深度要求，分为先开挖和后开挖。先开挖一般将设备基础做到－0.5m左右标高，然后填土夯实、整平，以满足吊装要求。后开挖则不影响屋盖吊装。汽机间可用较大吨位自行式起重机，采用单层工业厂房吊装方法。

2. 除氧、煤仓间

除氧煤仓间为框架结构，施工方法有两种：一种是整体现浇，施工期长，湿作业多。另一种采用预制构件装配式，加上局部少量现浇，因构件在加工厂预制，所以能大大减少湿作业，缩短工期。

除氧煤仓间柱高、截面大、重量重，柱子为整根预制，分段吊装，分段数以起重机能力决定。下节柱用自行式起重机双机或三机抬吊，靠汽机间两排最上一节用自行式起重机单机或双机吊装，靠锅炉间一排柱，上节柱用塔式起重机完成。

煤仓间吊装较困难的构件是煤斗梁和煤斗板。煤斗板安装时因其具有一个倾斜角度，且单件重（重达20t左右）、安装位置高，吊装时多采用土洋结合的办法即起重机配合葫芦或卷扬机滑车组进行安装。如图5-7所示，煤斗吊装顺序如下：

（1）认真检查修整煤斗板的几何尺寸，轴线、支承点的标高。

（2）搭设吊装用活动钢平台（兼做支承架）与牛腿临时固定。

（3）煤斗板吊装第一块板力求位置正确，便于其余三块板的调整，调整好后，临时电焊固定。

（4）当四块板就位完并检查无误后，焊接固定，移走临时平台。

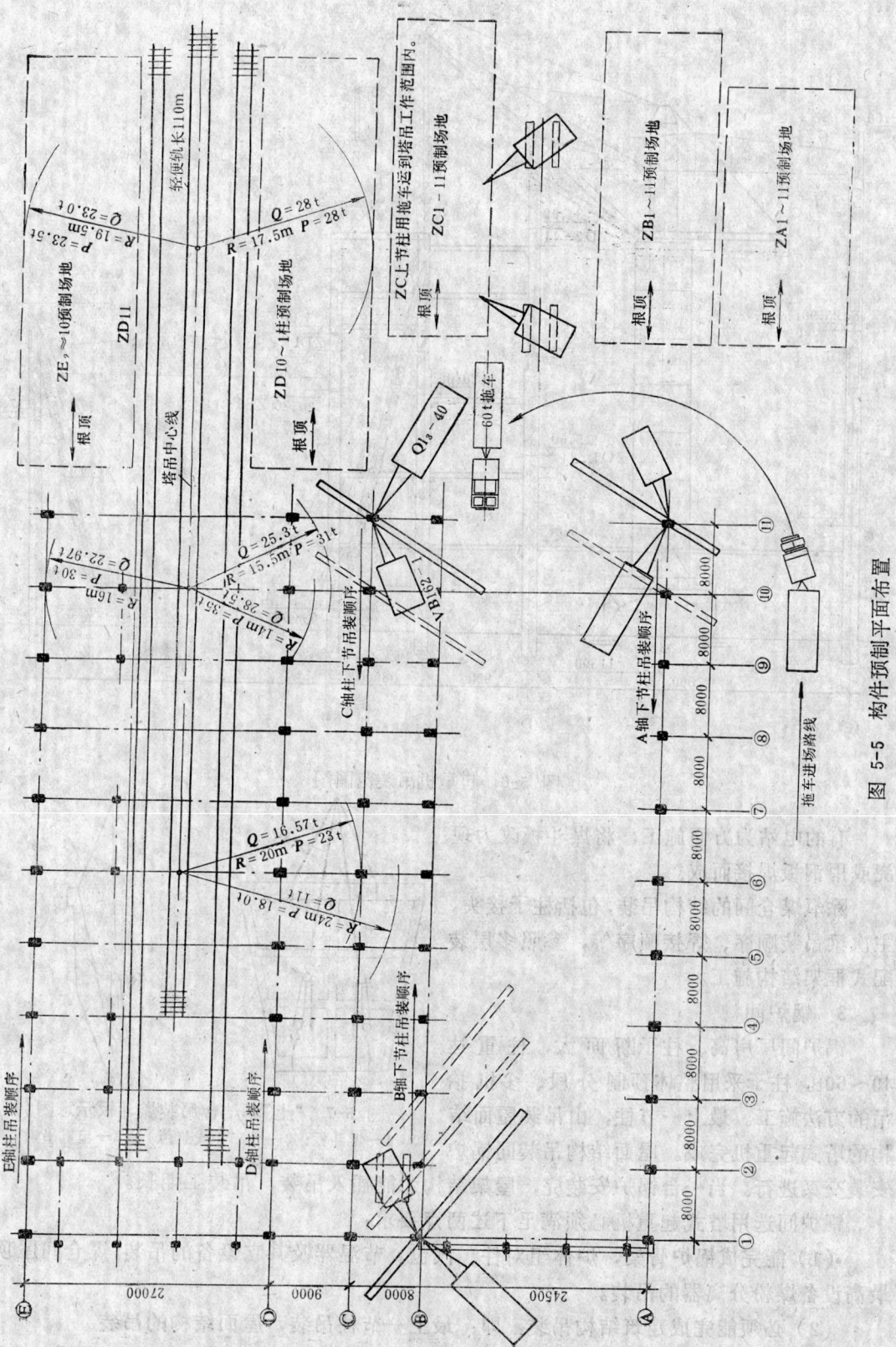

图 5-5 构件预制平面布置

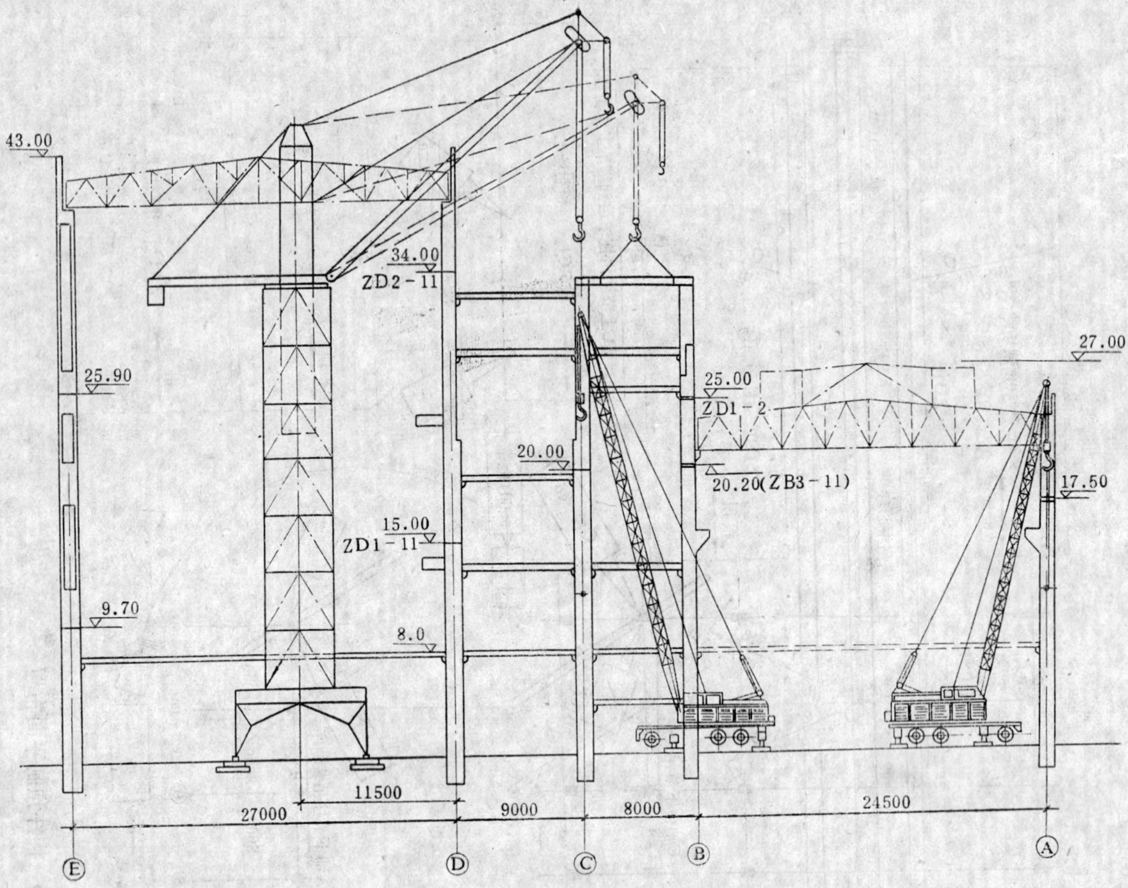

图 5-6 起重机吊装范围图

有的电站为方便施工，将煤斗板改为现浇或用钢板焊接而成。

除氧煤仓间的结构吊装，包括柱子接头、主次梁吊装顺序、焊接顺序等，参照多层装配式框架结构施工。

3. 锅炉间

锅炉间厂房高、柱子断面大，柱重达40～60t。柱子采用整体预制分段、多机抬吊的方法施工。最上一节柱，由吊装屋面结构的塔式起重机完成。屋面结构吊装同锅炉

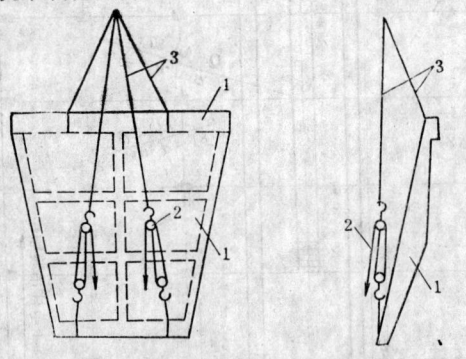

图 5-7 "土"洋结合吊装煤斗板示意图
1—煤斗板；2—滑车（或葫芦）；3—起重吊索

安装交叉进行。当一台锅炉安装完，屋架结构才能插入吊装，吊装工期长。

锅炉间选用塔式起重机必须满足下述两点要求：

（1）能完成锅炉骨架，炉体组对件、汽包、节温器及其它设备的吊装，煤仓间屋顶上最高设备煤粉分离器的吊装。

（2）必须能完成建筑结构吊装，即：最上一节柱吊装，屋面结构的吊装。

小型电站选用TQ60/80型塔式起重机，即能满足施工要求。大型电站可选用DBQ系

列起重机，如DBQ2500型（25000kN·m），最大起重量达100t，最大幅度时起重量为28t。还有门座塔式起重机，如ZQ200型、QT100/60型（最大起重量60t，最大幅度时起重量达20t）。

塔式起重机的布置：

跨中布置法：

塔式起重机在臂长和起重量限制时，可布置在跨中。跨中布置时要等待起重机退出后，锅炉平台的柱子及平台才能交付土建施工，当混凝土强度达70%以上时，再交付安装单位，安装锅炉，锅炉安装完才能吊装屋面结构，这样工期就会延长。

跨边布置法：

塔式起重机布置在跨边，如图5-8所示。边排柱最上一节可以用自行式起重机来完成。这种布置法可以提前插入锅炉平台土建施工，也提前了锅炉安装进度，是保证施工总进度措施之一。

电厂主厂房吊装，高空作业多，构件重，土建施工、设备安装、结构吊装穿插进行，立体交叉作业多，安全措施要在吊装方案中详细说明如何采取有效的防范措施。

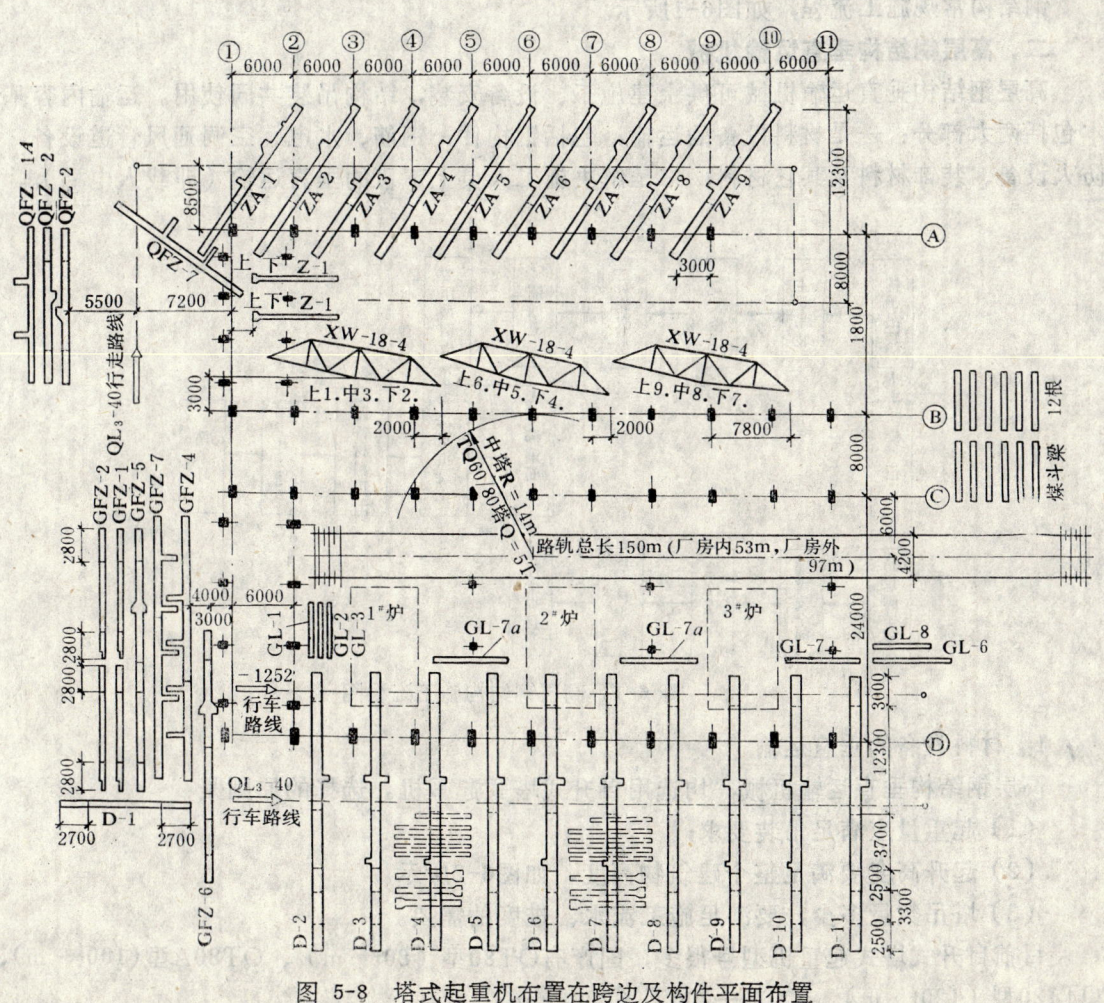

图5-8 塔式起重机布置在跨边及构件平面布置

第六章 框架结构吊装

第一节 高层钢结构吊装

我国高层建筑始于七十年代末。八十年代才重点发展起来，而高层钢结构的建筑于1984年开始采用，经过几年的工程实践，创造了适用于我国国情的高层钢结构吊装施工方法，积累了不少成功经验。

一、高层钢结构施工顺序

为保证高层钢结构安装质量和安全，能够顺利施工，应制定合理的施工顺序。

钢结构常规施工流程，如图6-1所示。

二、高层钢结构垂直运输机械

高层钢结构垂直运输机械可供土建施工、设备安装，结构吊装共同使用。运输内容基本包括两大部分：一是材料设备的运输，包括钢构件、钢筋、水电、空调通风管道设备，防火设备、装饰材料及其它材料；二是解决施工人员上下班的垂直运输（即载人电梯）。

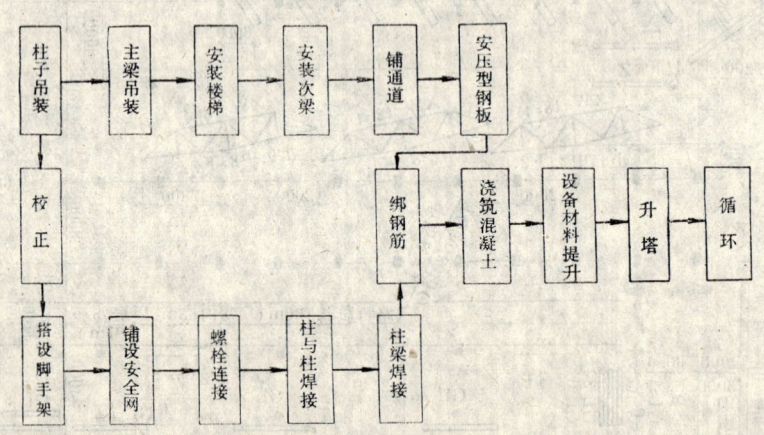

图 6-1 高层钢结构施工流程图

1. 材料设备的垂直运输

高层钢结构垂直运输机械，均选用自升式塔式起重机。选择的原则是：

（1）起重量应满足吊装要求；

（2）起升高度要满足整个建筑物高度，如图6-2所示。

（3）塔吊数量多少，要满足施工流水、进度的需要。

目前自升式塔式起重机型号很多，国产有QT80型（80t·m）、QT80A型（100t·m）、QT120型（120t·m）、QTZ—200型（200t·m）。

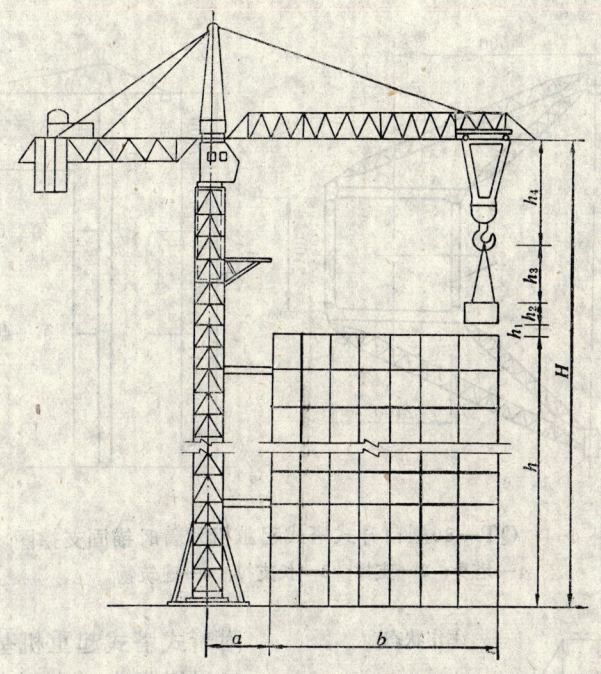

图 6-2 高层钢结构选择塔式起重机

h——起重机停机平面至建筑物最高部位尺寸（m）；
h_1——建筑物最高部位至起吊构件下部间隙，一般取2m以上（m）；
h_2——构件高度（m）；
h_3——索具所占高度（m）；
h_4——吊钩所占高度，一般取3～5m；
a——起重机回转中心至建筑物轴线距离（m）；
b——建筑物宽度（m）

进口机型：意大利产E1801/B、SIMMAG T116B15型、德国产70HC、80HC、500HC—5等机型。

2．施工升降机

施工升降机主要解决施工人员及小量零星材料的垂直运输，采用双笼式，如英国产托马型，国产型号较多，如SC—100型。

3．起重机的布置

起重机布置，根据建筑物平面尺寸及塔式起重机起重能力，而分别采用行走式、内爬式和附着式。附着式要增加锚固支撑，图6-3为常见几种锚固支撑形式，这几种型式适于6m距离以内，图6-4、6-5为QT—80型自升式塔式起重机的锚固支撑图及其受力分析图。

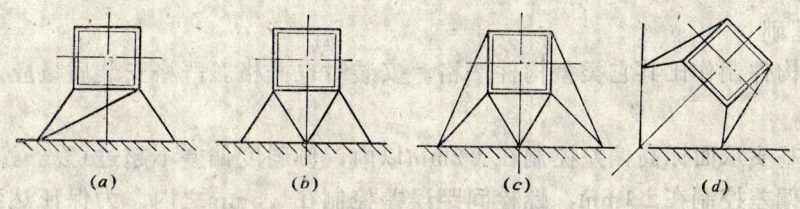

图 6-3 自升式塔式起重机常见锚固支撑型式

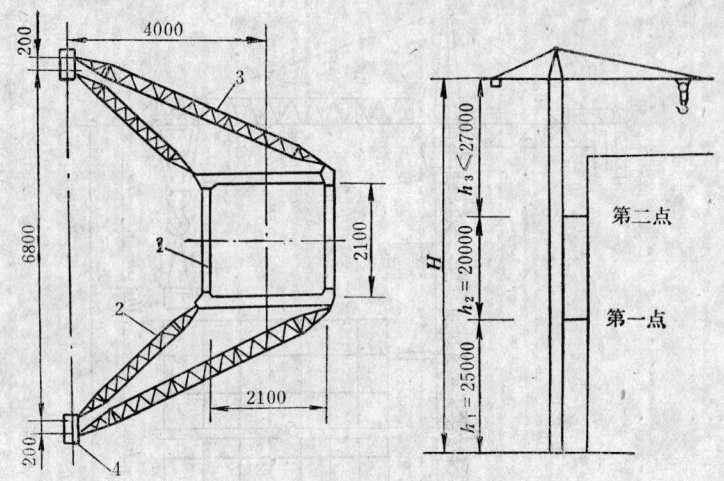

图 6-4　QT—80型自升式塔式起重机附着时锚固支撑图
1—塔身；2—支撑；3—长支撑；4—建筑物

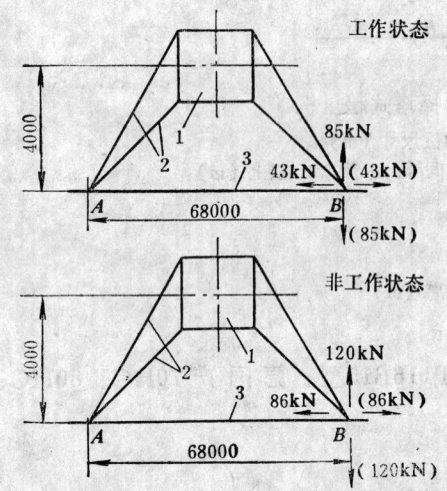

图 6-5　QT—80型自升塔式起重机附着安装时受力状况
1—塔身；2—锚固支撑；3—建筑物

附着式塔式起重机基座处理：素土夯实——200#混凝土（也可在混凝土下适当放置分布筋）——200～300cm厚渣石——标准道木——重轨——塔机。

素土夯实的耐压力及混凝土面积大小，根据塔身最大自重和最大起重量，并假设由两轮承担此力，计算确定。

对于行走式塔式起重机，路基必须夯实，土壤承载力达100uN/m²（约10t/m²）以上。轨道的纵向坡度要求不大于1‰，两钢轨的轨面高差不得超过±3mm，轨距偏差不得超过±2mm，路基高出地面300mm，并做好排水。

4. 自升塔式起重机的安装与拆卸

自升式塔式起重机组装与拆卸，都是利用汽车式或轮胎式起重机配合。组装与拆卸时必须要按一定的顺序。图6-6为FO/23B型自升式起重机组装顺序图。图6-7为FO/23B型自升式起重机的拆卸顺序图。其它型号的塔式起重机可参考这一工艺流程。

三、高层钢结构吊装工艺

1. 柱基础

钢结构构件制作比其它类型构件严格。安装时也严格。严格安装质量应从柱基础开始控制。

钢柱柱基支承面标高偏差控制在±2mm以内，倾斜度偏差不超过1‰。螺栓埋设精度要求：轴线偏差控制在±1mm，螺栓间距误差控制在1.5mm之内。为保证达到质量要求，钢柱柱脚螺栓施工可参照图6-8进行。其施工步骤如下：

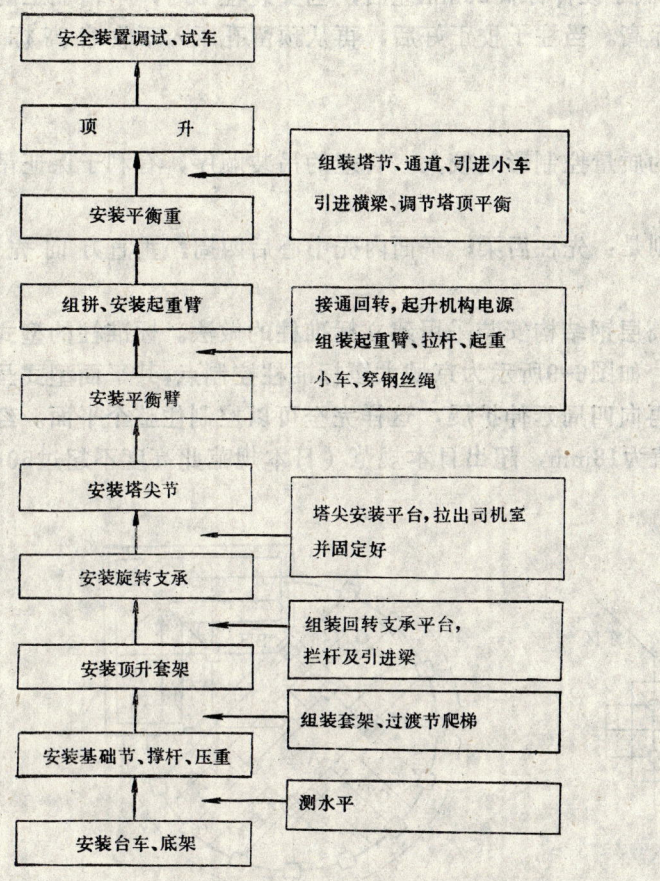
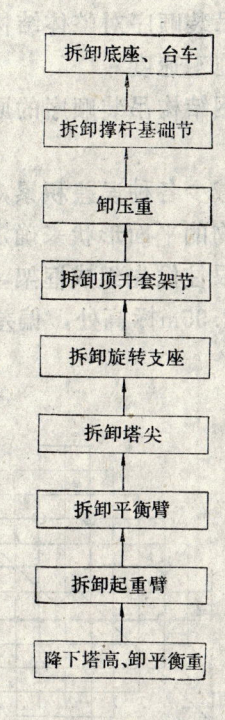

图 6-6　FO/23B型塔式起重机安装顺序图　　图 6-7　FO/23B型自升式塔式起重机拆卸顺序图

（1）在柱基坑边设置150×150×8（mm）预埋铁件。
（2）测量放线（放出轴线、标高）。
（3）焊接槽钢。
（4）安装螺栓固定器，如图6-8。图中上下钢板预留孔以能穿过螺栓为准。

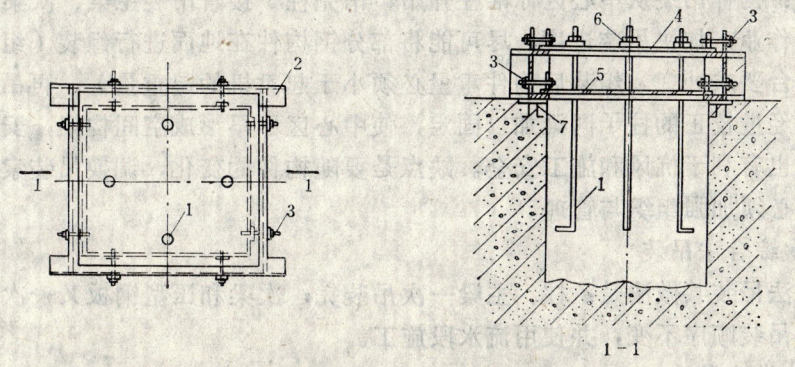

图 6-8　高层钢结构柱脚螺栓控制图
1—柱脚螺栓；2—槽钢；3—调整螺杆；4、5—上下钢板；6—垫圈及螺母；7—预埋铁件

89

(5) 基坑内混凝土浇筑可低于设计标高20mm左右；当安装柱子时，用精加工的钢楔来调整、控制钢柱的垂直度和标高。当柱子校正好后，再从预留孔压入不收缩高标号砂浆。

2. 柱梁吊装工艺

柱梁吊装顺序对整体结构的质量控制影响较大。合理的吊装顺序，有利于保证吊装质量和加快施工速度。

高层钢结构吊装顺序的原则是：先柱后梁；平面内先中心后四周；垂直方向先下后上。

为了减少各种误差积累，高层钢结构安装采用建立标准柱的做法。标准柱的型式，应根据建筑物的平面形状来确定。如图6-9所示为京城大厦标准柱控制点，其平面型式呈十字型，由16根柱优先组成框架，再向四周延伸扩展，这样完全可以控制住整个平面。经最终测量，202.95m标高处，偏差值为18mm，超出日本规范（日本规范此高度不超过50mm）要求。

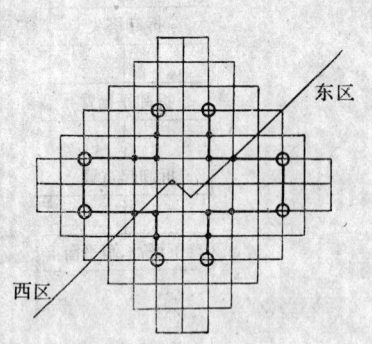
图 6-9 京城大厦钢结构标准柱控制型式

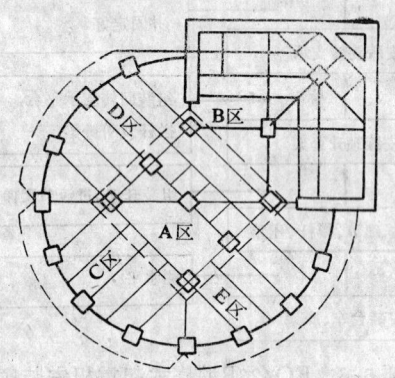
图 6-10 深圳发展大厦主楼钢结构吊装程序区段划分图

3. 柱梁吊装顺序

柱梁吊装顺序，具体作法又可分为三种形式：

（1）全综合法吊装

作法为：构件吊装从中心区标准柱开始，吊完柱子接着吊装主梁、次梁、压型钢板。为减少高空作业，加快吊装进度，尽可能将部分钢构件在地面进行组装（组装平台按钢结构的拼装平台要求处理，组装后构件重量必须小于起重机的起重量），再吊至设计位置，这样做，把经过校正的柱子同梁加以固定，使中心区尽早形成空间构架，安装精度得以控制、稳定，也有利于抗风和施工安全。缺点是要随构件的变化，调换吊装索具，构件供应比较零乱，必须加强组织与管理。

（2）次综合法吊装

次综合法吊装其做法是：柱、主梁一次吊装完；次梁和压型钢板又一次吊装，但原来编制的构件吊装顺序不变，并使用流水段施工。

（3）分类法吊装

分类法吊装作法为：按编制好的顺序将柱子吊完，再按顺序吊装主梁，再吊次梁、压型钢板等。这样做可以减少吊装工具的更换、构件进场比较清楚、易管理。不利的是空间结构形成晚,不利于结构稳定。

采用何种方法吊装,可根据工程项目具体情况,灵活选用。

为加快施工进度,视建筑物平面尺寸,可划分流水段施工。图6-10是深圳发展大厦主楼钢结构吊装区段的划分图。

4. 高层钢结构的高强螺栓施工

高强螺栓施工,梁、柱连接一般按图6-11所示程序进行施工。

高强螺栓的传力方式为:螺栓终拧后,螺杆内产生的轴力压紧钢板,并使其产生摩擦

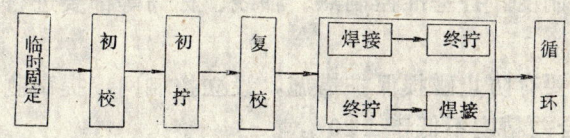

图 6-11 柱、梁高强螺栓施工程序图

力传递内力。试验测得,摩擦力(抗滑移力)在受力区只局限在螺栓孔径周围8～12mm的很小范围内。因此,高强螺栓孔是不能任意扩孔,特别不允许用气割扩孔。日本工业标准JIS《钢结构工程施工验收规范》规定,当孔眼不重合时,可以用铰刀扩孔,最大不得大于原孔径的2mm,否则应将孔焊满后重新打孔。所以钢结构在加工厂就要进行严格检查,孔径和位置都应在规范规定允许偏差范围内。

高强螺栓施工注意事项:

(1)螺栓的紧固轴力,应超过设计轴力10%。

(2)螺栓紧固分两次进行。第一次紧固到设计轴力的60%～80%(依据钢板厚度和螺栓间距而异),第二次紧固到100%。终拧用扭剪型扳手。

(3)螺栓的紧固顺序,应从中间向四周依次扩展。

(4)加强螺栓的包装、运输、存放。当天安装的螺栓必须完成初拧、终拧,余下收回保管,不得沾染污物、生锈。

(5)为加快安装进度,先用高强螺栓总数的1/3用普通螺栓进行临时加固,待柱子校正后,余数插入高强螺栓,并进行初拧70%,再换下临时拧上的普通螺栓,再初拧、终拧到100%。

四、高层钢结构的测量

1. 建立基准控制点

根据施工现场条件,建筑物测量基准点有两种测设方法。

一种方法将测量基准点设在建筑物外部,俗称外控法,它适用于场地开阔的工地。根据建筑物平面形状,在轴线延长线上设立控制点,控制点一般距建筑物$(0.8～1.5)H$(建筑物高度)处。每点引出两条交汇的点,组成控制网,并设立半永久性(至少要满足工程工期内使用)控制桩。建筑物垂直度的传递都从该控制桩引向高空。

另一种测设方法是:将测量控制基准点设在建筑物内部,俗称内控法。它适于现场狭窄,无法在场外建立基准点的工地。控制点的多少根据建筑物平面形状决定。当从地面或

底层把基准线引至高空楼面时，遇到楼板要留孔洞，最后修补该洞。

控制点传递可用仪器法，如使用WILD—ZL精密光学垂准仪等；以及锤球法。锤球（钢制）重15kg左右，用ϕ1mm钢丝悬吊。

上述测设方法可混合使用，但不论采用何种方法施测，还应作到以下几点：

（1）建立统一的测量仪器、钢尺。为减少不必要的测量误差，从钢构件加工，土建基础放线、构件安装，应该使用统一型号（最好是同一生产厂家，同一批出厂产品）、经过统一校核的钢尺。

校核时，使用标准弹簧秤、钢尺读数可精确到0.1mm。

标准读数＝实际读数＋温度校正值＋钢尺修正值。

（2）建立复测制度。各基准控制点、轴线、标高等都要进行两次以上的复测，以误差最小为准。

（3）各控制桩要有防止碰损保护措施，设立控制网，提高测量精度。如量边精度要求不低于1/1000，闭合差精度不低于±20″。

2. 钢柱垂直度测量

钢柱垂直度的测量有以下几种方法：

（1）激光准直仪法。将准直仪架设在控制点上，通过观测映照在接受靶上的激光束光斑，以此判断柱子是否垂直。当建筑物过高时，激光的离散性较大。

（2）铅垂法。铅锤法是一种较为原始的方法，用锤球吊校柱子，观测直观，但不适于过长柱子。为避免铅锤线因风吹而摆动，可将线套在塑料管中，并将锤球放在粘度较大的油液中。

（3）经纬仪法。用两台经纬仪分别架设在引出轴线上，对柱子进行测量校正。精度较高，设备易解决，是施工单位常用的方法。

（4）建立标准柱法。根据建筑物的平面形状，建立标准柱，其它柱子的垂直度，都依此柱为准，用钢尺或钢线、工具式卡尺等工具来测量其它柱子垂直度。

温差对钢结构垂直度的影响，在许多钢结构安装资料中提到，解决方法可参阅钢筋混凝土柱温差影响一节。另外一种方法则采用强制复位法。北京长富宫工程采用了该方法。钢柱吊装时，不论在什么时候，都以当时经纬仪垂直平面进行测量校正，温差产生的偏差纠正，当主梁吊装时，用外力强制复位，待偏差达设计要求时，再紧固柱子和梁接头腹板上的高强螺栓，使结构几何尺寸固定下来。

不论采用何种方法施工，都必须在柱子和主梁焊完后，下层柱的柱顶位移和标高作好记录后，再进行柱顶放线。并将调整量返馈回钢构件加工单位，对未安装构件进行地面修理，消除已出现的误差。

五、高层钢结构焊接工艺

高层钢结构的焊接工作量大，质量要求高。焊接工作进展的顺利与否，将直接影响整个工程质量和安装进度。

工程中，柱与主梁接头形式，采用栓、焊混合接头时，设计中应注明是采用先栓后焊或先焊后栓。

先栓后焊：

主梁安装时，先用腹板的高强螺栓使结构定位，紧固后再焊接主梁的上下翼板。这种方法的特性；因高强螺栓终拧后结构已有很大约束力，电焊后收缩变形小，结构尺寸精确。但焊接产生的热源会使高强螺栓轴向力要损失约10%～12%。

先焊后栓：

先焊后栓必须用普通螺栓进行临时固定，因焊接时约束力小，螺栓孔错位现象加大，给安装高强螺栓带来困难，但高强螺栓轴力损失较小。

高层钢结构焊接，焊根可用手工低氢焊条打底，再以二氧化碳气体保护焊封闭饰面，用气压清渣器清理焊渣。

焊接时还应该做到：

（1）制定梁柱合理的焊接顺序，并确定焊接方法和步骤。对于一节柱来讲，其立体焊接顺序为：

1）三层：主梁——→次梁——→压型钢板支托——→压型钢板点焊。
2）一层：主梁——→次梁——→压型钢板支托——→压型钢板点焊。
3）二层：主梁——→次梁——→压型钢板支托——→压型钢板点焊。

（2）柱与主梁焊接顺序

对于一根梁来讲，先焊一端，待焊缝冷却以后收缩完成，再焊另一段。对梁端而言，先焊梁的下翼缘，再焊上翼缘。

（3）柱与柱焊接

柱与柱焊接应从中间开始。柱接头焊一般用两个焊工同时进行焊接，其顺序按图6-12进行。

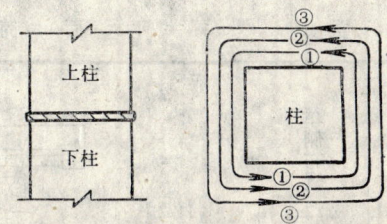

图6-12 柱与柱接头焊接示意图
图中①～③表示一个焊工焊接次数。

焊接时，第一遍用$\phi5$或$\phi6$焊条，离柱棱150mm处开始焊，两人都沿一定方向移动至交接点，以后每一遍焊接相错50mm起焊。

（4）确定合理稳定焊接电流与速度。接头坡口用气割和角向砂轮磨光，坡口角度控制在30°～35°。

（5）为保证焊接质量，焊缝一般只采用平焊或横焊，而不采用仰焊。

焊工经过严格培训，考试合格后，才能持证上岗。

施工中，要求安装构件、测量校正应紧密配合，随时纠正出现的变位。

第二节 多层装配式框架结构吊装

多层装配式框架结构具有占地面积小，构件质量高、施工期短、投资见效快，并能充分发挥机械化作业，减少高空湿作业、施工现场文明等优点，因而广泛应用。

多层装配式框架结构，在实际工程中广泛应用在工业与民用建筑中，如化工、仪表、电子、食品、电站、冶金、公寓、办公楼等。

多层装配式框架结构特点：建筑物高大、跨距小、占地面积小，构件类型多、数量大、接点复杂、技术要求高等。因此，在考虑吊装方案时，应着重解决起重机的选择与布置、预制构件的现场布置、吊装顺序及方法。

一、起重机械的选择

多层装配式框架结构为了尽量减少柱子接头数量，柱子长度较长，重量也较重。柱子吊装时，仍然选用自行式起重机械。多节柱及梁、板的吊装，宜选用塔式起重机。起重机械选择原则是：

满足最高层构件的吊装（见图6-2）；

满足最远最重构件的吊装；

吊臂的回转半径能覆盖整个建筑物。

一般工业与民用建筑可选用TQ60/80型塔式起重机，还可以选用自升式塔式起重机，如QT80型，FO/23B型，较高大多层工业厂房与民用建筑，可选用重型或特重型自升式塔式起重机，如QTZ200型。进口机型较多，如波坦（POTAIN）公司生产的85—20R、J5/45等型号，帕尔勒（PEINER）公司生产的SK355SK450等型号。

二、起重机的布置

塔式起重机布置型式表　　　　　　　　表6-1

种类		平面简图	适用范围
自行式	单侧布置	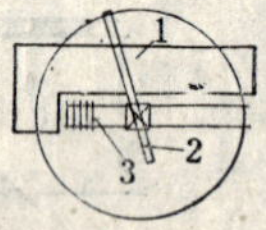	适用纵向较长的建筑物，而建筑物高度又能满足塔式起重机的行走要求 1—建筑物； 2—塔式起重机； 3—轨道
	双侧布置	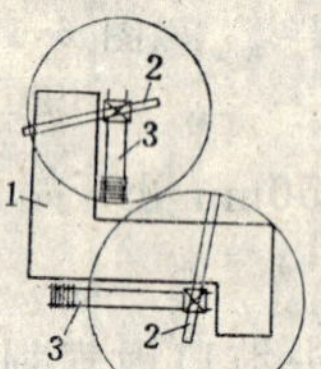	建筑物形状复杂，单侧布置满足不了施工需要时 1—建筑物； 2—塔式起重机； 3—轨道
	跨内布置	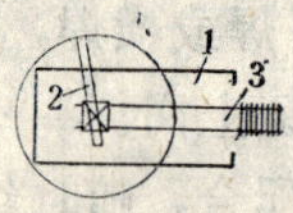	工业厂房、框架结构某一跨距能满足安装塔式起重机的要求 1—建筑物； 2—塔式起重机； 3—轨道
固定式	跨外布置	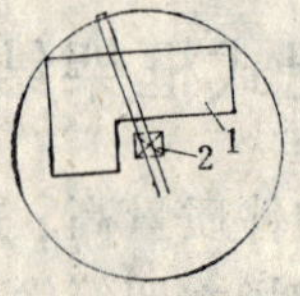	适用建筑物纵横向长度较短时，要求吊臂回转半径覆盖整个建筑物 1—建筑物； 2—自外塔式起重机
	跨内布置	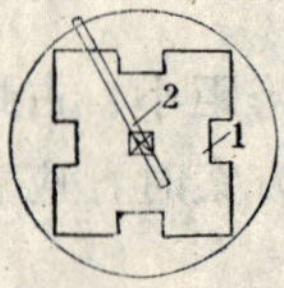	当起重机起重量有限或吊臂回转半径不够，起重机则布置在建筑物内部，即内爬式。这种布置相对讲，拆卸较困难，多采用土洋结合法拆卸 跨内布置，必须同设计部门一同制定。以便确定塔式起重机的重量，如何由建筑物承担 1—建筑物； 2—塔式起重机

起重机的布置，应根据建筑物平面形状，主要构件重量及起重机型号等综合考虑。

柱子平面布置为纵向时，一条行车路线吊装两排柱子，参照图2-3。

塔式起重机的布置，按起重机在建筑物的位置分，见表6-1所列。

三、框架结构吊装构件布置

多层装配式框架结构重大构件，如柱子等一般在现场预制，其余构件都在预制厂集中制作后，运进工地。

构件运进现场后，布置原则是：

（1）重近轻远，尽量就位在塔式起重机回转半径之内，减少二次搬运。

（2）构件运输顺序，要满足吊装顺序要求，先吊在上、后吊在下。

（3）构件堆放时，同类构件应尽量集中堆放，便于吊装时寻找。

（4）保证运输路线的畅通。

四、框架结构吊装方法

多层装配式框架结构接头多，接头焊接量大，为避免焊接应力影响结构的质量，必须预先编制合理的吊装方法和顺序。

1．柱子的吊装

下节柱的吊装同单层工业厂房吊装一样，采用单机或多机抬吊。上节柱的吊装主要的要保护外露钢筋不受损伤、弯曲。常用方法有：

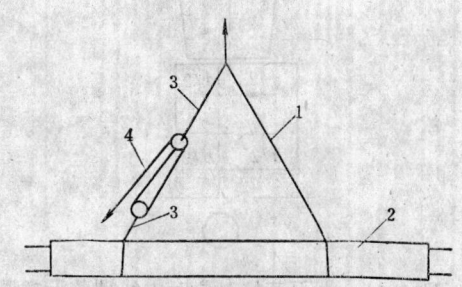

图 6-13 增加滑车吊立上节柱示意图
1—长吊索；2—上节柱；3—短吊索；4—滑车组

（1）增加滑车的方法。上节柱吊装增加滑车的办法如图6-13所示。柱子绑扎后先平行吊起，当升到一定高度后（以外露钢筋不碰地为准），再放松滑车，直到柱子立起。

（2）增加保护杆。增加保护杆吊立上节柱如图6-14所示。在柱子起吊前增加两根辅助杆，当柱子立起后能自动滑脱下来。

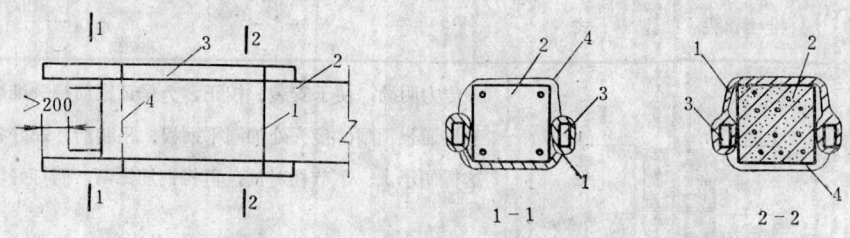

图 6-14 加保护杆吊立柱子
1—主绳；2—上节柱；3—辅助杆（钢管或方木）；4—辅助绳

（3）上节柱的对位。多节柱的垂直度，按国家验收规范规定为1/1000柱高，且不能超过20mm。所以在柱接头处，要消除一部份误差。一般采取将柱根轴线翻投到柱接头处，下节柱原中心线与从根部翻投上的标准线，再取中（即各借一半）做为新定位线，上节柱便以此线对位。如图6-15。

（4）上节柱的临时固定与校正。上节柱的临时固定和校正，在使用塔式起重机时，其臂下有效空间大，柱子对位后，应随即点焊住四个角的钢筋，并拉紧缆风绳，初校后，便可松钩。

柱子的校正及永久固定：

下节柱可按常规法校正。上节柱用小直径（φ12mm左右）钢丝绳，加配花篮螺栓或用手扳葫芦，如图6-16所示。对于角柱可加木撑配合校正。校正后的柱，便可将全部钢筋焊接，支模浇筑混凝土，做永久固定。

2. 柱子的接头形式

柱子接头型式常用的有三种：榫式接头、插入式接头和浆锚式接头。接头型式及其特点见表6-2。

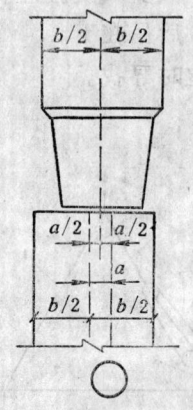

图 6-15 上下节柱对位时中线调整示意图
1—上节柱中心线；2—下节柱中心线；3—由柱脚翻上来的标准中心线

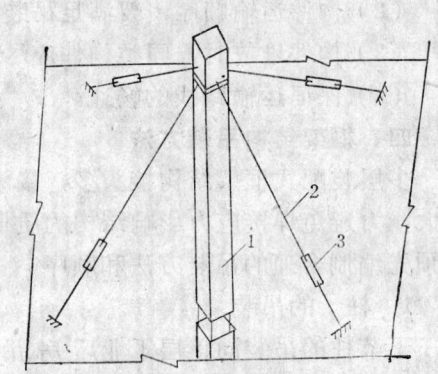

图 6-16 上节柱校正示意图
1—上节柱；2—钢丝绳；3—花篮螺栓（或手扳葫芦）；4—下节柱

3. 梁、柱连接形式

梁板式框架结构中，主梁通常布置在建筑物横向轴线上，次梁布置在纵向轴线上，次

柱 子 接 头 型 式 表　　　　　　　表 6-2

名称	接头型式	特点
榫式接头		传力明确，便于安装、校正，为保证钢筋接头准确，柱子采用整根通长预制，接头处加刨平钢板。吊装前，弹好各种控制线，这样便于上、下节柱对位。再将钢筋锯断，而打好坡口
插入式		受力性能不适于过大的纵向偏心受力，但不用焊接，可避免电焊应力影响，吊装固定方便，造价低。接缝灌浆有压力灌浆和自重挤浆两种，土建制作时要求尺寸准确

续表

名称	接头型式	特点
浆锚式	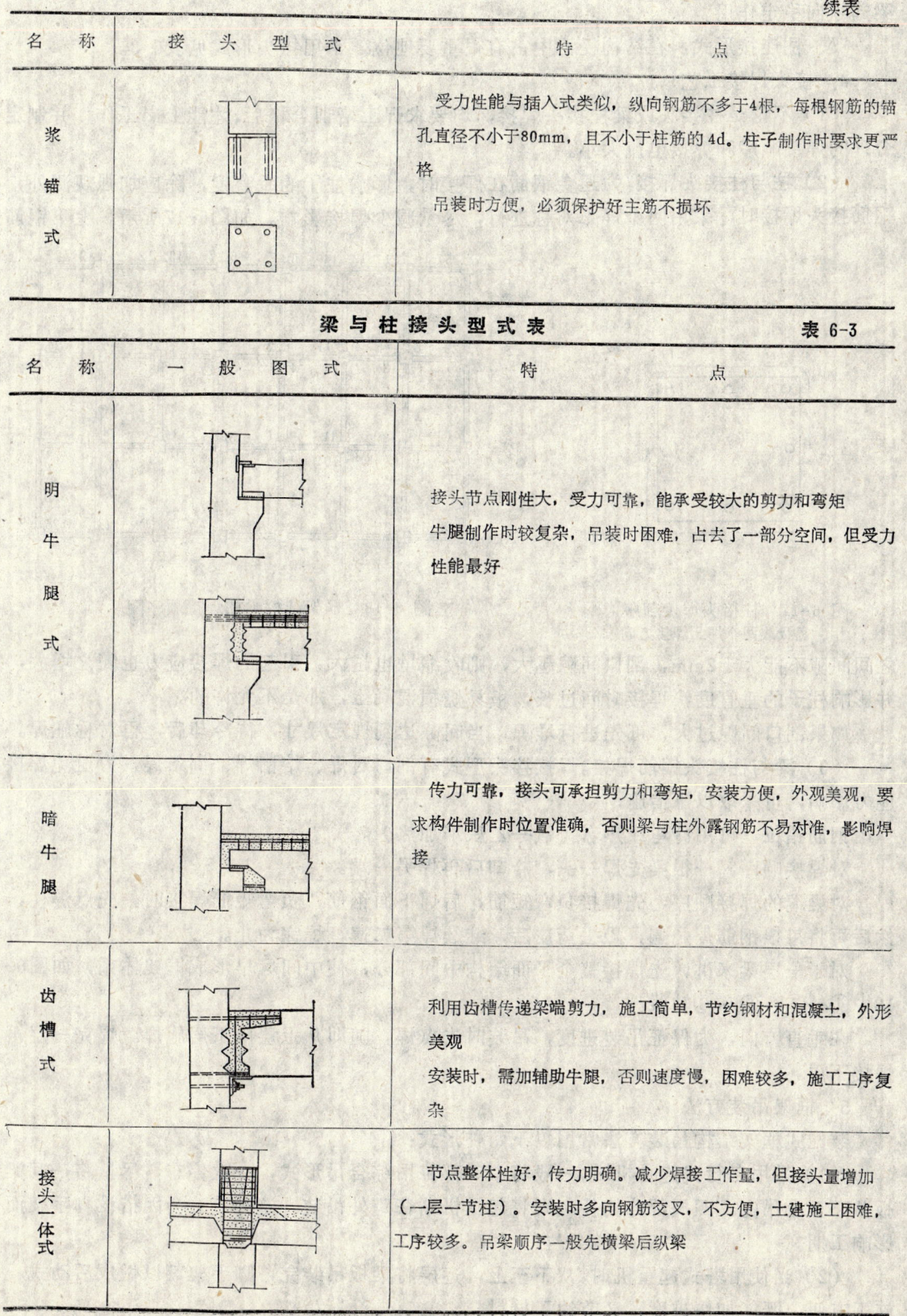	受力性能与插入式类似,纵向钢筋不多于4根,每根钢筋的锚孔直径不小于80mm,且不小于柱筋的4d。柱子制作时要求更严格 吊装时方便,必须保护好主筋不损坏

梁与柱接头型式表　　　　表 6-3

名称	一般图式	特点
明牛腿式		接头节点刚性大,受力可靠,能承受较大的剪力和弯矩 牛腿制作时较复杂,吊装时困难,占去了一部分空间,但受力性能最好
暗牛腿		传力可靠,接头可承担剪力和弯矩,安装方便,外观美观,要求构件制作时位置准确,否则梁与柱外露钢筋不易对准,影响焊接
齿槽式		利用齿槽传递梁端剪力,施工简单,节约钢材和混凝土,外形美观 安装时,需加辅助牛腿,否则速度慢,困难较多,施工工序复杂
接头一体式		节点整体性好,传力明确。减少焊接工作量,但接头量增加(一层一节柱)。安装时多向钢筋交叉,不方便,土建施工困难,工序较多。吊梁顺序一般先横梁后纵梁

梁起纵向稳定作用。

梁、柱连接形式，在结构受力中占有很重要地位。常用接头形式见表6-3。

4. 接头焊接工艺

（1）不论是柱接头或梁柱接头焊接，均要求焊工培训合格后，才能上岗工作，并制定合理的焊接顺序和焊接电流大小。

（2）柱与柱接头焊接。为避免钢筋在焊接时，影响柱子的垂直度，除应加强观测外，钢筋接头焊接时，采用两个焊工对称进行，尽量减少焊接影响。如图6-17所示。上下钢筋

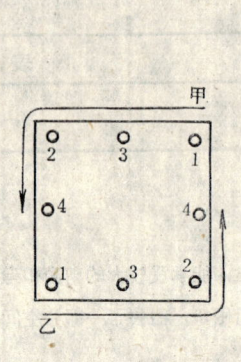

图 6-17 柱接头焊接顺序
甲、乙代表两个焊工焊接方向

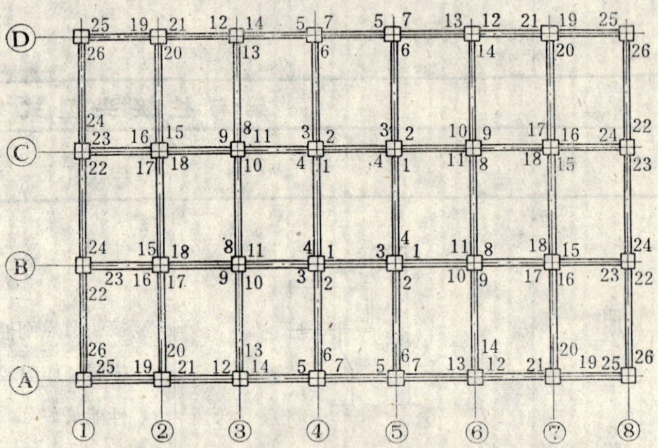

图 6-18 框架结构梁柱焊接顺序图

之间间隙不能大于2mm，剖口间隙越大，则收缩量也越大，引起的焊接应力也随之增大，并影响柱子的垂直度，焊接时间过长，极易烧损混凝土，那是不允许的。

如果剖口间隙过大，可先进行堆焊，当间隙达到规定尺寸，待冷却后，再对称施焊。

（3）梁与柱接头钢筋焊接。焊接接头型式有剖口对焊、熔槽焊、绑条焊，为避免焊接应力影响，可采取以下措施：

钢筋错位，可用冷弯或热弯（氧—乙炔焰加热）。

对焊接顺序，一根梁先焊一头，冷却后再焊另一端。

对梁端的焊接顺序，先焊接负弯矩筋，后焊下面钢筋，负弯矩筋接时，先点焊住，然后再将每根钢筋焊一遍，敲去药皮后，继续焊第二遍，焊完为止。

对于一层梁来讲，先焊接整个平面结构中间部分，使中间尽早形成框架体系，如图6-18中④～⑤，Ⓑ～Ⓒ轴线。

在垂直方向，为保证吊装进度，吊装时先点焊。随即从上层向下层施焊。焊完一层再焊接下层。

5. 框架吊装方法

装配式框架结构吊装方法常用以下两种形式：

（1）采用自行式起重机时，一般将中间部位用综合吊形式，一次停车，尽量将一间梁板从下至上吊完。四周部分构件，则将起重机站在跨外吊装。这种方法会因搭设脚手架而影响工期。

（2）当使用塔式起重机时，从下至上，逐层将梁板吊装完，脚手架可以做成活动式，施工方便，既能加快进度，又节约了材料。

第七章 钢筋混凝土升板法施工

升板结构是钢筋混凝土框架结构的特殊形式。其施工方法利用柱子做为导杆,配备相应的提升设备,将预制在地面上的各层楼板,提升到设计标高,并加以固定。

升板结构多应用在仓库、轻工、电器等工业厂房。适用于比较狭小的施工现场。

升板结构的特点:

升板结构能节约90%以上的模板,施工中,能减少高空作业,减轻工人劳动强度,工序简化、工效高,提升设备比较简单,同时,设计简单,柱网布置较灵活。但用钢量大。

第一节 升 板 设 备

我国的升板设备经历了由简到繁,逐步完善的过程,从手动液压千斤顶、电动蜗轮蜗杆到电动穿心式提升机和自升式提升机。板的水平标高控制,从水槽式发展到激光、光电、数控式控制台。

升板机械是升板技术的关键设备。楼板的垂直运输全由升板机械完成,它与工程质量、施工进度、安全都有密切关系。

一、自行电动穿心式提升机

图7-1为自升式电动穿心式提升机示意图,其螺杆上升速度为1.89m/h,下降速度为4.69m/h,每台千斤顶安全负荷为100kN~150kN(约10t~15t);一台提升机的安全负荷为200kN~300kN(约20t~30t)。图中(a)为升板机正在提升楼阶段。图中(b)为电动螺旋千斤顶上升阶段。为下一步提升做准备。

二、自升提升机的原理

1. 屋面板(楼板)提升

提升屋面板时,将提升机悬挂在承重销上,开动升板机,屋面板上升,升完一个螺杆有效高度后,被提升的楼板正好升过下面一个间歇孔,用承重销插入间歇孔后,开动提升机将板落在承重销上,临时固定。

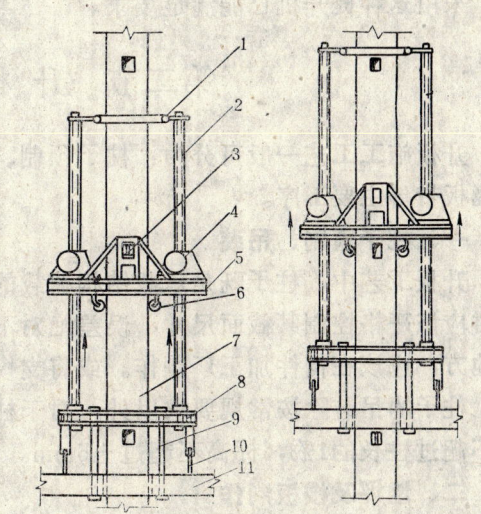

图 7-1 自动式电动穿心式提升机结构图
1—螺杆固定架;2—螺杆;3—承重销;4—电动螺旋千斤顶;5—提升机底盘;6—导向轮;7—柱子;8—提升架;9—吊杆;10—提升架支腿;11—楼板

2. 提升机自升

当板临时固定后,放下提升架四个支腿于楼板上。将上承重销拿下。开动电动机反转,提升架上升。当提升机超过再上一个间歇孔时(此时正好是一根螺杆有效高度),再将提升架悬挂在上承重销。收起支腿，进行下次循环。

下面各层楼板，增加接长吊杆进行提升。

如此反复进行，屋面板与提升机不断相互交替上升，直到将各层楼板提升到设计标高，并予以固定。

三、提升机承受力计算

每台提升机担负的荷载Q，应考虑板的自重、施工荷载、初提升时 板与板之间的粘结力、附加力等。Q的计算可按式7-1进行。

$$Q=K(q_1+q_2)A \tag{7-1}$$

式中

Q——每台提升机担负荷载（kN）；

q_1——板的自重（kN/m²）；

q_2——施工荷载，一般可取500～1000N/m²；

K——工作系数，一般取1.3～1.5；

A——提升机所负担的楼面范围，可近似地按相邻柱的中到中划分（m²）。

板与板之间粘结力，一般取500N/m²以内。

【例】 某升板结构为6×6柱网，楼板厚度为200mm，拟采用提升机为300kN的自升式电动提升机提升，复核提升板的提升力是否满足。

【解】 已知：$K=1.5$. 将已知数代入（7-1）式

$$Q=1.5(0.2\times25+1)\times6\times6\times0.5=162kN<300kN$$

采用这种提升机已能满足要求。

第二节 升板施工工艺

升板施工工艺一般可分为：柱子预制、混凝土地坪浇筑、楼板制作、提升、固定以及后浇板带等主要工序。

一、柱子预制、吊装

升板工艺中，柱子既是承载结构荷载的支柱，又是升板时做为导杆使用，因此柱子预制时应该严格控制其截面尺寸，误差绝对不能超过规范要求。为保证柱子的质量，有条件的地方，应该在构件加工厂制作。或将支模尺寸缩小5～10mm。

柱子的吊装除按常规要求以外，对于柱子垂直度要求更严格，其偏差不能超过5mm，并不超过柱长的1‰，标高不超过±5mm。

二、地坪及楼板制作

升板结构的楼板设计成平板式、密肋式、格梁式等式。平板式制作简单，相对讲，刚度差、抗弯能力弱。而密肋、格梁式制作繁琐，但可以节约材料，承载力较大。

楼板制作前，应该按提升机的数量，每台提升机的能力将楼板划成规则板，最好是矩形，并避免有阴角的板，同时将板的后浇带留在两柱的中间。

楼板制作质量与升板时关系密切，关键部位是提升环及预埋件位置要准确；二是板与板之间的隔离层要做好。如果粘接吸附力过大，提升板时，会使板产生裂纹或损坏提升设备。

隔离层的隔离剂，可以用塑料薄膜、水泥袋纸、皂脚滑石粉、纸浆石灰膏、猪血老粉、乳化机油、柴油石蜡、树脂涂料等。皂脚滑石粉应用比较广泛，材料容易解决，成本也低。

三、板的提升与固定

1. 板提升前应做好的工作

（1）将所有提升设备（包括电器和机械）全面检查，进行保养、调试，使其达到完好状态。

（2）安装所有提升设备、控制台及活动操作平台，接通电源，将提升架调平，并初步承载（俗称"吃上劲"）。

（3）板提升时，标高控制很重要。一般采用双控的办法。一是用控制台控制，比较先进的是电子数控技术。辅助控制的方法：用水平仪在柱子上抄平划一标记，再将刻有尺寸的标尺安装在楼板提升环处，板在提升过程中，标高读数用直尺读数，如图7-2。此方法简单易行，但观测人员较多。

辅助控制另一种方法叫钢丝法，如图7-3。钢丝经过导向。读数板设在总控制台处，此方法不足的是拉的钢丝多，提升现场凌乱。

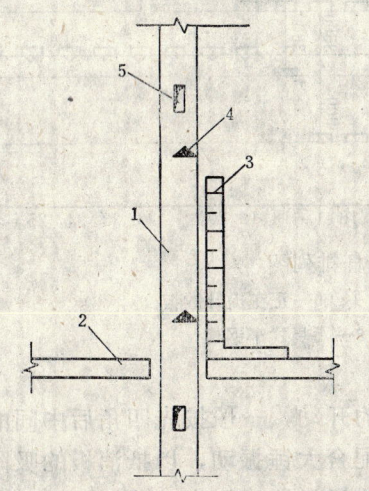
图7-2　利用标尺读数控制板的标高示意图
1—柱子；2—提升楼板；3—读有读数标尺；4—水平抄平标记；5—间歇孔

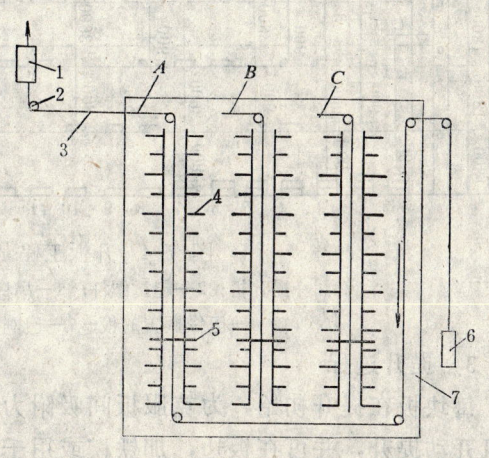
图7-3　钢丝高度指示器
1—提升构件；2—导向滑轮；3—钢丝；4—标尺数；5—指针；6—重锤；7—标尺板
A、B、C……第一、第二、第三……组钢丝高度指示器。

（4）复查柱的竖向偏差，以便在提升过程中对照检查。

（5）板的混凝土强度必须达到设计要求后才能提升。

2. 提升顺序与吊杆排列图

为了保证在提升过程中柱的稳定性和便于操作，楼板提升交替进行，从底层向上逐层提升到设计位置，并绘制成提升顺序与吊杆排列图。以指导板的提升。

板的提升顺序可按以下原则确定：

（1）上面各层板不能一次提升过高，防止出现头重脚轻而失稳。所以，当下层板一旦升到设计标高后，马上进行固定。

（2）尽量减少拆螺杆和吊杆的次数。

（3）要使安装承重销、垫铁片和拆接吊杆等操作方便。

图7-4为四层楼房升板工程的提升顺序和吊杆排列图。

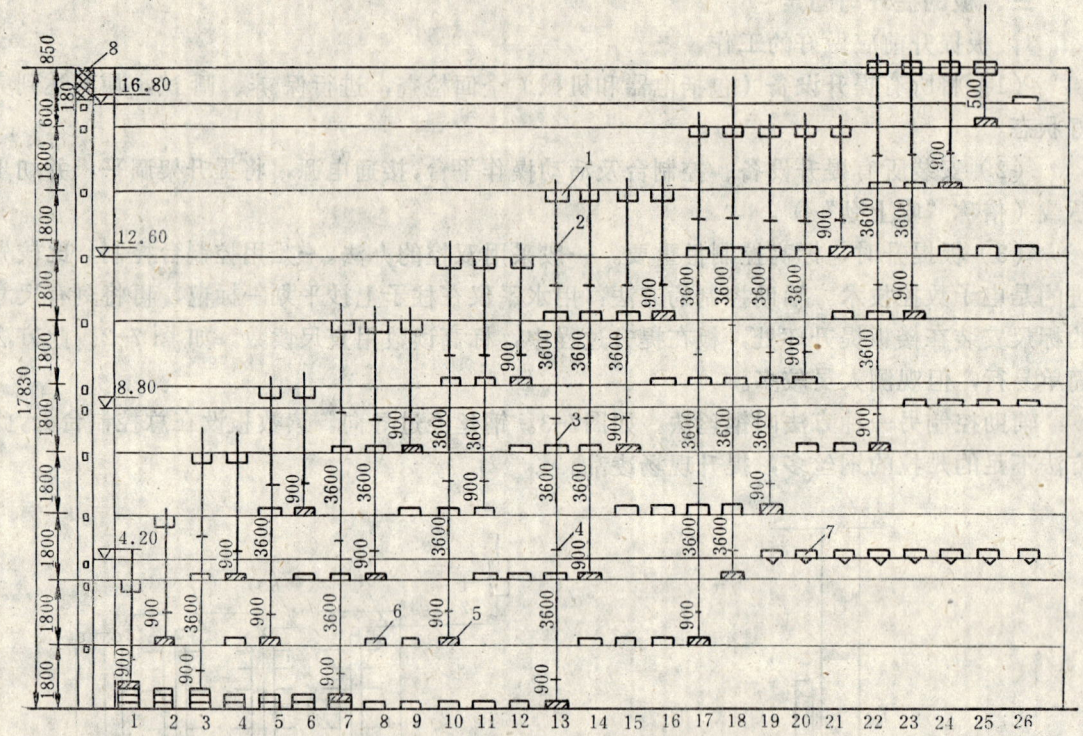

图 7-4　升板工程提升顺序和吊杆排列图

1—提升机；2—起重螺杆；3—吊杆；4—套筒接头；5—正在提升的板；
6—已经搁置的板；7—已刚接固定的板；8—工具式小钢柱

3. 提升过程

每块板在提升初始，为克服板间吸附力，升板机的开动，一般按先四角后中间的顺序逐机开动提升，并可在板边，加铁楔或用千斤顶顶并配合大锤振动，以抵消板的吸附力。当板脱离开后便停机，并随即调整各点提升高度，使楼板保持近似水平状提升。

由于各提升机承力不均、电机转速不一等因素，会引起标高变化。所以在正式起吊时，应该加强观测，随时调整标高。要求最高点标高与最低标高之差不应超过10mm。

4. 板的固定

升板结构的固定，是板和柱的联结构造，常见形式如下：

（1）后浇柱帽节点

承重销搁置后，在节点四周，浇筑类似"漏斗"状钢筋混凝土。为了节约承重销钢材，也可改为上搁置承重销，当板下柱帽浇筑后，再取下承重销，以备重复使用。

（2）剪力块节点

在每一层楼板标高处，柱子上预埋有斜口楔形承力钢板。板达到设计标高后，在预埋承力钢板与提升板之间再用一块斜口楔形钢板（俗称剪力块）楔紧。然后再焊接，要求焊缝饱满，铁件无变形，并注意防腐。

(3) 承重销节点

用加强的型钢或焊接工字钢，插入预留就位孔内，作为承担板及其它荷载用。这种节点施工方便，效果好，可承载较大荷载，但耗钢量大。

(4) 齿槽节点

齿槽节点适于格梁式结构升板工程。主要构造在梁与柱相交处，柱面及梁内面都有齿槽。在混凝土浇筑后，依此来承受剪力。所以这种节点承担荷载较小。

(5) 预应力锥形柱帽节点

预应力锥形柱帽节点是一种截锥扁壳，直径2.84m，倾角20°，采用C40混凝土预制。施工时，先将柱帽套入柱内，然后，将柱帽边缘伸出钢筋与楼板浇筑在一起，柱帽与楼板同时提升。楼板到达标高后，柱帽内配以径向和环向钢筋，外缘采用机械或电热张拉，绕以碳素钢丝。施加环向预应力。

这种节点使楼板减薄，自重减轻，节约了材料，降低了造价。由于柱帽为工厂预制，大大减少工地作业。

四、升板工艺提升阶段柱子的稳定

升板结构中，板未提升前，柱子一端固定，一端自由；板在提升阶段，板与柱之间是铰接，仍然有一个自由度，是不稳定的。当板与柱节点全部固定后，才属安全体系。为了保证施工安全，一般采取以下措施。

(1) 首先在设计阶段控制，要做群柱稳定性验算。

(2) 施工阶段稳定性控制

1) 调整提升顺序，上层板尽量压低提升高度，下层板尽快地提升到设计标高，并予以固定。

2) 在提升上层板时，适当增加缆风绳拉住楼板，并将板与柱之间用木楔楔紧。这样就改变了柱的支承情况，如图7-5。

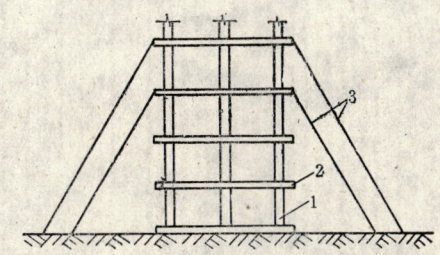
图 7-5 升板施工增加缆风绳示意图
1—柱子；2—楼板；3—缆风绳

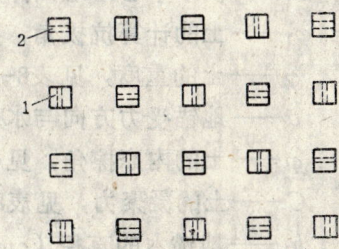
图 7-6 柱子吊装时，承重销互相垂直就位
1—垂直销；2—水平销

3) 柱子吊装时，使柱子的承重销孔相互垂直交叉，如图7-6。

经过以上几项综合处理，再加强观测柱子的变形，完全可以控制柱子的稳定性。

五、升板工艺的发展

每一种施工工艺有自己特点，升板工艺也不例外。升板工艺的发展是提滑模工艺，一种是柱子采用提滑模，即先将柱子采用滑模制作，再提升楼板。另一种方法是，楼板在提升过程中，将墙板也同时提滑出来。这样当柱与楼板提升完，围护结构也完成，加快了总工期。

第八章 "土"法吊装

第一节 "土"法吊装用地锚

在土法吊装过程中，常用地锚来固定卷扬机、定滑车、导向滑车和缆风绳等，是土法吊装中重要稳定系统。

一、无护板加固地锚受力计算

无护板加固地锚受力计算，假设按垂直分力带动一直立楔形体积的土块考虑，水平分力按等于h深处被动土抗考虑，取二者之较小值作为地锚的容许抗拔力。计算简图如图8-1，受力计算按式（8-1）；（8-2）进行。

$$[P]=\frac{1}{K}\left(blh+\frac{1}{2}lh^2\mathrm{tg}\varphi_1\right)\gamma\frac{1}{\sin\alpha} \tag{8-1}$$

$$[P]=0.5h_1lh\gamma\left[\mathrm{tg}^2\left(45°+\frac{\varphi}{2}\right)+2C\cdot\mathrm{tg}\left(45°+\frac{\varphi}{2}\right)\right]\times\frac{1}{\cos\alpha} \tag{8-2}$$

式中　$[P]$——地锚容许拉力（kN）；
　　　K——抗拔安全系数取2～3；
　　　b——锚坑下口尺寸（cm）；
　　　l——地锚横木长度（cm）；
　　　h——横木中心距地面深度（cm）；
　　　φ_1——土的计算抗拔角，表8-1；
　　　γ——土的重度，见表8-1；
　　　α——地锚受力方向与水平夹角；
　　　φ——土的内摩擦角，见表8-1；
　　　C——土的凝聚力，见表8-1；
　　　h_1——地锚木的直径（cm）。

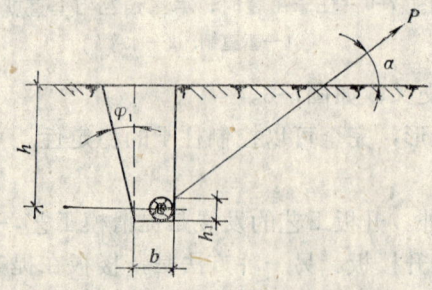

图 8-1　无护板加固地锚计算简图

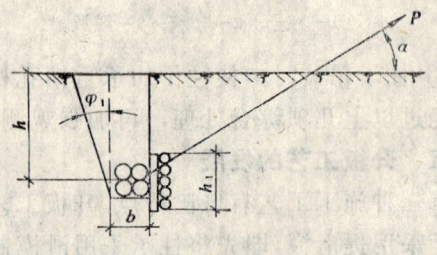

图 8-2　有护板加固地锚计算简图

二、有护板加固地锚受力计算

图 8-2 是有护板加固地锚受力计算简图。假设按垂直分力带动一直立楔形体积的土块考虑，水平分力按等于 h 深处被动土抗考虑，取二者的最小值作为地锚的容许抗拔力。受力计算按式（8-2）、（8-3）进行。

$$[P]=\frac{1}{K}\left(blh+\frac{1}{2}lh^2\mathrm{tg}\varphi_1\right)\gamma\frac{1}{\sin\alpha} \tag{8-2}$$

$$[P]=0.5h_1lh\gamma\left[\mathrm{tg}^2\left(45°+\frac{\varphi}{2}\right)+2C\cdot\mathrm{tg}\left(45°+\frac{\varphi}{2}\right)\right]\frac{1}{\cos\alpha} \tag{8-3}$$

式中 h_1——圆木护板高度（cm）；

其它符号同无护板加固地锚计算公式。

三、地锚强度计算

（1）单点固定的圆木地锚计算简图如图 8-3，强度核算按式（8-4）进行。

$$\sigma_{弯}=\frac{M_{\max}}{W}\leqslant[\sigma_{弯}] \tag{8-4}$$

式中 $M_{\max}$——地锚横木中部的弯矩（N·m）；

其中

$$M_{\max}=\frac{q\cdot l^2}{8} \tag{8-5}$$

土的重度、内摩擦角、凝聚力和计算抗拔角 表 8-1

土的名称		土的状态	重度 (N/cm³)	内摩擦角 φ	凝聚力 C (N/cm²)	计算抗拔角 φ_1
粘性土	粘土	坚塑	1.8×10^{-2}	18°	5.0	30°
		硬塑	1.7×10^{-2}	14°	2.0	25°
		可塑	1.6×10^{-2}			20°
		软塑	1.6×10^{-2}	8°～10°	0.8	10°～15°
	亚粘土	坚塑	1.8×10^{-2}	18°	3.0	27°
		硬塑	1.7×10^{-2}	18°	1.3	23°
		可塑	1.6×10^{-2}			19°
		软塑	1.6×10^{-2}	13°～14°	0.4	10°～15°
	亚粘土	坚塑	1.8×10^{-2}	26°	1.5	27°
		可塑	1.7×10^{-2}	22°	0.8	23°
砂性土	砾石及粗砂	任何湿度	1.8×10^{-2}	40°		30°
	中砂	任何湿度	1.7×10^{-2}	38°		28°
	细砂	任何湿度	1.6×10^{-2}	36°		26°
	粉砂	任何湿度	1.5×10^{-2}	34°		22°

式中　q——地锚横木单位长度上的集度荷载（N/m），$q=\dfrac{P}{l}$；

　　　P——地锚容许拉力（N）；

　　　l——地锚横木长度（m）；

　　　W——地锚横木抗弯截面系数（cm³），$W=0.1d^3n$（见表10-65）；

　　　d——单根地锚横木的直径（cm）；

　　　n——地锚横木的根数；

　　　$[\sigma_{弯}]$——木容许弯应力，取8～10MPa。

（2）两点固定的圆木地锚计算简图如图8-4，强度核算按式（8-6）进行。

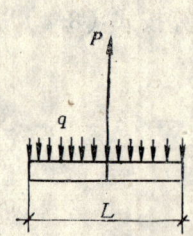 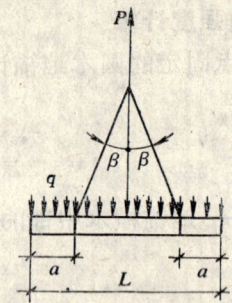

图 8-3　单点固定圆木地锚计算简图　　　　图 8-4　两点固定地锚计算简图

$$\sigma_{复}=\dfrac{N_{压}}{A}+\dfrac{M_{max}}{W}\leq[\sigma_{复}] \qquad (8-6)$$

式中　M_{max}——地锚横木悬臂部分的弯矩（N·m），$M_{max}=\dfrac{q\cdot a^2}{2}$；

　　　a——地锚横木悬臂部分长度（m）；

　　　$N_{压}$——地锚横木所受轴向压力（N），$N_{压}=\dfrac{[P]}{2}\mathrm{tg}\beta$；

　　　$[P]$——地锚容许拉力（N）；

　　　β——地锚分支与外力方向间的夹角（°）；

　　　A——地锚横木断面积（cm²）；

$$A=\dfrac{\pi d^2}{4}n\approx 0.785d^2；$$

　　　d——横木直径（cm）；

　　　$[\sigma_{复}]$——容许复合应力，取（8～10）MPa。

（3）地锚容许应力计算示例

【例】 有一地锚位置处于粘性土，土质为可塑状，试求能承受30kN（约3t）的地锚拉力。

【解】 初设　$b=0.5$m；$l=2.5$m；$h=1.7$m，K取2，$\alpha=30°$，$h_1=0.24$m，查表8-1

得 $\varphi_1=20°$，$\gamma\approx16\text{kN/m}^3$，$C=2$，$\varphi=14°$。

利用式（8-1）先求出抗拔力〔P〕。

$$[P]=\frac{1}{K}\left(b\cdot l\cdot h+\frac{1}{2}\cdot l\cdot h^2\cdot\text{tg}\varphi_1\right)\gamma\cdot\frac{1}{\sin\alpha}$$

$$=\frac{1}{2}(0.5\times2.5\times1.7+0.5\times2.5\times1.7^2\times\text{tg}20°)16\frac{1}{\sin30°}$$

$$=55\text{kN}>30\text{kN} \qquad\text{（安全）}$$

利用式（8-2）再求出水平土抗力，

$$[P]=0.5h_1lh\gamma\left[\text{tg}^2\left(45°+\frac{\varphi}{2}\right)+2C\cdot\text{tg}\left(45°+\frac{\varphi}{2}\right)\right]\frac{1}{\cos\alpha}$$

$$=0.5\times0.24\times2.5\times1.7\times16\left[\text{tg}^2\left(45°+\frac{14°}{2}\right)\right.$$

$$\left.+2\times2\times\text{tg}\left(45°+\frac{14°}{2}\right)\right]\frac{1}{\cos30°}$$

$$=8.16[1.64+4\times1.28]\times1.15$$

$$=63.4\text{kN}>30\text{kN} \qquad\text{（安全）}$$

地锚强度核算

30kN 的地锚可以用单点固定圆木地锚计算。

【解】 利用式（8-4）、（8-5）

则

$$q=\frac{30\text{kN}}{2.5}=1.2\text{kN/m}$$

$$M_{\max}=\frac{q\cdot l^2}{8}=\frac{12\times2.5^2}{8}=9.37\text{kN}\cdot\text{m}=937\text{kN}\cdot\text{cm}$$

$$W=0.1d^3n=0.1\times0.24\text{m}^3\times1=1382\text{cm}^3$$

$$\sigma_\text{弯}=\frac{M_{\max}}{W}=\frac{937\text{kN}\cdot\text{cm}}{1382\text{cm}^3}=0.68\text{kN/cm}^2$$

$$=6.8\text{MPa}<10\text{MPa} \qquad\text{（安全）}$$

四、地锚构造及容许拉力选用表

地锚构造及容许拉力按表 8-2 选用。

五、活动地锚

为节约资金，锚固点经常移动时，常采用活动地锚。计算简图如图 8-5。

在垂直力和水平力作用下稳定条件，取二者最小值作为活动地锚的容许抗拉力。计算式按（8-7）、（8-8）进行。

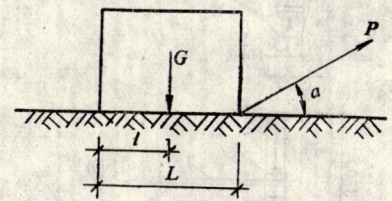

图 8-5 活动地锚计算简图

$$[P]\leqslant\frac{G\cdot l}{K\cdot L\cdot\sin\alpha}\quad(\text{kN}) \qquad(8-7)$$

$$[P]\leqslant\frac{G\cdot f}{K\cdot(\cos\alpha+\sin\alpha\cdot f)}\quad(\text{kN}) \qquad(8-8)$$

地锚选用表　　表8-2

构造示意图	容许拉力	30kN(3t)
	材料表	
	1　夯实回填土	
	2　圆横木　$l=2.5$m　$d=0.24$m	
	3　拉锚绳　$l=5$m　$d=19.5$mm	
	4　2mm厚钢板	
	容许拉力	50kN(5t)
	1　夯实回填土	
	2　圆横木3根　$l=2.5$m　$d=0.24$m	
	3　拉锚绳　$l=6$m　$d=21.5$mm	
	4　2mm厚钢板	
	8　8#铅丝	
	容许拉力	100kN(10t)
	1　夯实回填土	
	2　3根圆木　$l=3.2$m　$d=0.24$m	
	3　拉锚绳　$l=7.5$m　$d=28$mm	
	4　2mm厚钢板	
	5　压板　$b=3.2$m　$l=0.8$m　由$d=0.1$m 圆木组成	
	8　8#铅丝	

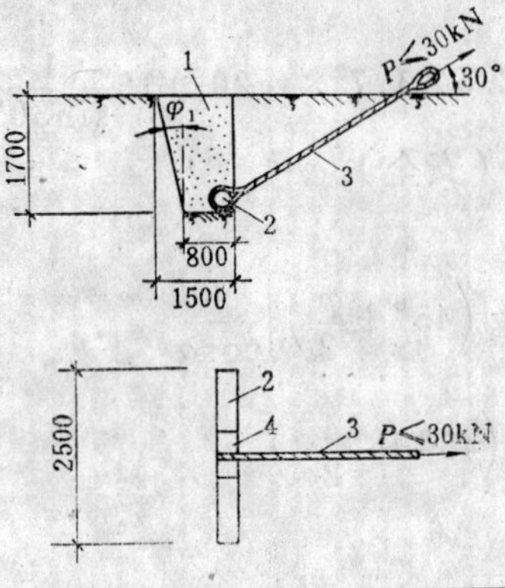

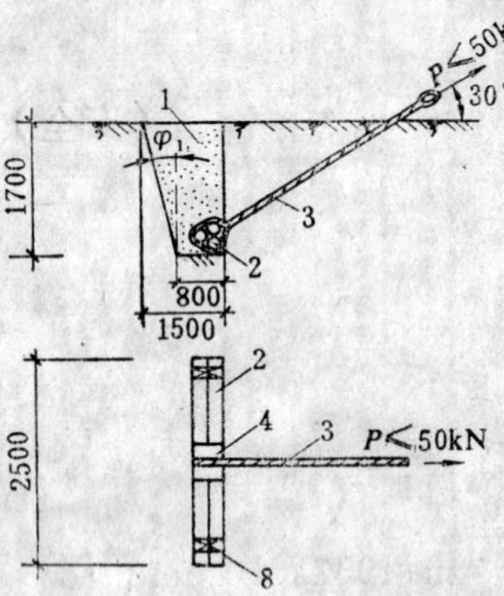

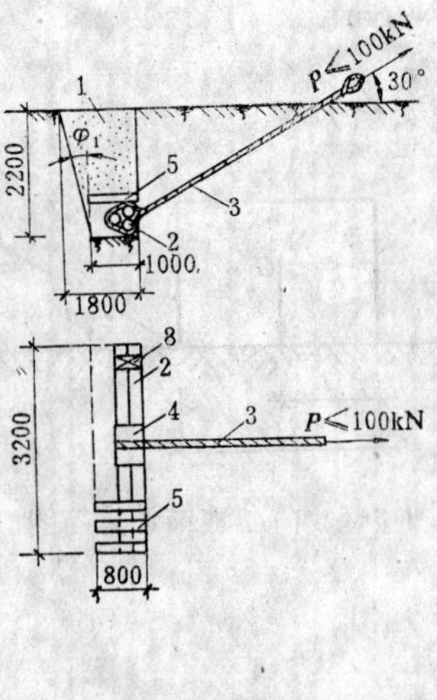

续表

构 造 示 意 图		容许拉力	150kN(15t)
	1	夯实回填土	
	2	3根横木 $l=3.2$m $d=0.24$m	
	3	拉锚绳 $l=9$m×2 $d=30$mm	
	4	2mm厚钢板	
	5	压板 $b=3.0$m $l=1.4$m 由$d=0.1$m圆木组成	
	6	柱木 $l=1.2$m $d=0.2$m	
	7	档木 $l=2.7$m $d=0.24$m	
	8	8#铅丝	
		容许拉力	200kN(20t)
	1	夯实回填土	
	2	3根圆木 $l=3.5$m $d=0.24$m	
	3	拉锚绳 2×11m $d=30$mm	
	4	2mm厚钢板	
	5	压板 由$d=0.1$m $l=1.4$m $b=3.5$m 组成	
	6	柱木4根 $l=1.2$m $d=0.2$m	
	7	档木4根 $l=3.5$m $d=0.24$m	
	8	8#铅丝	
		容许拉力	300kN(30t)
构造图参照200kN制作	1	夯实回填土	
	2	4根圆木 $l=4.0$m $d=0.24$m	
	3	拉锚绳 2×12m $d=34.5$mm	
	4	2mm厚钢板	
	5	压板由$d=0.1$m $l=1.5$m $b=4.0$m组成	
	6	柱木4根 $l=1.5$m $d=0.22$m组成	
	7	档木5根 $l=4.0$m $d=0.24$m	
	8	8#铅丝	

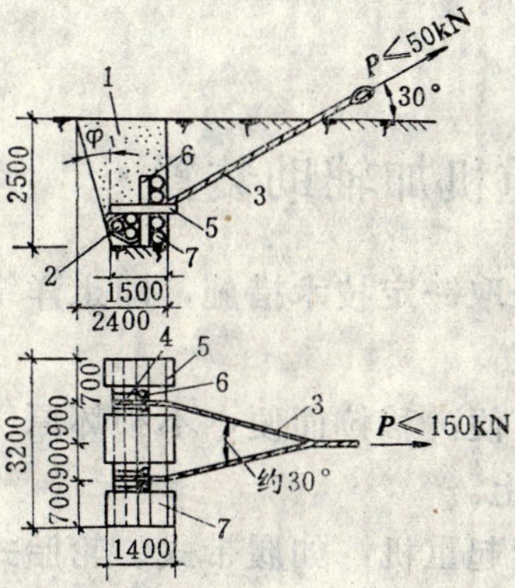

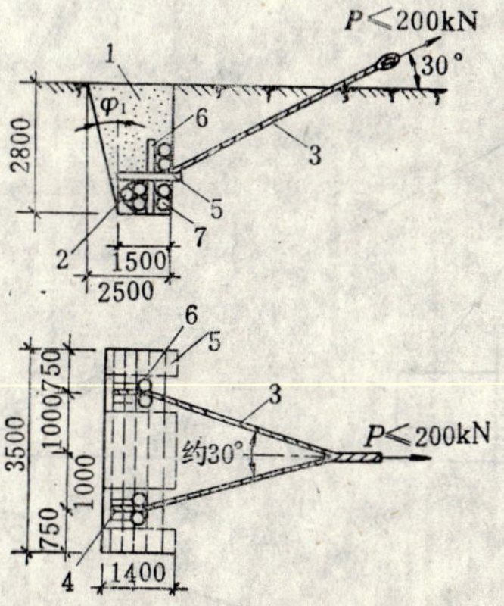

注：本表是按埋入可塑粘土计算。

式中　K——安全系数,可取2；
　　　G——活动地锚的重量(kN)；
　　　L——活动地锚的长度(m)；
　　　l——活动地锚的重心至边缘距离(m)；
　　　α——活动地锚受力方向与水平夹角(°)；
　　　f——滑动摩擦系数,$f=0.5$。

第二节　自行式起重机加辅助装置

在无法解决工程上需要的起重设备时，可采取一定技术措施，即土洋结合的办法，提高原起重机的起重能力，以满足工程上的需要。

起重机改装后，要求做到安全可靠，装拆方便，移位简便，不损坏原机。起重机改装后要进行动、静载荷试验，动力系数可取1.3以上。

起重机加辅助装置，适用吊臂为桁架式自行起重机，如履带式、轮胎式起重机。

一、起重吊臂增加牵引绳

在起重机吊臂顶端加设牵引绳的办法，方法简便，增加的设备也少，如图8-6所示。原拉臂绳不拆除，便于起重机行走时使用。吊装时，原拉臂绳应放松。

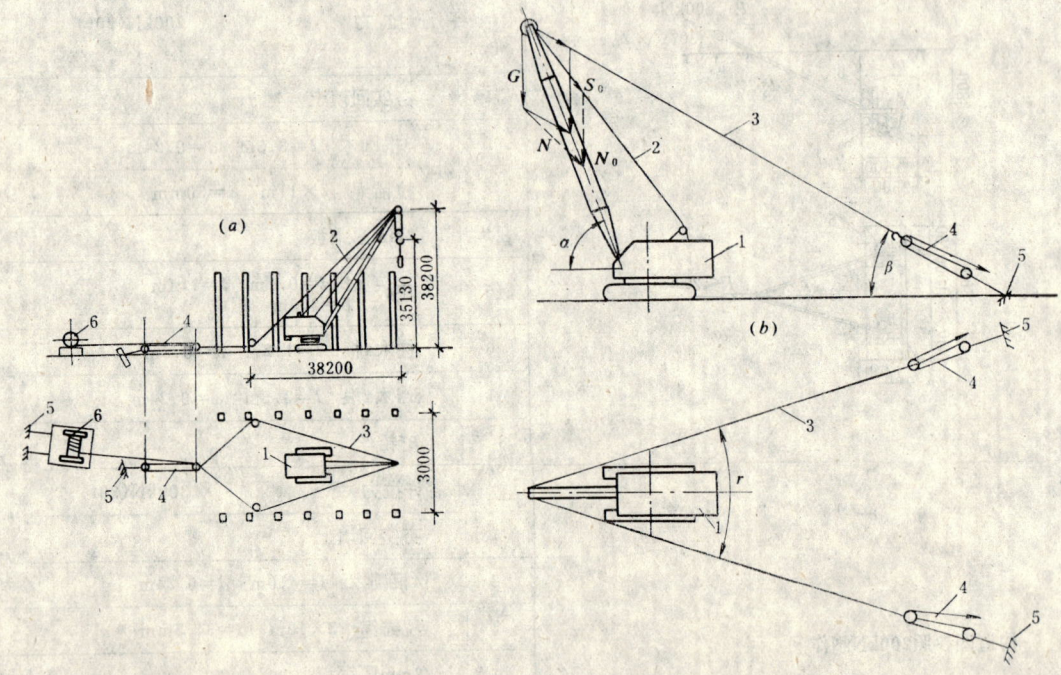

图 8-6　起重机加牵引绳示意图
1—起重机；2—原车拉臂绳；3—增加牵引绳；4—滑车组；5—锚固点；6—卷扬机

起重机吊臂上所受的力N和牵引绳的牵引拉力S，可按式（8-9）、（8-10）求得。

$$S=\frac{G \cdot \cos\alpha}{2\sin\cdot(\alpha-\beta)\cdot\cos\frac{\gamma}{2}} \tag{8-9}$$

$$N = \frac{1.1G \cdot \cos\beta}{\sin(\alpha+\beta_1)} \qquad (8-10)$$

式中　S——增加牵引绳的牵引拉力（kN）；
　　　N——作用于臂杆上的外力（kN）；
　　　β——牵引绳与地面的夹角（°）；
　　　β_1——牵引绳在通过臂杆立面上的投影角（°），$\beta_1 = \sin^{-1}\dfrac{\sin\beta}{\cos\dfrac{\gamma}{2}}$

　　　α——臂杆的倾角（°）；
　　　γ——左右两根牵引绳的平面夹角（°）；
　　　G——起吊重量（kN）。

【例】　用Э-1252履带式起重机，吊臂接长到37.5m，拉上牵引绳后成功吊装了重8.4t的钢屋架；30.5m吊臂时吊重（25t）重柱子。

二、两台起重机吊臂加设横梁的吊装方法

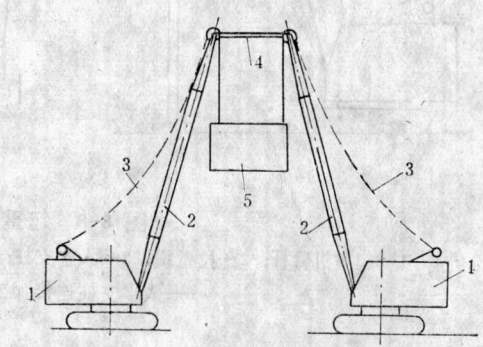

图 8-7　起重机加设横梁示意图
1—起重机；2—吊臂；3—原拉臂绳；4—横梁；5—重物

在两台起重机顶端增设横梁，如同形成两步搭型式，横梁采用形式便于安装，使用安全可靠，如图8-7所示。

使用横梁连接的起重机，在操作时要求做到：一、应将原车拉臂绳放松；二、应使两台起重机处于同一轴线上，否则会产生扭转，起重机会失去平衡，导至出事故。

起重机吊臂和横梁上的作用力，可用式（8-11）、（8-12）进行计算。

$$N = \frac{G \cdot L}{2}\sqrt{\frac{1}{L^2-a^2}} \qquad (8-11)$$

$$S = \frac{G \cdot a}{2}\sqrt{\frac{1}{L^2-a^2}} \qquad (8-12)$$

式中　N——起重机吊臂上所受的力（kN）；
　　　S——横梁上所受的力（kN）；
　　　L——吊臂长度（m）；
　　　a——吊臂距回转中心线距离（m）。

三、起重吊臂加支柱吊装方法

起重机吊臂加设支柱后，也是提高起重能力的方法之一。加设杆必须进行结构验算。吊装时，原车拉臂绳应该放松。加设杆支点必须坚实平整，如图8-8。

臂杆和支柱内所受的力N和S，可用式（8-13）、（8-14）进行计算。

$$N = \frac{G \cdot \sin\beta}{\sin(\alpha+\beta)} \qquad (8-13)$$

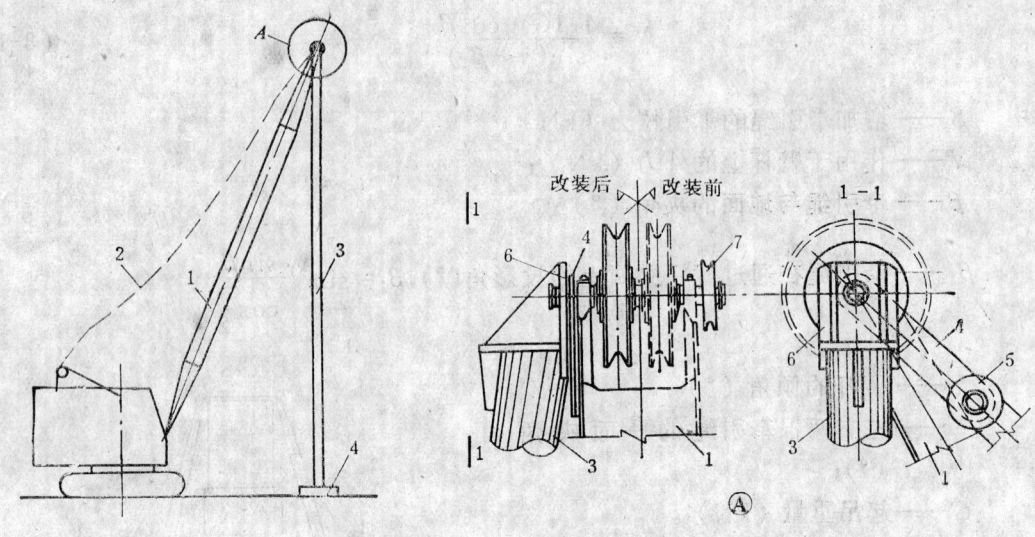

图 8-8 起重机加设人字支柱
1—起重机臂杆；2—拉臂绳；3—人字支柱；4—拉臂绳增设钢板；5—拉臂绳调整后滑轮；
6—人字支柱连接加劲板；7—原拉臂绳滑轮

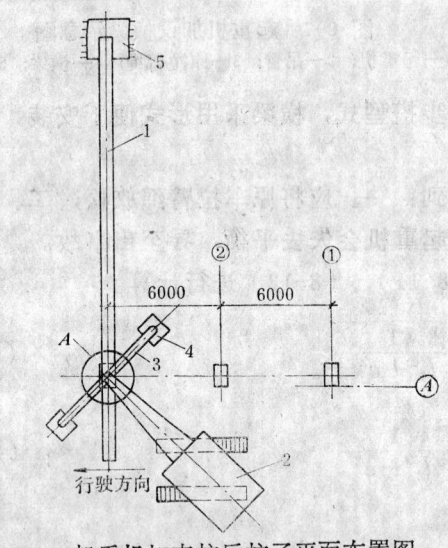

图 8-9 起重机加支柱后柱子平面布置图
1—柱子；2—起重机；3—支柱；4—支柱支垫木排；
5—排子

$$S = \frac{G \cdot \sin\alpha}{\sin(\alpha+\beta)} \qquad (8-14)$$

式中 N——吊臂上的拉力（kN）；
S——支柱上的压力（kN）；
α——臂杆与起重滑车组轴线间夹角（°）；
β——支柱与起重滑车组间的夹角（°）。

【例】 用 W—100 起重机，23m 吊臂增加 23.8m 长两根 $\phi 377\times 11$（mm）的无缝钢管，成功地吊了重 23t 长 21.5m 柱子。吊装时布置形式如图 8-9。

为防止行走时人字架摆动，可在起重机吊臂上端不影响柱子起升高度的位置，增设焊接支撑角钢，将人字架两支柱与吊臂固定在一起。柱子下脚的排子，可用木板和滚动钢管，排子的移动可用卷扬机牵引。

第三节 桥梁、渡槽"土"法吊装

桥梁、输水渡槽等工程，其特点是施工作业线较长、构件型号较单一，单件重量较重，工程所经之处要跨越河流、山谷、洼地。凡是自行式起重机吊装较困难的，可采用以下几种吊装方法。

一、龙门架法

龙门架吊装法适用于桥梁或渡槽的吊装。龙门架可采用无缝钢管或格构式钢架。图8-10所示是利用格构式钢架，架设24.8m长、78t重预应力铁路桥梁实例图，龙门架的移位用两台履带式起重机抬吊平移，并采用预架钢桥，用火车将桥梁送至吊装位置，再进行吊起、安装。

渡槽吊装，可按图8-11所示进行吊装。

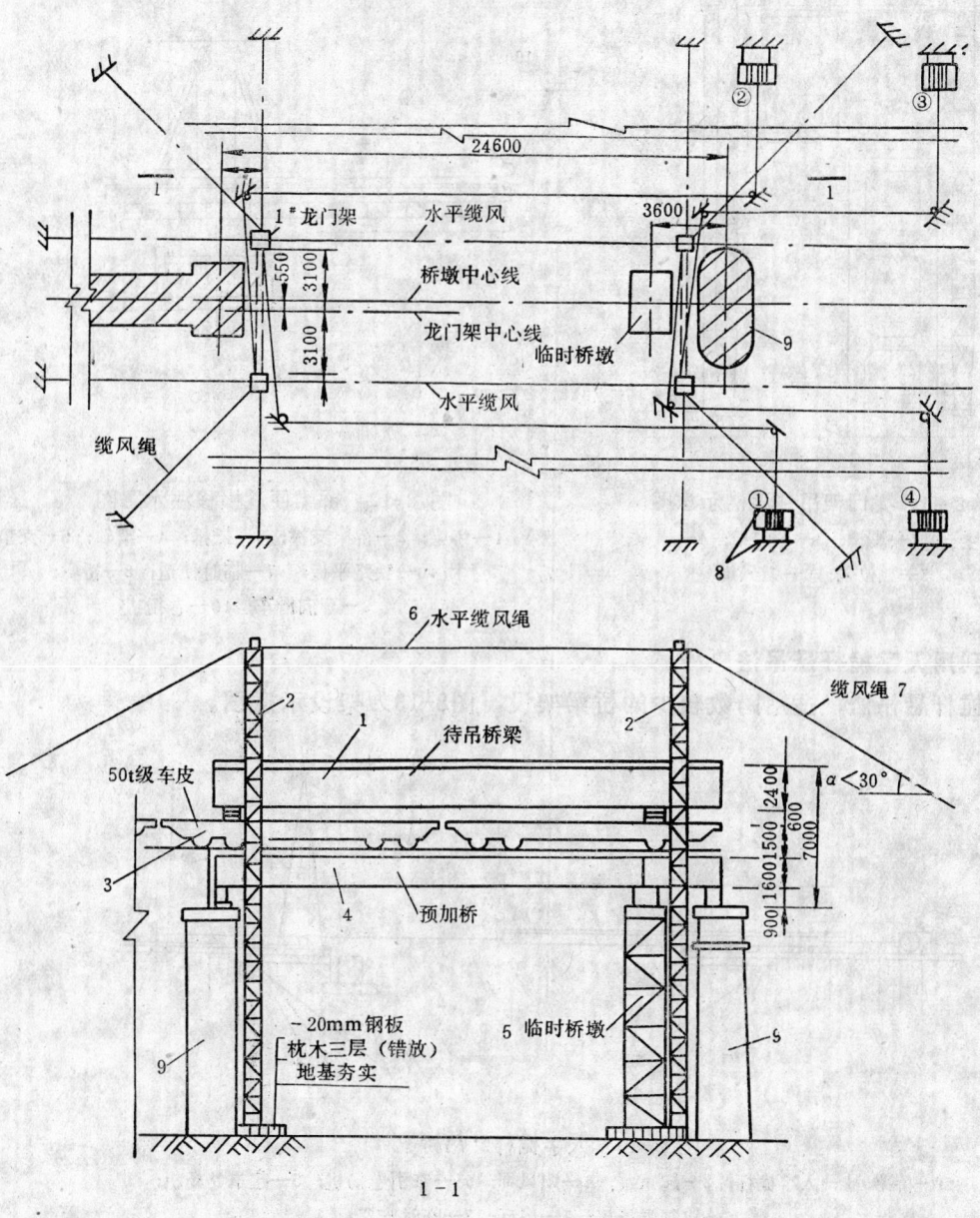

图 8-10 龙门架吊装铁路桥梁示意图
1—桥梁；2—龙门架；3—火车平板；4—预加桥；5—临时桥墩；6—水平缆风绳；
7—缆风绳；8—卷扬机；9—桥墩

二、便道横移法

便道横移法适于铁路桥梁吊装，且安装高度较低。在铁路主线旁铺设临时铁道，用火车将桥梁送至位置，再将桥梁卸在横向移动的托排上。再用倒练或卷扬机横拉到设计位置，用千斤顶将桥梁顶起，撤走托排，将桥梁就位。图8-12所示为铁路平板将桥梁运到位、并装上横向移动的托排上示意图。

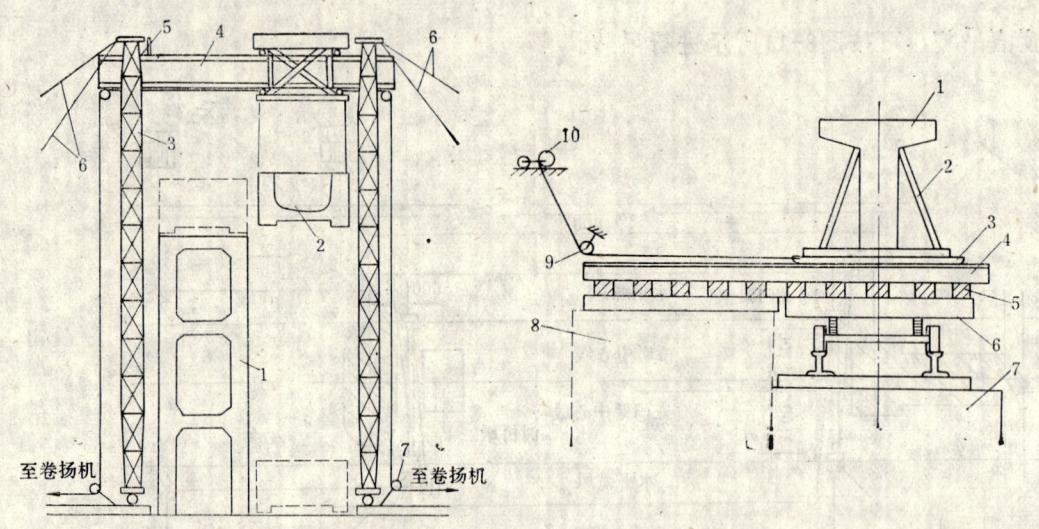

图 8-11 龙门架吊装渡槽示意图
1—柱子；2—渡槽；3—龙门架；4—横梁；
5—挡位器；6—缆风绳

图 8-12 桥梁便道横移法示意图
1—桥梁；2—桥梁支撑；3—托排；4—滑轨；5—支垫木；6—铁路平板；7—临时便道；8—桥墩；9—导向滑车；10—卷扬机

三、利用人字桅杆悬吊法

利用桅杆悬吊法，适用跨数较少的桥梁架设，图8-13为架设示意图。

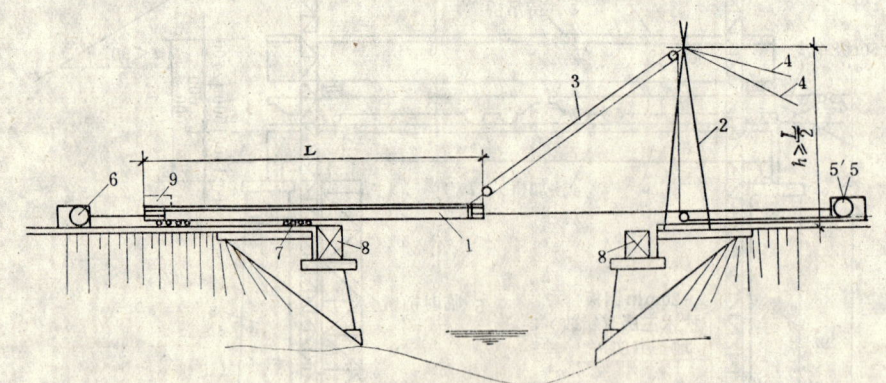

图 8-13 人字桅杆悬吊桥梁
1—桥梁；2—人字桅杆；3—起重绳；4—缆风绳；5′—牵引卷扬机；5—起重卷扬机；
6—钳制卷扬机；7—滚杠；8—临时支座

四、双人字悬臂吊臂吊装渡槽

采用双人字悬臂吊杆吊装渡槽，先用其它方法将第一孔或第二孔渡槽安装好，在此段渡槽上再组装人字桅杆，再利用人字桅杆吊装其它渡槽，如图8-14所示。湖北省襄阳石台寺渡槽（槽身长10m、宽3.5m、高3.3m，重50t）即采用此法。

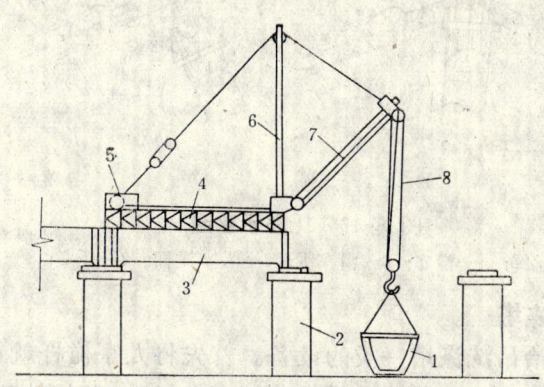

图 8-14 双人字悬臂吊杆吊装渡槽

1—渡槽；2—渡槽墩；3—已安装好的渡槽；4—K字架组装成的横梁；5—卷扬机及压重；
6—主人字架；7—斜人字架；8—起重绳

第四节 其它"土"法吊装

一、人字桅杆扳起铁塔

采用人字桅杆扳起铁塔，如图8-15所示。人字桅杆采用无缝钢管制成。吊装时，将其倾斜地骑在铁塔底部，在人字桅杆顶部设置一块托座，如图8-15（a）图所示。铁塔底部用钢丝绳栓挂在地锚上，以防止塔身滑移。当铁塔过长时，在铁塔适当部位（一般应验算其强度）挂两副倒练。为平衡两侧葫芦受力，用一滑车连通。铁塔扳起之前，先收紧葫芦，使铁塔头部抬起约1m左右，然后再正式扳起铁塔，随着铁塔的扳起，最后跑绳拉成直线，如图8-16中（b）所示，此时利用塔身扳起时挂的一副滑车组（图8-16中代号7），将人字桅杆慢慢放倒（人字桅杆座也应加固锚住，以防移位）。为防止铁塔扳起时左右幌动及在立塔时使用，在塔顶部四周应预先系好缆风绳，并随塔架起升，缆风绳也随时收紧。

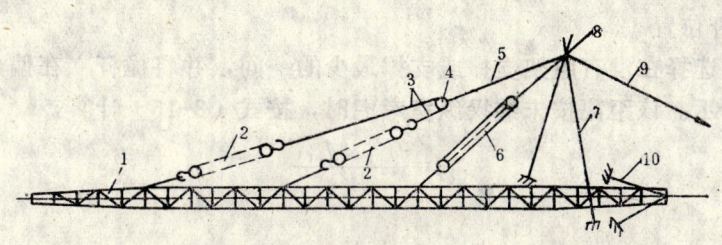

图 8-15 人字桅杆扳起铁塔示意图

1—铁塔；2—倒练；3—平衡用钢丝绳；4—滑车；5—吊索；6—滑车组；7—人字桅杆；8—托座；
9—起扳滑车绳（跑绳）；10—锚固铁塔座装置

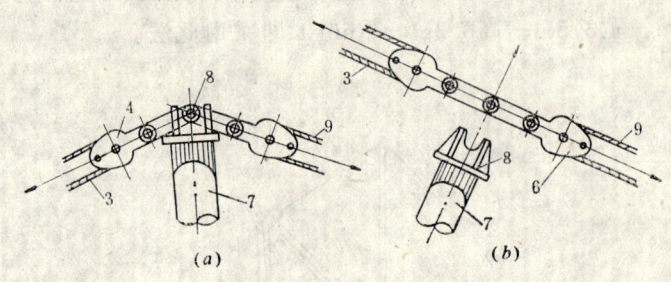

图 8-16 托座示意图

3—平衡用钢丝绳；4—滑车；6—滑车组；7—人字桅杆；8—托座；9—跑绳

二、人字桅杆抬吊洗涤塔

利用两副人字桅杆可抬吊洗涤塔一类的设备。首先将人字桅杆就位在塔座处，人字桅杆的吊钩应落在洗涤塔轴线上，再将洗涤塔用滚杠、卷扬机牵引到塔座处，使塔身绑点与人字桅杆吊钩重合，如图8-17所示。洗涤塔吊立后，撤走塔下塔木，再用葫芦、千斤顶调整准确就位。

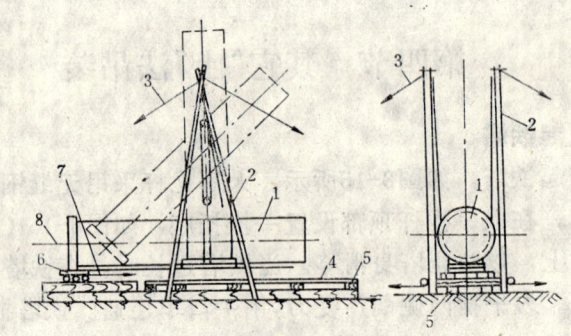

图 8-17 人字桅杆抬吊洗涤塔示意图

1—洗涤塔；2—人字桅杆；3—缆风绳；4—钢轨；5—垫木；6—滚杠座；7—牵引绳；8—控制用绳

三、桥式起重机吊装方法

桥式起重机的吊装方法有以下两种。当厂房为露天跨时，尽量采用汽车式、轮胎式起重机吊装。当厂房屋盖已安装完，则可采用桅杆土法吊装。桥式起重机吊装前一般都在地面组装好，整体吊装，以减少高空作业。

1. 确定桅杆位置

桅杆位置应选择在没有屋架支撑或支撑最少的一间，并将桅杆立在偏离跨中线一段距离，如图8-18所示。该距离按未装操纵室考虑时，按式（8-15）计算。

$$a = \frac{W_2 \times L_1}{W_1} \tag{8-15}$$

式中　　a——桅杆中心线至车间跨度中心（即桥式起重机的中心，也可以认为是桥式起重机的重心）距离（m），如图8-19；

　　　　L_1——桅杆中心线至小车重心（可认为是小车的中心）间的距离。小车中心等数据参阅桥式起重机说明书（m）；
W_1——大梁重量（参阅起重机说明书）（t）；
W_2——小梁重量（参阅起重机说明书）（t）。

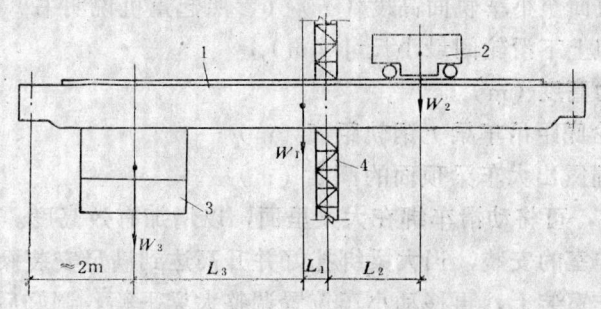

图 8-18 求桅杆位置计算简图

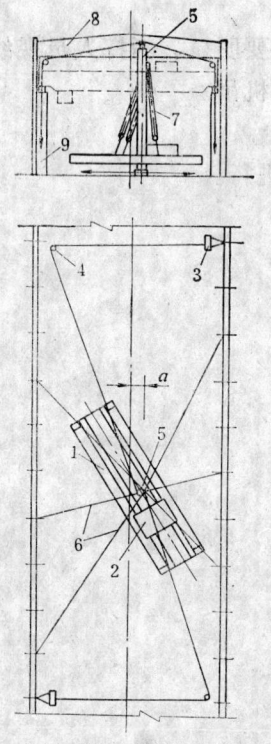

图 8-19 确定桅杆位置平面示意图
1—桥式起重机大梁；2—小车；3—卷扬机；4—导向滑车；5—桅杆吊；6—缆风绳；7—滑车组；8—屋架；9—柱子

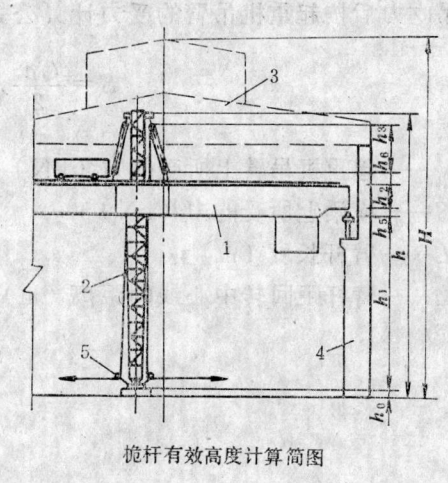

桅杆有效高度计算简图

图 8-20 求桅杆有效高度计算简图
1—桥式起重机；2—桅杆式起重机；3—屋架及天窗；4—柱子

桅杆的底座地面应夯实、平整，铺设交错两层以上道木，必要时可加铺钢轨或钢板。

2. 确定桅杆长度

桅杆长度包括：大梁轨面标高；大梁轨面至屋架下弦距离；屋架高度之和；自然地坪标高（当地面已做到±0.00标高时；则不加此高度）；再减去桅杆座垫层厚度。桅杆有效高度计算如图8-20所示，计算公式按式(8-16)进行。

$$h_6 = h + h_2 - h_1 - h_2 - h_3 - h_4 - h_5 \quad (8\text{-}16)$$

式中　h——桅杆有效高度（m）；

　　　h_1——大梁轨面标高（m）；

　　　h_2——大梁轨面至小车轨面高度（m）（参照起重机说明书）；

　　　h_3——滑车组上下滑轮间最小尺寸（m）；

　　　h_4——卡环的高度（m）；

　　　h_5——大梁轮底距吊车梁上钢轨距离（m）；

　　　h_6——绑扎绳露出大车梁顶面的高度（m）。

h_6如计算出负值，可将动滑车绑在大梁里面，以增加有效高度。

桥式起重机操作室的安装，当大梁绑扎好并升高达到满足安装操作室高度后，用道木垫住大梁，再将操作室装上，再移动小车位置调整大梁平衡。调好后将小车锁定，再整体检查一遍无误后，就可以起吊。

3．桥式起重机吊装其它事项

（1）应该考虑桥式起重机在空中如何转向就位。

（2）桅杆顶部要拉四根以上的缆风绳，卷扬机位置要明显、指挥人员视线要清楚。

（3）桅杆起重机竖立用"土法"或其它自行式起重机吊。

（4）桅杆拆卸利用大梁，采用倒拆法。

起吊吃力后按起重机吊臂的受力计算公式（8-17）进行。

$$S = \frac{Ga}{2} \sqrt{\frac{1}{L^2 - a^2}} \quad (8\text{-}17)$$

式中　N——起重机吊臂上所受的力（kN）；

　　　S——横梁上所受的力（kN）；

　　　L——臂杆长度（m）；

　　　a——臂杆距回转中心线的距离（m）。

第九章 结构吊装中的一般计算

第一节 起重机臂长选择

在结构吊装中,要将构件安装至设计位置,必须选用合理长度的吊臂。吊臂短,起重量大,构件安装不到位置;吊臂长,起重量又将减少。臂长、有效高度、起重量是选择起重机的三大因素,三者之间相互联系,相互制约。

选择起重机臂长的方法有以下三种,这些方法对于桁架式接长臂,可以提前计算长度、做好施工准备。对伸缩臂起重机可以根据应吊构件的位置自行伸长。

一、图解法

作图法求吊臂长度比较直观,但要有一定的绘图基础。作图的原理是将吊装时情形,按一定比例画出,便可求出起重机臂长多少。再根据臂长、有效高度是否能满足吊装构件重量的要求。各方面都满足了,吊臂的长度便确定了。作图步骤如下(以单层工业厂房为例):

(1)画出车间的纵向剖面图。如图9-1;

(2)取间距的二分之一,画一条垂线 $V-V$;

(3)画出水平线 $H-H$,$H-H$ 离地面(自然地坪)距离等于吊臂下铰接点(即吊臂下端与机身的连接点);

(4)以屋面板上角 C 点作圆、其半径等于吊臂截面的一半加20cm;

(5)作圆的外切线 AB,A 点相交于 $H-H$ 线,B 点相交于 $V-V$ 线,调整此切线,取最小值,AB 线段即为所需吊臂长度。回转中心 O 至 $V-V$ 的水平距离即为工作半径 R;

(6)知道吊臂长度及工作半径,查一下该机的起重性能表,若吊臂的起重量能满足所吊构件重量,就可以确定吊臂长度。

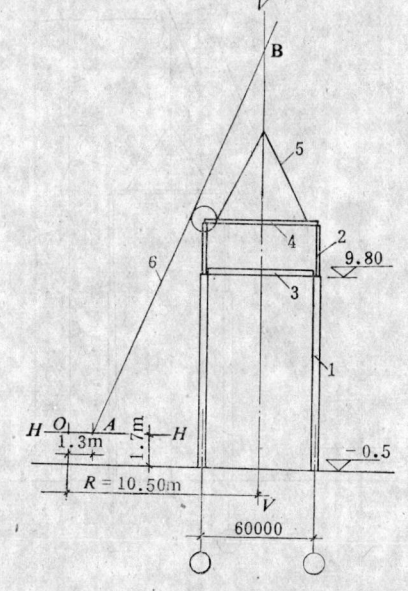

图 9-1 图解法求吊臂长度
1—柱子;2—屋架;3—钢筋混凝土系杆;4—屋面板;
5—吊索;6—吊臂轴线

如果有副臂(也称鹅头)的起重机,可装上副臂,减少主臂的长度,这时可使用主臂吊钩吊装屋架、副钩同时将屋脊处支撑吊装,这样可以加快吊装速度。

【例9-1】 车间跨度为18m、6m间距,自然地坪标高-0.5m,柱顶标高9.8m,屋架重6.8t,脊高2.8m,屋面板厚0.2m,重1.3t。试选择起重机型号及吊臂长度。

(1) 求出大型屋面板的安装高度。
$$h = 0.5 + 9.8 + 2.8 + 0.2 = 13.3 \text{m}$$
(2) 按比例画出剖面图，如图9-1。
(3) 作$V-V$线。
(4) 初步选用W—100型履带式起重机，查表，其下铰点距离地面$E = 1.7$m，以此作水平线$H-H$。
(5) 以c点为圆心，以半径0.6m（W—100吊臂截面尺寸为0.8m×0.8m，0.2m板厚）作圆。
(6) 作c点圆的切线，下交$H-H$于A点，上交$V-V$线的B点。用同样比例尺量AB线等于23m，此时工作半径为10.3m。
(7) 查表，当臂长23m、工作半径等于6.5m，有效高度为20.5m，满足吊装屋架的要求。

吊装屋面板时工作半径为10.3m，此时起重量为3.6t，也能满足吊装两块屋面板要求。所以，此车间吊装可选用W—100型起重机，臂长接为23m。

二、数解法（也称解析法）

用数解法计算吊臂长度，利用三角函数求解的方法。图9-2为计算图式。

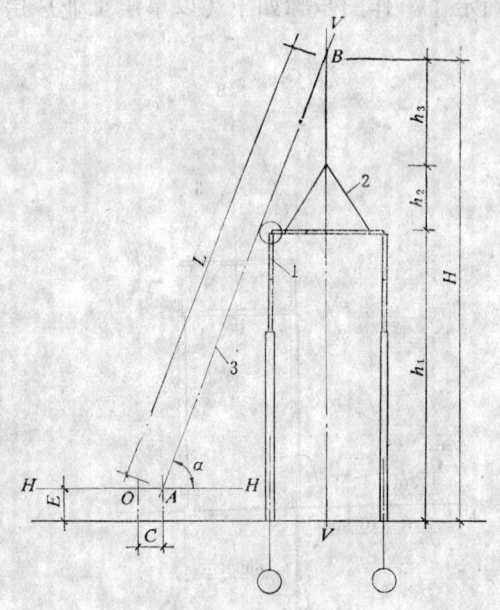

图中代表：
h_1——自然地坪至最高处构件安装位置（m）；
h_2——吊索高度（m），吊索与板夹角取$\beta \leqslant 60°$；
h_3——吊钩至吊臂顶滑轮中心高，一般可取5～6m（m）；
H——地面至顶滑轮总高度（m）；
L——吊臂需用长（m）；
α——吊装屋面板时吊臂角度。一般取65°～70°；
E——吊臂下铰点距地面高（m）；
C——吊臂下铰点至起重机回转中心距离（m）；
R——工作半径（m）。

图 9-2 数解法求吊臂长计算简图
1—建筑物外形；2—吊索；3—吊臂轴线

吊臂长

$$L = \frac{H - E}{\sin \alpha} \tag{9-1}$$

【例9-2】 以例9-1的数据，用数解法求吊臂长度？

【解】

已知：$h_1 = 9.8 + 2.8 + 0.2 + 0.5 = 13.3 \text{m}$

$h_2 = 4.3 \text{m}$（以60°计）$h_3 = 5\text{m}$；$\alpha = 70°$，

起重机仍选 W—100型 则 $E = 1.7\text{m}$ $C = 1.3\text{m}$

$$H = h_1 + h_2 + h_3 + E = 13.3 + 4.3 + 5 + 1.7 = 24.3\text{m}$$

$$L = \frac{H - E}{\sin\alpha} = \frac{24.3 - 1.7}{\sin 70°} = 24\text{m}$$

$$R = \frac{24.3 - 1.7}{\text{tg}70°} + 1.3 = 9.5\text{m}$$

以上求出的吊臂长及工作半径基本符合作图法求出的臂长。

三、估算法求吊臂长度

计算吊臂长度第三种方法为估算法。估算法精度没有数解法、图解法准确、直观。但在施工现场应用较方便，所以也很受工人欢迎。估算法有两种形式表达：

1. 吊臂长度估算法之一（适用6m间距）

$$L = h_1 + K \qquad (9-2)$$

式中　L——吊臂长（m）；

　　　h_1——自然地坪至最高构件安装高度（m）；

　　　K——系数，取8～10。

2. 吊臂长估算法之二，图9-3所示。

图中　L——吊臂长度（m）；

　　　h_1——自然地坪至最高构件安装高度（m）；

　　　a——吊钩（构件安装）中心至建筑物外表距离（m）。

$$L = K(h_1 + a) \qquad (9-3)$$

式中　K——修正系数，取1.3～1.4。

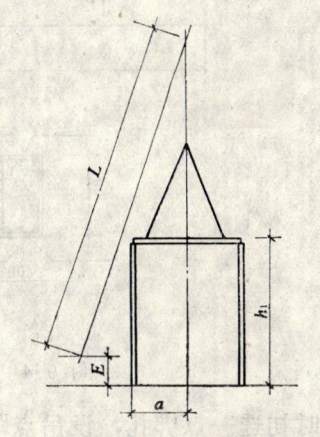

图 9-3　吊臂长度估算简图

【例9-3】 仍以〔例9-1〕为例，估算吊臂长度。

【解】

已知：$h_1 = 13.3\text{m}$，$a = 3\text{m}$，取 $K = 1.4$

则　　　$L = K(h_1 + a) = 1.4(13.3 + 3) = 22.82\text{m}$

数值基本接近图解法和数解法求出的臂长。

不论是用图解法、数解法、估算法求出的臂长，不一定符合吊臂的接长数（伸缩臂例外），然后根据起重机实有接长数，取一个比较接近的吊臂长度，再核对起重量和吊钩有效高度。当选用的臂长不能满足起重量和有效高时，处理办法有以下几种：

（1）改选用其它型号起重机。

（2）有副臂（也称鹅头）的起重机，接长副臂，用主臂吊屋架之类重构件，副臂吊装板类构件。

(3) 适当增加配重（不适宜伸缩臂类起重机）。

(4) 改用土洋结合的办法施工。

第二节 构件吊点校核

一、钢筋混凝土柱的吊点验算

现以一根抗风柱为例，试选择吊点，并校核其强度和抗裂缝验算。抗风柱的各部分尺寸及配筋如图9-4所示。

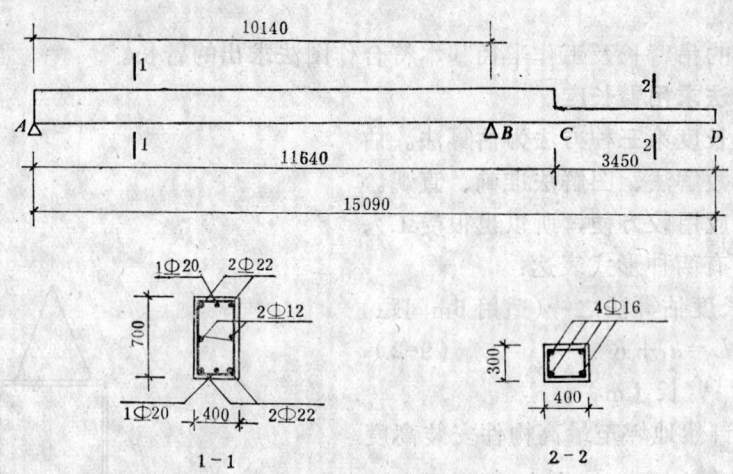

图 9-4 抗风柱外形尺寸及配筋图

吊装时初选一点绑扎，设吊点距柱脚10140mm，如图9-4所示。

1. 荷载计算

柱重：$Q=(11.64\times0.7\times0.4+3.45\times0.3\times0.4)\times24.5=90$ kN

线荷载：AC段为q_1；CD段为q_2。

$$q_1=0.7\times0.4\times24.5=6.86 \text{kN/m}$$
$$q_2=0.3\times0.4\times24.5=2.94 \text{kN/m}$$

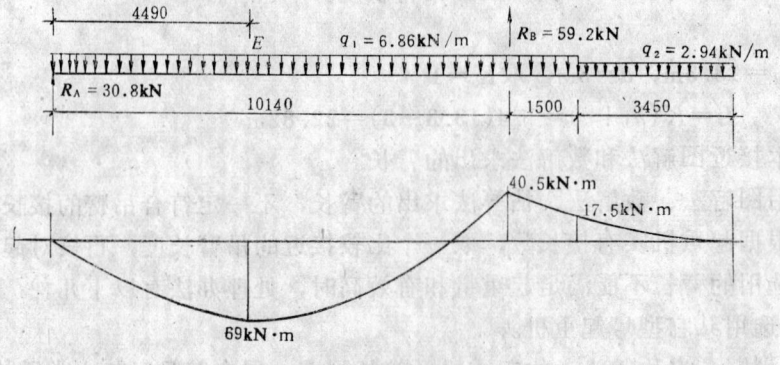

图 9-5 计算简图及弯矩图

2. 建立计算简图

如图9-5。

3. 求支点A及B的反力

设柱子初吊时A、B两点受力，则：

$\Sigma M_A = 0$

$-R_B \times 10.14 + 6.86 \times 11.64 \times 5.82 + 2.94 \times 3.45 \times 13.365$
$= 59.2 \text{kN}$

$R_A = (6.86 \times 11.64 + 2.94 \times 3.45) - 59.2 = 30.8 \text{kN}$

4. 计算各点弯矩

$$M_B = -2.94 \times 3.45 \times \left(1.5 + \frac{3.45}{2}\right) - 6.86 \times 1.5^2 \times \frac{1}{2} = 40.5 \text{kN·m}$$

$$M_C = -2.94 \times 3.45^2 \times \frac{1}{2} = 17.5 \text{kN·m}$$

A、B间最大弯矩处，设距柱脚为x，则：

$$x = \frac{30.77}{6.86} = 4.49 \text{m}$$

$$M_E = 30.77 \times 4.49 - 6.86 \times \frac{4.49^2}{2} = 69 \text{kN·m}$$

将计算出的各点弯矩，绘制在图9-5下，即该柱的弯矩图。

5. 抗弯强度验算

为增强抗弯能力，设柱子翻身后，小面向上。

查表10-75　　　　钢筋设计强度 $f_y = 310 \text{MPa}$

1Φ22　　　　　　$A_s = 3.8 \text{cm}^2$

1Φ20　　　　　　$A_s = 3.14 \text{cm}^2$

强度验算按GBJ10-89规范计算。从弯矩计算知，最大弯矩处距柱脚4.49m，其弯矩为69kN·m，若该处抗弯强度满足了，则其它处抗弯能力必定满足。

$$M_E = f_y A_s (h_0 - a_g') = 310 \times (3.8 \times 2 + 3.14) \times (66.5 - 3.5)$$
$$= 209.12 \text{kN·m}$$

$$K = \frac{209.12}{1.5 \times 69} = 2.02 > 1.26 \quad \text{（安全）}$$

1.5——动力系数。

变截面C处：　　1Φ16　　$A_s = 3.14 \text{cm}^2$

$$M_C = 310 \times 3.14 \times 2 \times (26.5 - 3.5) = 44.8 \text{kN·m}$$

$$K = \frac{44.8}{1.5 \times 17.5} = 1.71 > 1.26 \quad \text{（安全）}$$

6. 裂缝宽度验算

裂缝宽度验算较为复杂，现以控制钢筋应力的办法来控制混凝土的裂缝。一般构件计算所得钢筋应力f_y为下列数值时，可以认为满足裂缝宽度要求。计算公式按GBJ10-89规范。

光面钢筋

$$f_y \leqslant 190\mathrm{MPa}$$

截面E处:

$$f_y = \frac{M}{0.87Ash_0} = \frac{6900000}{0.87\times(3.8\times2+3.14)\times66.5} = 111.04 < 190\mathrm{MPa}$$

截面C处:

$$f_y = \frac{1750000}{0.87\times3.14\times2\times26.5} = 120.8 < 190\mathrm{MPa}$$

经验算,E、C两处抗裂度均满足。所以当吊点距柱脚10.14m处一点绑扎,立放起吊,均满足吊装要求。

若经验算不能满足吊装要求时,则可采取移动吊点,改变为两点绑扎,在吊点处增设配筋等技术措施来满足吊装要求。

二、屋架翻身扶直时绑扎点强度校核

由于屋架种类较多,这里只例举常用屋架做为计算例子。

1. 钢筋混凝土屋架翻身扶直时验算步骤:

(1) 绘出屋架的几何尺寸及配筋图,并对上下弦各段及腹杆进行编号,计算各杆件自重。

(2) 根据吊装时绑扎情形,求出吊索受力。

(3) 建立计算简图,三角形屋架上弦可简化为简支梁计算。

荷载计算假设:

上弦自重可按均布荷载计算;各腹杆自重的一半作为集中荷载并作用在节点处,绑扎

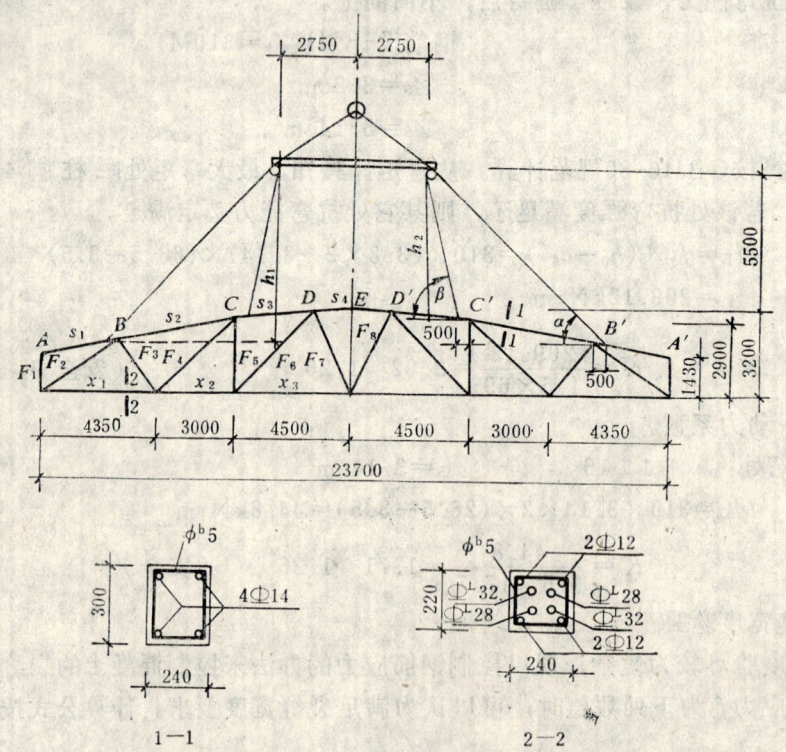

图 9-6 YWJA—24—4屋架几何尺及配筋图
1—起重机吊钩;2—铁扁担;3—滑轮;4—上吊索;5—绑扎绳

钢丝绳的垂直分力作用在绑扎点处。

（4）求出支座反力，并计算各点的弯矩值，绘出弯矩图。

（5）验算上弦最大弯矩处的抗弯强度和控制混凝土裂缝宽度。

现以YWJA—24—4（G415（三））预应力折线形屋架为例，试核算扶直时的强度。

1）YWJA—24—4预应力屋架几何尺寸及上下弦配筋图，如图9-6所示，自重计算见表9-1，节点荷载见表9-2。

自 重 计 算 表　　　　　　　　　表 9-1

杆件编号	几何尺寸（高×宽×长）（m）	体积（m³）	重量（kN）
S_1	0.3×0.24×2.906	0.209	5.12
S_2	0.3×0.24×4.589	0.33	8.09
S_3	0.3×0.24×3.007	0.217	5.3
S_4	0.3×0.24×1.503	0.108	2.65
F_1	0.12×0.24×1.43	0.041	1.00
F_2	0.24×0.24×3.482	0.2	4.9
F_3	0.14×0.12×2.50	0.042	1.03
F_4	0.14×0.12×4.172	0.07	1.72
F_5	0.14×0.12×2.90	0.049	1.2
F_6	0.14×0.12×4.314	0.072	1.76
F_7	0.14×0.12×3.444	0.058	1.42
F_8	0.14×0.12×3.20	0.054	1.32
x_1	0.22×0.24×4.35	0.23	5.63
x_2	0.22×0.24×3.00	0.158	3.87
x_3	0.22×0.24×4.50	0.238	5.83
合计		2.076	50.84

节 点 荷 载 表　　　　　　　　　表 9-2

节点编号	杆 件 组 合	节点荷重（kN）
$A=A'$	$(5.12+1.0)\times\frac{1}{2}$	3.06
$B=B'$	$(5.12+8.09+4.9+1.03)\times\frac{1}{2}$	9.58
$C=C'$	$(8.09+5.3+1.72+1.2)\times\frac{1}{2}$	8.16
$D=C'$	$(5.3+2.65+1.76+1.42)\times\frac{1}{2}$	5.57
E	$2.65\times\frac{1}{2}+1.32\times\frac{1}{2}$	1.66

整榀屋架重　　　$50.84\times2\approx102$kN

2）以屋架扶直时绑扎情形，求吊索拉力P。

为降低起重高度和保证吊索夹角不小于45°，增加铁扁担一根（本例长5.5m）如图9-6。

设B点吊索与水平夹角$\alpha=45°$，

则　　　　　　　　　$h_1=9.5-2.75=6.75$m

$$h_2 = 8.7 - 2.95 = 5.75 \text{m}$$

求 β $\qquad \text{tg}\beta = \dfrac{5.75}{4.5-0.5-2.75} = 4.6 \qquad \beta = 77°44'06''$

$$\sin 77°44'06'' = 0.9772 \qquad \sin 45° = 0.7071$$

求吊索的垂直分力 P。假设以下弦为力矩中心，建立平衡方程式：

$$P\sin 45° \times 1.95 + P\sin 77°44'06'' \times 2.95$$
$$= 3.06 \times 1.43 + 9.58 \times 2 + 8.16 \times 2.9 + 5.57 \times 3.1 + 1.66 \times 3.2$$
$$P = \dfrac{69.78}{4.262} = 16.37 \text{kN}$$
$$P_1 = 16.37 \times \sin 45° = 11.58 \text{kN}$$
$$P_2 = 16.37 \times \sin 77°44'06'' = 16 \text{kN}$$

3) 建立计算简图，计算弯矩

为简化计算，假设上弦为简支梁，作用在梁上荷载有上弦自重、腹杆自重、吊索垂直分力。图9-7为计算简图及弯矩图。各点弯矩计算如下：

$$\Sigma M_{A_1} = -0.5 \times 2.4 - \dfrac{1}{2} \times 1.764 \times 2.4^2 = 6.28 \text{kN} \cdot \text{m}$$

$$\Sigma M_B = -0.5 \times 2.9 - \dfrac{1}{2} \times 1.764 \times 2.9^2 + 11.58 \times 0.5 = -3.08 \text{kN} \cdot \text{m}$$

$$\Sigma M_C = -0.5 \times 7.5 - 2.97 \times 4.6 - \dfrac{1}{2} \times 1.764 \times 7.5^2 + 11.58 \times 5.1 = -7.97 \text{kN} \cdot \text{m}$$

B—C 间弯矩最大处：设为 x 长

$$x = \dfrac{11.58 - 0.5 - 2.97}{1.764} = 4.6 \text{m}$$

$$\Sigma M_{4.6} = -0.5 \times 4.6 - \dfrac{1}{2} \times 1.764 \times 4.6^2 - 2.97 \times 1.7 + 11.58 \times 2.2$$
$$= -0.54 \text{kN} \cdot \text{m}$$

$$\Sigma M_{C_1} = -0.5 \times 8 - 2.97 \times 5.1 - 1.46 \times 0.5 + 11.58 \times 5.6 - \dfrac{1}{2}$$
$$\times 1.764 \times 8^2 = -11.48 \text{kN} \cdot \text{m}$$

$$\Sigma M_D = -0.5 \times 10.5 - 2.97 \times 7.6 - 1.46 \times 3 - \dfrac{1}{2} \times 1.764$$
$$\times 10.5^2 + 11.58 \times 8.1 + 16 \times 2.5 = 4.36 \text{kN} \cdot \text{m}$$

$$\Sigma M_E = -0.5 \times 12 - 2.97 \times 9.1 - 1.46 \times 4.5 - \dfrac{1}{2} \times 1.764 \times 12^2$$
$$+ 11.58 \times 9.6 + 16 \times 4 = 8.56 \text{kN} \cdot \text{m}$$

4) 验算屋架上弦出平面的抗弯强度

根据图9-6中 YWJA—24—4 屋架上弦配筋图得知

$$1 \phi 14 \qquad A_s = 1.54 \text{cm}^2$$
$$M = f_y \cdot A_s (h_0 - a_g') = 310 \times 3.08 (22-2)$$
$$= 19.1 \text{kN} \cdot \text{m}$$
$$K = \dfrac{19.1}{1.3 \times 11.48} = 1.28 > 1.26 \qquad \text{（安全）}$$

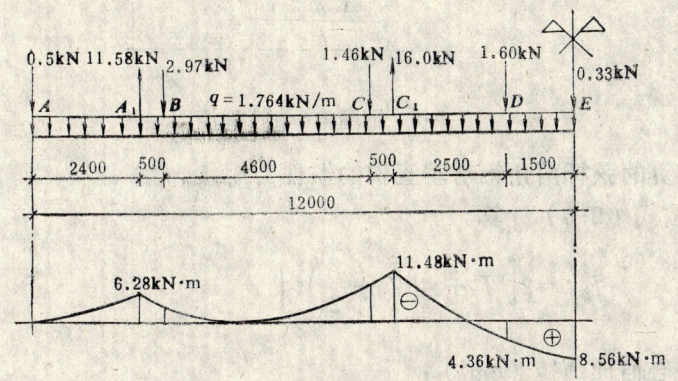

图 9-7 计算简图及弯矩图

计算强度满足。再验算裂缝宽度是否符合要求。

$$f_y = \frac{M}{0.87 \times A_s h_0} = \frac{1148000}{0.87 \times 4.62 \times 22} = 129.8 < 196 \text{MPa}$$

抗裂缝也满足要求。

至此，YWJA—24—4预应力屋架选择A_1、A_1'、C_1、C_1'四点绑扎翻身扶直是安全的。

2. 钢屋架的吊点选择

当吊装上下弦互相平行的桁架或上弦斜度在1/10～1/12以内的梯形屋架时，如果用于上下弦的角钢尺寸不小于表9-3内所列值，则不论在任何点绑扎，屋架在承受作用于其平面内的纵向弯曲时均可保持稳定。

保证钢屋架稳定性的弦杆最小截面　　　　表 9-3

跨度（m）	12	15	18	21	24	27	30
上弦杆	90×60×8	100×75×8	100×75×8	120×80×8	120×80×8	150×100×12 / 120×80×12	200×120×12 / 180×90×12
下弦杆	65×6	75×8	90×8	90×8	120×80×8	120×80×10	150×100×10

注：表内分数形式，表示弦杆为不同截面。

如果弦杆截面不符合表9-3规定，必须要通过计算选择适当的吊点位置，以保证屋架吊装时的稳定性。

（1）当弦杆截面沿跨度方向无变化时。即上弦、下弦为均一截面，如能符合式(9-4)不等式规定，则其稳定性仍能得以保证。

$$q \cdot K_A \leq I_{弦杆} \qquad (9-4)$$

式中　q——屋架折算后的线荷载（N/m）；

K_A——系数，其值视$\alpha = \frac{l}{L}$的大小确定。

计算简图如图9-8所示。对于上弦值K_A则采用表9-4值，对于下弦K_A则采用表9-5值。

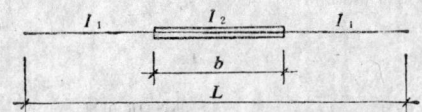

图 9-8 钢屋架α值计算简图

$I_{弦杆}$——所验算的弦杆两角钢对垂直轴的惯性力矩（cm^4）。

等边角钢可按式（9-5）计算。

$$I_{弦杆}=2\left[I_x+A\left(Z_0+\frac{\delta}{2}\right)^2\right] \tag{9-5}$$

式中 $I_{弦杆}$——组合惯性力矩（cm^4）；

I_x——绕x轴的惯性力矩（cm^4）；

A——角钢面积（cm^2）；

δ——加劲板厚度（cm）；

Z_0——重心距离（cm）。

用于上弦的系数K_A值表 表 9-4

$a=\dfrac{l}{L}$	屋架跨度（L）(m)						
	12	15	18	21	24	27	30
0	0.422	0.740	1.450	2.230	3.260	4.880	7.450
0.2	0.414	0.726	1.420	2.190	3.210	4.800	7.320
0.3	0.386	0.678	1.330	2.040	3.000	4.480	6.840
0.4	0.331	0.581	1.140	1.750	2.570	3.840	5.860
0.5	0.235	0.412	0.810	1.240	1.820	2.720	4.150
0.6	0.111	0.194	0.380	0.584	0.858	1.280	1.950
0.65	0.028	0.049	0.096	0.156	0.214	0.320	0.490

用于下弦的系数K_A值表 表 9-5

$a=\dfrac{l}{L}$	屋架跨度 L(m)						
	12	15	18	21	24	27	30
0.7	0.07	0.121	0.238	0.370	0.54	0.80	1.22
0.72	0.138	0.242	0.475	0.730	1.07	1.60	2.44
0.75	0.290	0.51	1.00	1.54	2.25	3.36	5.12
0.80	0.51	0.895	0.76	2.70	3.96	5.92	9.03
0.84	0.69	1.210	2.38	3.65	5.35	8.00	12.20
0.87	0.827	1.450	2.85	4.38	6.43	9.60	14.70
0.90	0.94	1.66	3.23	4.96	7.28	10.90	16.60
0.95	1.110	1.94	3.80	5.85	8.56	12.80	19.50
1.00	1.330	2.320	4.56	7.00	10.30	15.40	23.40

（2）当弦杆的截面沿跨度方向不一致时（如图9-9所示），若能符合式（9-6），则屋架的稳定性仍可以得到保证。

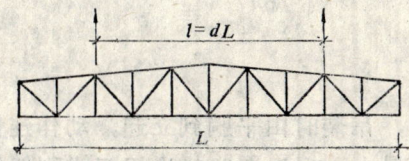

图 9-9　弦杆截面不一示意图

$$q_{\varphi_1} \cdot K_A \leqslant I_1 \varphi_1 \tag{9-6}$$

式中　q_{φ_1}——钢屋架每米重量（N/m）；

　　　K_A——系数；

　　　I_1——截面较小的两个角钢对垂直轴的惯性力矩（cm⁴）；

　　　φ_1——计算惯性力矩变化情况的系数，其值可根据下式，并按表9-6来确定。

系　数　φ_1　值　表　　　　表 9-6

$\mu=\dfrac{I_2}{I_1}$	$\eta=\dfrac{b}{L}$							
	0.1	0.2	0.3	0.4	0.5	0.6	0.7	0.8
1.2	1.04	1.10	1.11	1.14	1.16	1.18	1.19	1.20
1.4	1.08	1.17	1.22	1.28	1.33	1.36	1.38	1.39
1.6	1.12	1.25	1.34	1.42	1.49	1.54	1.57	1.59
1.8	1.16	1.33	1.45	1.56	1.65	1.72	1.77	1.79
2.0	1.20	1.39	1.56	1.70	1.82	1.90	1.96	1.99
2.2	1.24	1.46	1.67	1.84	1.99	2.08	2.15	2.18
2.4	1.28	1.54	1.78	1.98	2.15	2.26	2.34	2.38
2.6	1.32	1.63	1.89	2.12	2.31	2.44	2.53	2.58

$$\mu=\frac{I_2}{I_1} \quad 与 \quad \eta=\frac{b}{L}$$

式中　I_2——截面较大角钢对垂直轴的惯性力矩（cm⁴）；

　　　b——弦杆截面较大一段的长度（m）（图9-9）。

不能满足上述要求时，需要加固。否则在吊装时引起变形，失去稳定性。一般加固的方法，用圆木杉杆绑于屋架侧。加固时要保证圆木与屋架紧密成一体，共同受力。在验算稳定性时，应采用式（9-7）求出换算惯性力矩。

$$I_{换算}=I_{弦杆}+\frac{I_{木料}}{20} \tag{9-7}$$

公式（9-4）变成　　$q \cdot K_A \leqslant I_{弦杆}+\dfrac{I_{木料}}{20}$

式中 $I_{木料}$——为圆木杆的惯性力矩（cm⁴）。若圆木直径为D，则：

$$I_{圆木}=\frac{\pi D^4}{64}$$

其余符号同前所述。

三、门式刚架吊点验算

门式刚架为柱梁合一构件，吊装时由平躺到立起，动作连贯进行。计算时较为复杂，现假设初起吊时，产生的弯矩最大。现以图9-10半榀门式刚架为例，讲述门式刚架吊点验算步骤。

1. 计算重心

将门式刚架划分成规则图形，以便计算每小块图形的面积及重心。如图9-11，刚架划分为六块，然后计算面积及重心。计算见表9-7。

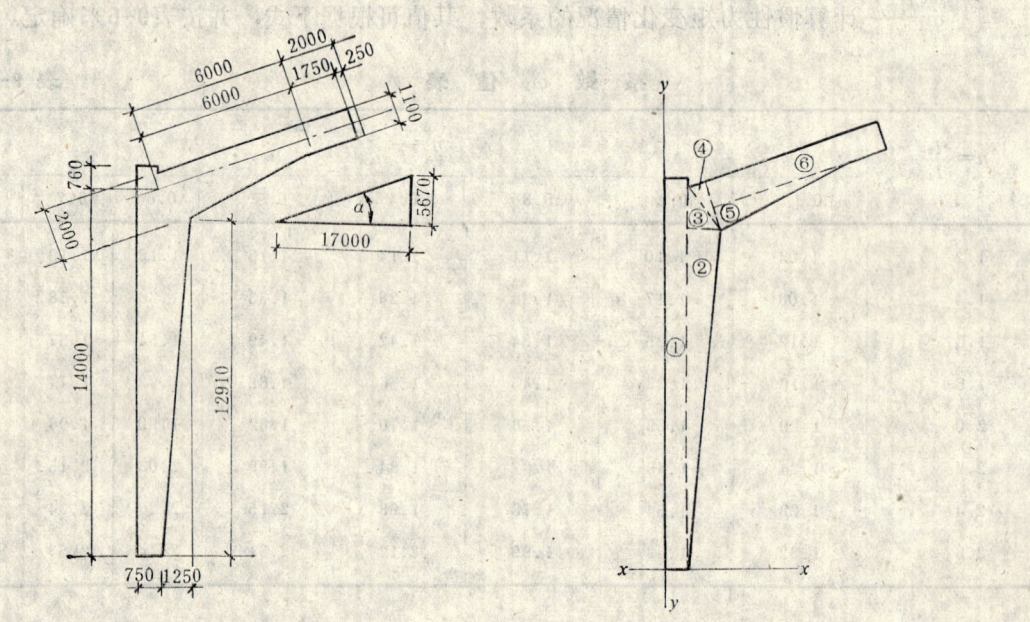

图 9-10 "Γ"形构件外形尺寸　　　图 9-11 分划为规则图形

整件重量（构件厚0.35m）：

$$P_{总}=30.6\times0.35\times24.5=262\text{kN}$$

$$\sum_1^6 A_n\cdot X_n=11.07\times0.38+8.07\times1.17+1.06\times1.17+0.65\times1.37$$
$$+2.3\times3.43+7.54\times4.75=59.483\text{m}^3$$

$$X=\frac{\sum_1^6 A_n\cdot X_n}{A}=\frac{59.483}{30.6}=1.94\text{m}$$

$$\sum_1^6 A_n\cdot y_n=11.07\times7.38+8.07\times8.61+1.06\times1.17+0.65\times1.37$$

"Γ"形构件面积、重心计算表　　　　　　　　　　　　　　　表 9-7

编　号	图形尺寸（m）	面积（m²）	距Y轴距离（m）	距x轴距离（m）
1	14.76×0.75	11.07	0.38	7.38
2	$12.9 \times 1.25 \times \frac{1}{2}$	8.07	1.17	8.61
3	$1.25 \times 1.7 \times \frac{1}{2}$	1.06	1.17	13.47
4	$0.65 \times 2 \times \frac{1}{2}$	0.65	1.37	14.1
5	$0.9 \times 5.1 \times \frac{1}{2}$	2.3	3.43	14.02
6	6.85×1.1	7.54	4.75	14.26
合计		30.6		

$$+2.3 \times 14.02 + 14.26 \times 7.54 = 314.39 \text{m}^3$$

$$y = \frac{\sum_{1}^{6} A_n \cdot y_a}{A} = \frac{314.39}{30.6} = 10.27 \text{m}$$

2．选择起重机械

根据门式刚架半榀重量为262kN，起升高度＞20m的情况，选择日立KH300—2型履带起重机。当臂长28m时，回转半径7～8m，起重量为32.95t（约320kN）～27.1t（约268kN），起升高度为25m，满足了吊装的需要。

3．吊点验算

设两处吊点，位置在A、B，如图9-12。起重吊索选用长短绳绑扎；长绳14.3m，绑扎

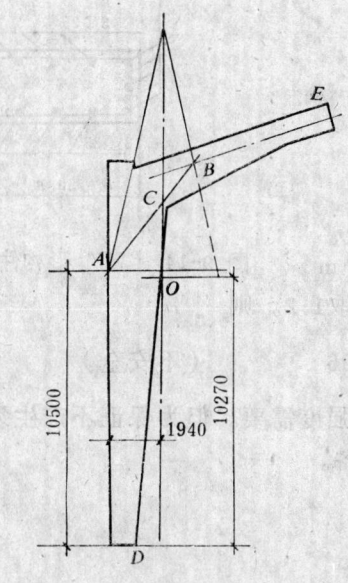

图 9-12　"Γ"形构件绑点图

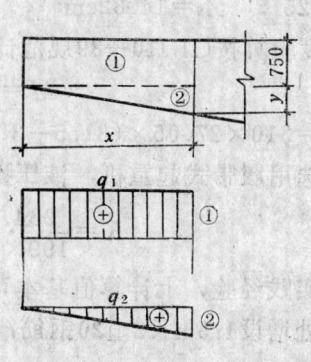

图 9-13　立腿变截面计算简图

A点，短绳10.1m，绑扎B点。在从水平位置起吊时，拐角刚一离开地面，随即悬臂E起升，此时假设AB吊点同D点共同承担刚架重量，按此作图，AB连线与重心线相交于C点，作图求得$OC=2.65$m，则力的分配如下：

$$R_D = P = \frac{262 \times 2.65}{10.5 + 2.65} = 52.8 \text{kN}$$

$$R_{AB} = \frac{262 \times 10.5}{10.5 + 2.65} = 209 \text{kN}$$

（1）计算弯矩

因刚架立腿是变截面的，计算简图按图9-13变截面求得。

$$y = \frac{1.25}{12.91}x = 0.0968x$$

$$q_1 = 0.75x \times 0.35 \times 24.5 = 6.43x$$

$$q_2 = \frac{x}{2} \times 0.0968x \times 0.35 \times 24.5 = 0.415x^2$$

则任意点弯矩通用式为：

$$M_x = Px - 6.43x \cdot \frac{x}{2} - 0.415x^2 \cdot \frac{x}{3}$$

（2）吊点A距x轴为10.5m，则M_A为：

$$M_A = 52.8 \times 10.5 - 3.22 \times 10.5^2 - 0.138 \times 10.5^3 = 39.6 \text{kN}$$

（3）最大弯矩的位置和弯矩值

当$(q_1+q_2) - R_D = 0$时，弯矩值最大，则：

$$(6.43x + 0.415x^2) - 52.8 = 0$$

$$x^2 + 15.5x - 127.20 = 0 \quad x = 5.93\text{m（取正值）}$$

$$M_{5.93} = 52.8 \times 5.93 - 3.22 \times 5.93^2 - 0.138 \times 5.93 = 198 \text{kN}$$

（4）强度验算

"Γ"形构件立柱6m处配筋如图9-14所示。

查附表，钢筋抗拉强度　　$f_y = 310\text{MPa}$

2Φ28　　$A_s = 12.32 \text{cm}^2$

3Φ25　　$A_s = 14.32 \text{cm}^2$

强度验算按GBJ10—89规范计算：

$$M = f_y \cdot A_s(h_0 - a_g')$$

$M = 310 \times 27.05 \times (31.5 - 3.5) = 234.79 \text{kN} \cdot \text{m}$

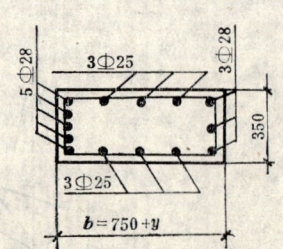

图 9-14　"Γ"形构件立柱6m处配筋

因选用履带式起重机，液压操纵其动力系数取1.2。则

$$K = \frac{234.79}{199 \times 1.2} = 0.98 < 1.26 \quad \text{（不安全）}$$

据实践经验，上计算值基本可以满足吊装时强度需要。但为保证不产生裂纹，可在最大弯矩处增设1.5m长2Φ20钢筋，以增强安全贮备。

第三节 起重机的稳定性验算

起重机动态稳定性计算，应将起重机的倾斜、回转惯性离心力、起升惯性力和风力等因素考虑进去，一般用静定平衡方程解决。

一、履带式起重机稳定性验算

（1）履带式起重机在超负荷吊装或接长吊臂时，进行稳定性验算，并假设车身与履带纵向成垂直状态，并以履带中心A点为倾覆中心，（如图9-15），起重机的安全条件为：

$$K_1 = \frac{M_{稳}}{M_{倾}} = \frac{G_1(l_1+l_2)+G_2l_2+G_0(l_0+l_2)+(G_3h_2)\sin\alpha}{Q(R-a)}$$

$$-\frac{G_3l_3+M_F+M_G+M_L}{Q(R-a)} \geqslant 1.15 \tag{9-8}$$

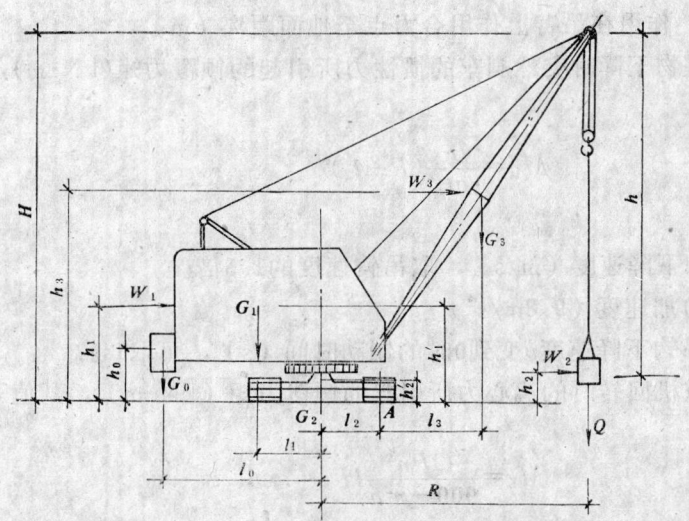

图 9-15 履带式起重机稳定性计算简图

$$K_2 = \frac{M_{稳}}{M_{倾}} = \frac{G_1(l_1+l_2)+G_2l_2+G_0(l_0+l_2)-G_3l_3}{Q(R-a)} \geqslant 1.4 \tag{9-9}$$

K_2因运算较简单，常在施工现场使用。

式中 G_0——平衡重（即配重）（kN）；

G_1——起重机机身可转动部分重量（kN）；

G_2——起重机机身不转动部分（底盘总成等）重量（kN）；

G_3——吊臂重量（kN）；

Q——吊装重物（包括构件重和索具重量）（kN）；

l_0——G_0至回转中心的距离（m）；

l_1——G_1重心至回转中心的距离（m）；

l_2——G_2重心至倾覆点A的距离（m）；

l_3——G_3重心至倾覆点A的距离（m）；
h_0——G_0重心至地面距离（m）；
h'_1——G_1重心至地面距离（m）；
h'_2——G_2重心至地面距离（m）；
α——地面倾斜角度，应限制在3°以内；
R——起重机最小工作半径（m）；
M_F——风载引起的倾覆力矩（kN·m）；

$$M_F = W_1 h_1 + W_2 h_2 + W_3 h_3$$

式中 W_1——作用在起重机机身上的风载（取基本风载值$W_0=250\text{N/m}^2$下同）；
W_2——作用在所吊重物上的风载，按重物的实际受风面积计算；
W_3——作用在吊臂上的风载，按荷载规范计算；
h_1——W_1作用合力点至地面距离（m）；
h_2——W_2作用在构件合力点至地面距离（m）；
h_3——W_3作用在吊臂上作用合力点至地面距离（m）。
M_G——重物下降时突然刹车的惯性力所引起的倾覆力矩（kN·m），其值按下式计算：

$$M_G = \frac{Qv}{gt_z}(R - l_2)$$

式中 v——吊钩下降速度（m/s），取吊钩速度的1.5倍；
g——重力加速度（9.8m/s²）；
t_z——从吊钩下降速度v变到0时的制动时间（s），可取1s。
M_L——起重机回转时的离心力所引起的倾覆力矩（kN·m），其值下列计算：

$$M_L = \frac{QRn^2}{900 - n^2 h} H$$

式中 n——起重机回转速度（取1r/min）；
h——所吊重物于最低位置时，其重心至吊臂顶端距离（m）；
H——吊臂顶端至地面的距离（m）；
其余符同前。

2. 格构式吊臂的验算

在进行超负荷吊装或接长吊臂时，已超过原厂的设计要求，为保证使用，需要对吊臂进行工作时和非工作时的强度和稳定验算。

（1）验算项目

1）垂直方向（即起重平面内），对吊臂顶端截面进行强度验算，对中间截面进行稳定验算，此时，吊臂按两端铰支的杆件考虑。

2）水平方向（即垂直起重平面内），对吊臂的根部进行强度验算和稳定验算，此时，吊臂按一端固定，一端自由的杆件考虑。

3）顶端截面、中间截面和根部截面的单支稳定验算。

4）缀条（腹杆）的稳定验算。

起扳时，吊臂的连接验算，包括连接板和螺杆。

（2）计算荷载

1）吊装荷载（包括重物和索具重量）Q 和吊钩自重 Q_1。另外，要考虑动力系数 K，对电气操纵的起重机，$K=1.2$；对液压、杠杆、气压操纵的起重机 $K=1.3\sim1.5$。

2）吊臂的自重 Q_2。

3）起重滑车组的跑头拉力 P，按公式 $P=K_0(Q+Q_1)$ 计算。（K_0——荷载系数，按表 1-39 计算）。

4）吊臂的拉臂绳的拉力 $S_拉$，由吊臂顶端平衡条件确定。

5）吊臂旋转时的水平惯力 T（作用于吊臂顶端），按 $(Q+Q_1)$ 的十分之一计取。

6）风载 W_F，吊臂在工作时，按 $W_0=250\text{N/m}^2$ 计取。在非工作时，W_F 按当地可能发生的最大风速计算。

（3）荷载组合。验算起重平面内在工作状态下吊臂的强度和稳定时，不考虑吊臂的水平惯性力，其余荷载均需考虑，风荷载由后面吹来，如图 9-16 所示。

验算吊臂旋转平面内在工作状态下吊臂的强度和稳定时，全部荷载均须考虑，风荷载由侧面吹来。如图 9-16 中 b。

验算非工作状态时，吊臂的强度和稳定性，只考虑吊臂吊钩自重和风荷载。

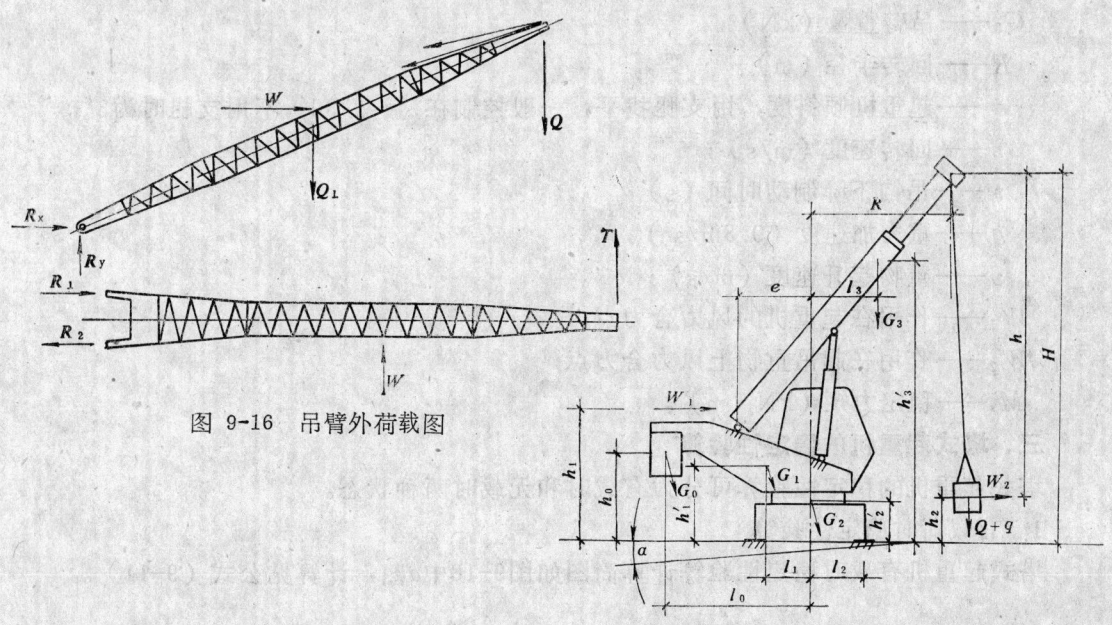

图 9-16 吊臂外荷载图

图 9-17 轮式起重机稳定计算简图

（4）验算公式。按钢结构有关公式，可参阅本章第四节。

二、轮式起重机动态稳定性验算

轮式起重机包括轮胎式、汽车式，图 9-17 为计算简图。计算公式可按式（9-10）。

$$K=\frac{1}{Q[(R-l_2)+H\sin\alpha]}[M_s-G_3(l_3-l_2)-(G_1h_1'+G_2h_2'$$

$$+G_3h_3'+G_0h_0)]\sin\alpha-\frac{Qn^2R}{900-n^2h}H-\frac{Qv}{gt_z}(R-l_2)$$

$$-W_1h_1-W_2h_2\geqslant1.15 \tag{9-10}$$

式中　　h_1——风力W_1作用合力点高度（m）；
　　　　h_2——W_2的重心高度（m）；
　　　　h_1'——G_1的重心高度（m）；
　　　　h_2'——G_2的重心高度（m）；
　　　　h_3'——G_3吊臂重量的重心高度（m）；
　　　　h——吊臂顶至重物重心高度（m）；
　　　　H——吊臂顶至地面高度（m）；
　　　　l_2——回转中心至倾覆点的距离（m）；
　　　　l_3——回转中心至吊臂重心距离（m）；
　　　　Q——吊装重物重量（包括吊具、索具）（kN）；
　　　　G_0——平衡重（即配重）重量（kN）；
　　　　G_1——起重机回转部分重量（kN）；
　　　　G_2——起重机底盘部分重量（kN）；
　　　　G_3——吊臂重量（kN）；
　　　　R——回转半径（m）；
　　　　α——起重机倾斜度，用支腿找平，一般控制在$1°\sim1°30'$，不用支腿时为$3°$；
　　　　n——回转速度（m/s）；
　　　　t_z——吊钩下降制动时间（s）；
　　　　g——重力加速度（9.8m/s^2）；
　　　　v——重物起升速度（m/s）；
　　　　W_1——作用在起重机的风力合力点；
　　　　W_2——作用在起吊重物上风力合力点；
　　　　M_s——稳定力矩（kN·m）。

三、塔式起重机的稳定性验算

塔式起重机的稳定性验算可分为有载时和无载时两种状态。

1. 有载荷时稳定性验算

塔式起重机有载时稳定性验算计算简图如图9-18中a图，计算见公式（9-11）。

$$K_1=G(c-h_0\sin\alpha+b)-\frac{Qv(R-b)}{gt_z}-W_1h_1-W_2h_2$$

$$-\left(\frac{Qn^2RH}{900-nh}\right)\geqslant1.15 \tag{9-11}$$

式中　G——起重机自重（包括配重、压重）（kN）；
　　　c——起重机重心至旋转中心距离（m）；
　　　h_0——起重机重心至支承平面距离（m）；

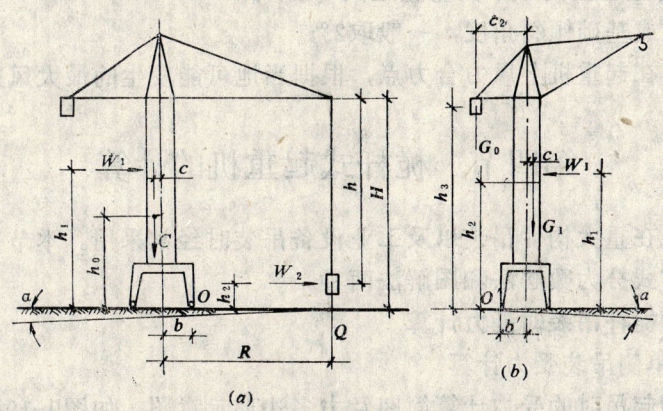

图 9-18 塔式起重机稳定计算简图

b——起重机回转中心至倾覆边缘O的距离（m）；

Q——最大工作载荷重量（kN）；

g——重力加速度（9.8m/s²）；

v——起升速度（m/s）。当重物下降时，按起升速度的1.5倍计算（m/s）；

t_z——制动时间（s）；

R——回转中心至吊重重心的水平距离（m）；

W_1——风力作用在起重机车身上的作用合力点（kN）；

W_2——风作用在荷载上的合力点（kN）；

h_1——W_1作用合力点至倾覆点O垂直距离（m）；

h_2——W_2作用合力点至倾覆点O垂直距离（m）；

H——吊臂端部至支承率的垂直距离（m）；

h——当重物于最低位置时，其重心至吊臂端部距离（m）；

n——起重机回转速度（r/min）；

α——起重机的倾斜度，一般按2°考虑，但当塔身很高时，不允许有倾斜度，即$\alpha=0$。

2. 无载荷时稳定性验算

无载荷时稳定性验算计算简图如图9-18中b图，计算公式见式（9-12）。

$$K_2=\frac{G_1(b'+c_1-h_2\sin\alpha)}{G_0(c_2-b'+h_3\sin\alpha)+W'_1h_1}\geqslant 1.15 \qquad (9-12)$$

式中 G_1——后倾覆点前面起重机各部分的重量，一般按吊臂仰角最大时的位置考虑（kN）；

G_0——使起重机倾覆部分的重量（kN）；

b'——起重机回转中心至后倾覆点O'的距离（m）；

c_1——G_1重心至回转中心距离（m）；

c_2——回转中心至所有倾覆部分重心的距离（m）；

h_1——风力W'_1作用合力点至倾覆点O'的垂直距离（m）；

h_2——G_1的重心至支承平面的垂直距离（m）；

h_3——G_0的重心至支承平面垂直距离（m）；

α——轨道或基础倾斜角度，一般取$2°$；

W'_1——作用在起重机上风力合力点，根据当地可能发生的最大风速计算（kN）。

第四节　桅杆式起重机的计算

桅杆式起重机在重大构件吊装以及工业设备吊装时经常采用。本节主要叙述桅杆的一般计算。其计算方式分为数解法和图解法两种。

一、常用几种桅杆吊装时受力计算

1. 斜立桅杆单侧吊装受力计算

斜立桅杆单侧起吊时的受力计算简图及力多边形示意图，如图9-19所示。计算顺序按以下步骤进行。

（1）计算荷重$P_{计}$见计算公式（9-13）

$$P_{计}=(Q+q)K_1 \cdot K_2 \quad (\text{kN}) \tag{9-13}$$

式中　Q——吊物重量（kN）；

q——吊装工具重量，按实计算或按$2.5\%Q$的重量估计（kN）；

K_1、K_2——动载系数、超载系数，均取1.1，若将系数值代入式（9-13）中后可得：

$$P_{计}=1.24Q \quad (\text{kN}) \tag{9-14}$$

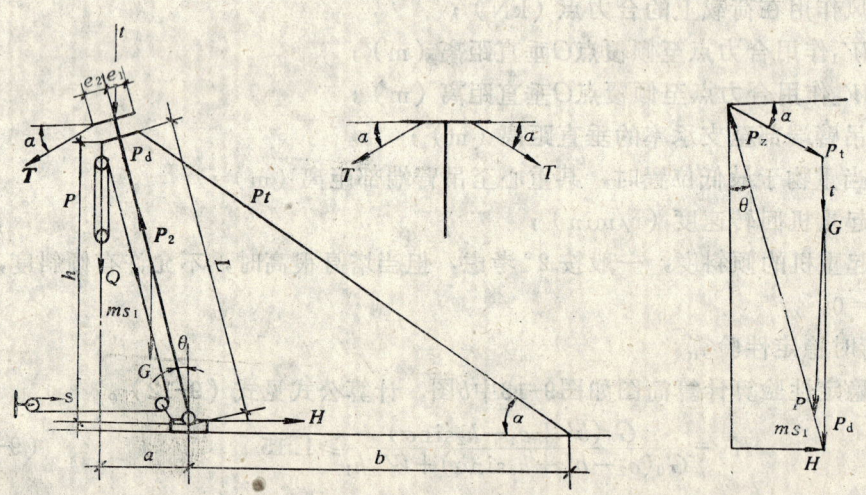

图 9-19　斜立桅杆单侧起吊时受力计算简图及力多边形示意图

（2）滑车组出绳端拉力P按式（1-10）进行计算。

（3）缆风绳对桅杆顶部垂直压力，其值按式（9-15）进行计算。

$$t=0.7T(n_0-2)\sin\alpha \tag{9-15}$$

式中　n_0——缆风绳总根数（一般取$n_0=6$）；

T——对称缆风绳的拉力（kN），T值可按式（9-16）计算。图9-20为其计算简图。

$$T = \frac{[(Q+q)K_1 \cdot K_2 + G]\sin\theta}{\cos(\alpha+\theta) - 0.7(n_0-2)\sin\alpha \cdot \sin\theta} \quad (9-16)$$

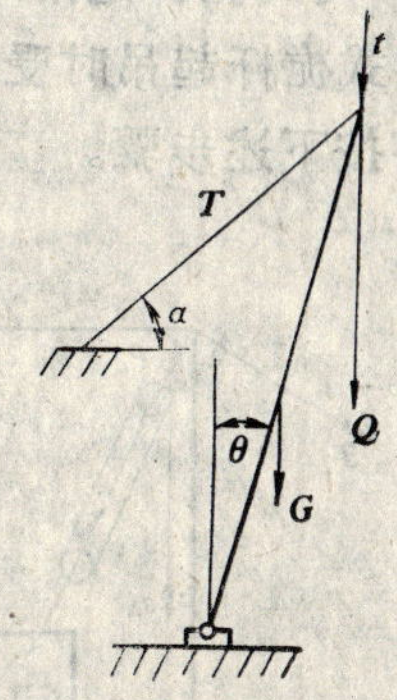

式中　Q——吊物重量（kN）；
　　　q——索具重量（kN）；
　　　θ——桅杆的倾斜角，取 $\theta=2°$；
　　　α——缆风绳与水平面间夹角（°）；
　　　G——桅杆自重（kN）；
　　其它符号同前。

图 9-20　对称缆风绳计算简图

（4）滑车组上部吊具受力，按式（9-17）进行计算。

$$P_d = \sqrt{P_{\text{计}}^2 + (mP)^2 + 2P_{\text{计}}mP\cos\theta} \quad (\text{kN}) \quad (9-17)$$

式中　P_d——上部吊具受力（kN）；
　　　P——滑车组出绳端拉力（按一个导向滑车计）；
　　　m——滑车组组数；
　　其它符号同前。

（5）主缆风绳所受拉力 P_t，按式（9-18）进行计算。

$$P_t = \frac{(P_{\text{计}} + G + t)\sin\theta}{\cos(\alpha+\theta)} \quad (\text{kN}) \quad (9-18)$$

式中符号同前。

（6）桅杆承受的正压力 P_z 按式（9-19）计算。

$$P_z = (P + G + t)\cos\theta + P_t\sin(\alpha+\theta) + mP \quad (\text{kN}) \quad (9-19)$$

式中符号同前。

（7）桅杆底部水平推力，按式（9-20）计算。

$$H = P_z\sin\theta \quad (\text{kN}) \quad (9-20)$$

式中符号同上。

（8）桅杆倾斜幅度按式（9-21）计算。

$$a = L\sin\theta + e_2\cos\theta \quad (\text{m}) \quad (9-21)$$

式中　L——桅杆有效长度（取吊耳至底端长度）（m）；
　　　e_2——桅杆吊耳偏心距离（m）；

（9）主缆风绳锚固点至桅杆底座中心的距 b，按式（9-22）计算。

$$b = \frac{1}{\sin\alpha}[(L+e_1)\cos(\alpha+\theta) + e_1\sin(\alpha+\theta)] \quad (\text{m}) \quad (9-22)$$

式中　e_1——桅杆顶端主缆风绳系点至桅杆中心的距离（m）；
　　其它符号同上。

表9-8为斜立单侧起吊时技术参数。

2. 门式桅杆起吊时受力计算

门式桅杆起吊时受力技术参数见表9-9；受力计算简图及力多边形示意图如图9-21，计算顺序按下述步骤。

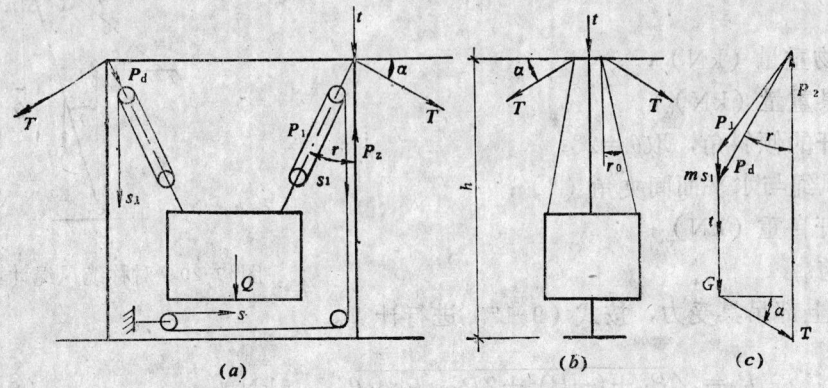

图 9-21 门式桅杆起吊计算简图及力多边形示意图

（1）计算荷重$P_{计}$，按式（9-13）或（9-14）计算。
（2）吊物一侧滑车组受力P_1按式（9-23）计算。

$$P_1 = \frac{P_{计}}{2\cos\gamma} \quad (kN) \tag{9-23}$$

式中 P_1——吊物一侧滑车组受力（kN）；
γ——夺吊夹角，可按5°计算。
其它符号同前。

（3）卷扬机所需牵引力P按式（1-10）计算；
（4）滑车组上部吊具受力P_d，按式（9-24）计算。

$$P_d = \sqrt{P_1^2 + (mP)^2 + 2P_1 mP\cos\gamma} \quad (kN) \tag{9-24}$$

（5）缆风绳拉力对桅杆产生的垂直力t，按式（9-15）计算。
（6）桅杆立杆所受正压力P_z，按式（9-25）计算。

$$P_z = \frac{P_{计}}{2} + mP + G + t + T\sin\alpha \quad (kN) \tag{9-25}$$

式中 G——桅杆自重，每米重量按其吊重能力的0.4%计算（kN）；
其它符号同上。

3. 人字桅杆起吊时受力计算

人字桅杆起吊时受力技术参数见表9-9，受力计算简图及力多边形图如图9-22所示，计算顺序如下。

（1）计算荷重$P_{计}$，按式（9-14）或（9-15）。
（2）卷扬机所需牵引力P按式（1-10）计算；
（3）对称缆风绳预应力给予桅杆垂直压力之和t，按式（9-15）计算。

表 9-8 斜立抱杆单侧起吊时技术参数表

Q (kN)	规格	L (m)	R_a (kN)	工作绳数	P (kN)	抱杆倾斜 θ (°)	a (m)	b(m) 15	b(m) 30	b(m) 45	P_1(kN) 15	P_1(kN) 30	P_1(kN) 45	P_2(kN) 15	P_2(kN) 30	P_2(kN) 45	H(kN) 15	H(kN) 30	H(kN) 45	T(kN) 15	T(kN) 30
49	10t钢管式抱杆	8	76.5	4	17.7	5	0.96	30.4	13.4	7.6	6.4	7.3	9.5	86.3	88	93.2	7.5	7.6	8.1		
						10	1.7	29.5	12.6	6.8	13.7	15.7	21.6	89.8	94.1	103.0	15.6	16.7	17.7	2	2.9
						15	2.3	28.2	11.7	6.0	21.6	24.5	36.3	93.2	100	115.7	24.1	25.5	30.4		
		10				5	1.1	37.7	16.7	9.4	6.5	7.4	9.6	87.3	89.2	94.1	7.6	7.7	8.3		
						10	2.0	36.5	15.7	8.4	14.2	15.4	21.6	90	94.1	103.9	15.6	16.7	18.6		
						15	2.9	35.0	14.5	7.4	22.5	25.4	36.3	94.1	101	116.7	24.1	26.5	30.4		
		12				5	1.3	45.0	20.0	11.2	6.6	7.4	9.6	87.3	89.2	95.1	7.6	7.7	8.3		
						10	2.4	43.5	18.7	10.0	14.2	15.4	21.6	91.2	95.1	104.9	15.7	16.7	18.6		
						15	3.4	41.6	17.4	8.8	22.5	25.4	37.3	95.1	102	117.7	24.6	26.5	30.4		
98	20t钢管式抱杆	10	154	4	36.3	5	1.2	38.0	16.8	9.5	11.3	14.7	18.6	172.6	177.5	181.3	15.0	15.7	16.7		
						10	2.1	36.8	15.8	8.5	27.9	31.4	42.2	179.4	188.3	205.9	31.2	32.4	35.3		
						15	3.0	35.3	14.7	7.5	44.1	50	72.6	187.3	201	231.4	48.4	52	59.8		
		15				5	1.7	56.2	25.0	14.1	11.3	14.7	19.6	176.5	181.4	192.2	15.4	15.7	16.7		
						10	3.0	54.3	23.5	12.6	27.9	31.4	44.1	183.4	192.2	211.8	31.9	33.3	37.3		3.9
						15	4.2	52.0	21.7	11.1	45.1	51	74.5	191.2	205	237.3	49.5	53	61.8		
		20				5	2.1	74.3	33.2	18.6	14.2	15.7	19.6	182.4	186.3	196.1	15.9	16.7	16.7		
						10	3.8	71.8	31.1	16.7	28.4	32.4	45.1	187.3	196.1	215.7	32.5	34.3	37.3		5.1
						15	5.5	68.8	28.8	14.6	46.0	53	76.5	195.1	209.8	242.2	50.5	53.9	62.7		

门式桅杆起吊时受力技术参数表　　　　表 9-9

Q (kN)	h (m)	工作线数	P (kN)	P_d (kN)	P_z(kN) $\alpha(°)$		T(kN)	
					30	45	30	45
490	6 7 8	2×8	49	347.1	391.3 393.2 395.2	402 404 406	27.3	35.3
686	6 7 8	2×12	49	468.7	527.6 443.2 533.5	562.9 566.8 568.8	37.3	47.1
980	6 7 8	2×2×8	49	698.2	785.3 789.4 793.3	837.5 841.4 845.3	54.9	69.6

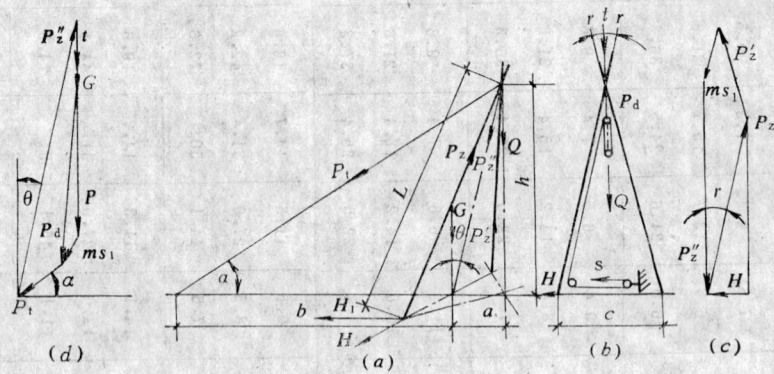

图 9-22　人字桅杆起吊时受力计算简图及力多边形示意图
(a) 桅杆受力多边形；(b)、(c) 桅杆受力计算图；
(d) 桅杆倾斜时受力多边形

(4) 对称缆风绳受力 T，按式 (9-16) 计算。
(5) 主缆风绳受力 P_t 按式 (9-18) 计算。
(6) 安装导向滑轮一侧桅杆所受正压力 $P_{z导}$ 按式 (9-28) 计算。

$$P_{z导}=\frac{P_z''}{2\cos\gamma}+P \quad (kN) \tag{9-28}$$

式中　P_z''——人字桅杆所受正压力之和，P_z'' 值按下式计算：

$$P_z''=(P_{it}+G+t)\cos\theta+Pt\sin(\alpha+\theta)+mP\cos\gamma \quad (kN)$$

式中　G——桅杆自重，每米重量所按桅杆起吊重量的0.8%估算（kN）；
　　　θ——桅杆倾斜角（°）；
　　　γ——人字桅杆两腿夹角的一半（°）；
　　　其它符号同上。

(7) 滑车组上部吊具受力 P_d，按式 (9-29) 计算。

$$P_d=\sqrt{P_{计}^2+(mP)^2+2P_{计}mP\cos\gamma} \quad (kN) \qquad (9-29)$$

符号同上。

（8）人字桅杆底脚向外的水平推力H，按式（9-30）计算。

$$H=P_z\sin\gamma \quad (kN) \qquad (9-30)$$

（9）人字桅杆倾斜时，桅杆脚向后的水平推力H_1按式（9-31）计算。

$$H_1=P_z\cos\gamma\cdot\sin\theta \quad (kN) \qquad (9-31)$$

符号同前。

（10）人字桅杆倾斜幅度a，可按式（9-32）计算。

$$a=L\cos\gamma\cdot\sin\theta \quad (m) \qquad (9-32)$$

式中

L——人字桅杆支腿的有效长度（m）；

其它符号同上。

（11）人字桅杆两立杆底脚跨距c，按式（9-33）计算。

$$c=2L\sin\gamma \quad (m) \qquad (9-33)$$

（12）人字桅杆的高度h，按式（9-34）计算。

$$h=L\cos\gamma\cdot\cos\theta \quad (m) \qquad (9-34)$$

（13）人字桅杆两腿底脚跨距中心至主缆风锚点距离b，按式（9-35）计算。

$$b=h\cdot ctg\alpha \quad (m) \qquad (9-35)$$

（14）人字桅杆安装导向滑轮一侧支腿所受压应力σ、按式（9-36）计算。

$$\sigma=\frac{P_z}{\psi\cdot A}\leqslant[\sigma] \quad (MPa) \qquad (9-36)$$

式中　ψ——人字桅杆受正压力的稳定系数；

A——支腿横截面积（cm²）；

$[\sigma]$——材料容许应力，钢管取$[\sigma]=13.73MPa$；松木、杉木取$[\sigma]=9.81MPa$。

以上各式符号未注明者，均与前式同。

4. 三叉杆（三步搭）起吊时受力计算

三叉杆（三步搭）起吊时技术参数见表9-10，受力计算简图如图9-23，计算顺序按以下步骤。

（1）计算荷重$P_{计}$，按式（9-14）计算。

（2）某一根支杆所受正压力P_z，按式（9-37）计算。

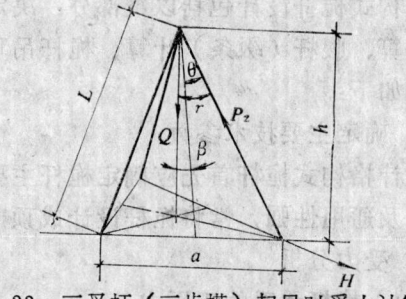

图9-23　三叉杆（三步搭）起吊时受力计算简图

$$P_z=\frac{P_{计}}{3\cos\gamma}+G\cdot\cos\gamma \quad (kN) \qquad (9-37)$$

式中　γ——支杆与吊点垂线的夹角（°）；

其中$\cos\gamma=\cos\theta\cdot\cos\beta$，

三叉杆起吊时技术参数表　　　　　　　　　表 9-10

Q (kN)	L (m)	a (m)	h (m)	P_z (kN)	H (kN)	钢管 $\phi \times \delta$ (mm)	木质 ϕ_1 (mm)
29	3	1.6	2.9	10.8	2.7	48×3.5	80
	4	2.1	3.9			57×3.5	90
	5	2.6	4.8			60×3.5	100
	6	3.1	5.8			76×4	110
49	3	1.6	2.9	17.7	4.6	60×3.5	
	4	2.1	3.9			76×4	
	5	2.6	4.8			76×4	
	6	3.1	5.8			89×4	

　　θ——两支杆间夹角之半，可取 $\theta=15°$；
　　β——两支杆夹角的分角线与吊点垂线的夹角（°）；
　　G——支杆自重（kN）。
　（3）三叉杆高度 h，按式（9-38）计算。
$$h = L\cos\gamma \quad (m) \qquad (9\text{-}38)$$
式中　L——三叉杆支杆的有效长度（m）。
　（4）三叉杆两底脚间距离 a，按式（9-39）计算。
$$a = 2L\sin\theta \quad (m) \qquad (9\text{-}39)$$
　（5）柱脚所受水平分力 H，按式（9-40）计算。
$$H = P_z\sin\gamma \quad (kN) \qquad (9\text{-}40)$$
　（6）支杆所受压应力 σ，按式（9-36）计算。
以上各式符号未注明者外，均与前面各式同。

二、格构式桅杆设计

格构式桅杆设计包括以下部分：决定主要技术参数、受力分析、主体设计计算、接头连接计算、腹杆（缀条）计算、桅杆吊耳计算、底座计算、缆风盘计算，现将主要计算项目分述如下：

1. 确定主要技术参数
设计格构式桅杆首先应确定桅杆主要技术参数，包括起重量、起重有效高度。为了运输方便及通用性强，常将桅杆设计成顶节、底座节和中间节，再用螺栓联接起来。

2. 受力分析
（1）桅杆承受的正压力
桅杆承受的正压力计算简图如图 9-24，正压力计算式见式（9-41）。

$$P_z = \left(P_H + \frac{G}{2} + t\right)\left[\cos\theta + \sin\theta \cdot \mathrm{tg}(\alpha+\theta)\right] + \Sigma P \qquad (9\text{-}41)$$

式中　P_H——计算荷重（按式（9-13）或（9-14）计算）（kN）；
　　其它符号同前。

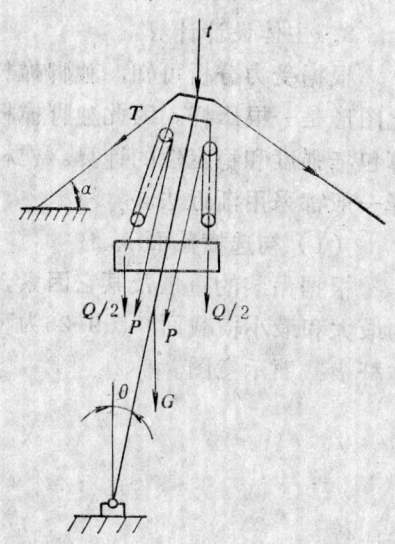 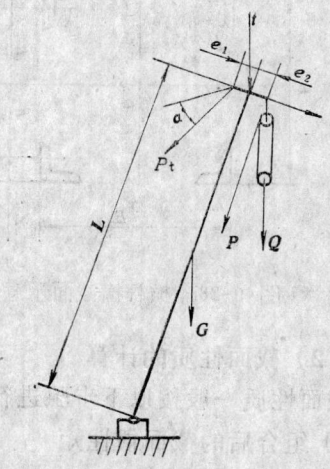

图 9-24 桅杆承受正压力计算简图　　图 9-25 单侧倾斜起吊桅杆受力计算简图

（2）桅杆承受的弯矩

桅杆承受弯矩计算分为两种状况：双侧直立起吊和单侧倾斜起吊，下面分别叙述。

1）双侧直立桅杆起吊：由于装配、制造、吊物重心偏移等因素而产生弯矩。其计算式按式（9-42）进行。

$$M = P_{计} \cdot e \quad (kN \cdot m) \tag{9-42}$$

式中　e——偏心距，取 $e=10$cm；

其它符号代表同前。

2）单侧斜立起吊桅杆

单侧斜立起吊桅杆弯矩计算简图如图9-25，桅杆顶承受的弯矩计算公式见式(9-43)，计算截面的作用弯矩（按桅杆有效高度的三分之二处断面承受的弯矩）计算式见式（9-44）。

$$M_{顶} = (P_{计}\cos\theta + \Sigma P)e_2 - e_1 P_t \sin\alpha \quad (kN \cdot m) \tag{9-43}$$

式中　e_1——主缆风绳系点至桅杆中心的距离（m）；

e_2——吊点偏心距（m）；

其它符号代表同前。

$$M_{计} = P_{计}\left(\frac{L}{3}\sin\theta + e_2\cos\theta\right) + t \cdot \frac{L}{3}\sin\theta + \Sigma P e_2 -$$

$$\frac{GL}{9}\sin\theta - P_t\left[\frac{L}{3}\cos(\alpha+\theta) + e_1 \cdot \sin(\alpha+\theta)\right] \quad (kN \cdot m) \tag{9-44}$$

式中

$$P_t = \frac{(P_{计} + G + t)\sin\theta}{\cos(\alpha+\theta)} \quad (kN)$$

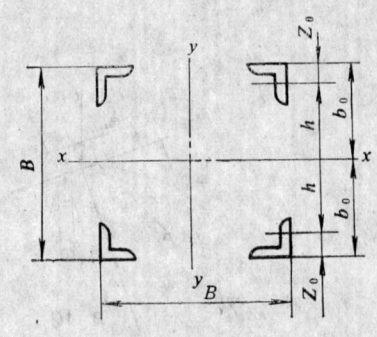

图 9-26 桅杆横截面示意图

其它符号代表同前。

3. 主体设计计算

根据受力分析可知,独脚桅杆其力学简化图形是一根压杆。因此独脚桅杆的强度计算包括强度和稳定性的计算。桅杆截面的选择一般都采用渐近法。

(1) 初选横截面

根据吊装的重量及其它因素,初选桅杆的最大和最小横截面。图9-26为型钢组成的桅杆横截面示意图。

(2) 截面性质的计算

截面性质一般按以下步骤进行计算:

1) 组合后的截面惯性矩

型钢组合后的截面惯性矩按式(9-45)进行计算。

$$I = 4(I_0 + A_0 h^2) \quad (cm^4) \tag{9-45}$$

式中 I_0——主肢单肢惯性矩(cm^4)查表10-68;

A_0——主肢单肢截面面积(cm^2),查表10-68;

h——组合体中心惯性矩至单肢惯性矩的距离(cm);

其中 $$h = \frac{B}{2} - Z_0$$

B——截面宽度(cm);

Z_0——单肢的重心距离(cm),查表10-68。

2) 组合体截面的截面系数

组合体整个截面的截面系数按式(9-46)进行计算。

$$W = \frac{2I}{B} \quad (cm^3) \tag{9-46}$$

式中符号代表同前。

3) 横截面的总面积

横截面的总面积按式(9-47)进行计算。

$$A = 4A_0 \quad (cm^2) \tag{9-47}$$

式中符号代表同前。

4) 组合体惯性半径

组合体横截面对中心惯性矩的惯性半径按式(9-48)进行计算

$$r = \sqrt{\frac{I}{A}} \quad (cm) \tag{9-48}$$

式中 r——惯性半径(cm);

其它符号代表同前。

（3）计算长细比

长细比的计算与桅杆的长度及两端支承方式有关，首先按式（9-49）计算实腹杆件的长细比

$$\lambda = \frac{c\mu l}{r} \qquad (9-49)$$

式中　λ——长细比；

　　　c——桅杆两端支承方式系数，见表9-11；

　　　μ——变截面桅杆的长度换算系数，见表9-12；

　　　l——桅杆设计长度（cm）；

　　　r——桅杆截面的惯性半径，按式（9-44）计算；

格构式桅杆的稳定性校核，要考虑腹杆（缀条）对桅杆的影响，长细比要用换算长细比λ_h，其计算公式见表9-13所列。

与两端支承方式有关的系数C　　表 9-11

支承	一端自由一端固定	两端铰支	一端铰支一端固定	两端固定
压杆的挠曲线形状				
C值	2	1	0.7	0.5

变截面桅杆的长度换算系数 μ　　表 9-12

对称变化截面	I_{min}/I_{max}	\multicolumn{5}{c}{l_1/l}
		0	0.2	0.4	0.6	0.8
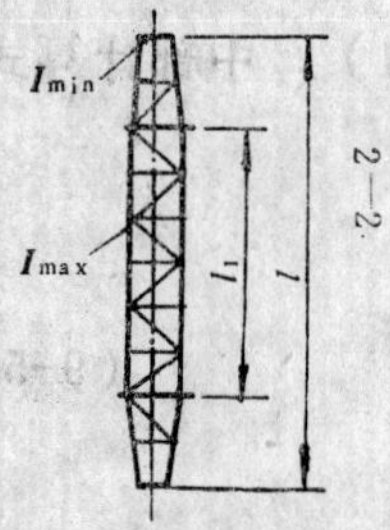	0.01	1.69	1.45	1.23	1.07	1.01
	0.1	1.35	1.22	1.11	1.03	1.01
	0.2	1.25	1.15	1.07	1.02	1.00
	0.3	1.18	1.11	1.05	1.02	1.00
	0.4	1.14	1.08	1.04	1.01	1.00
	0.5	1.10	1.06	1.03	1.01	1.00
	0.6	1.08	1.05	1.02	1.01	1.00
	0.7	1.05	1.03	1.01	1.00	1.00
	0.8	1.03	1.02	1.01	1.00	1.00
	0.9	1.02	1.01	1.00	1.00	1.00
	1.0	1.00				

格构式桅杆换算长细比 λ_h 的计算公式　　　　表 9-13

项次	构件截面形式简图	腹杆类别	计　算　公　式
1	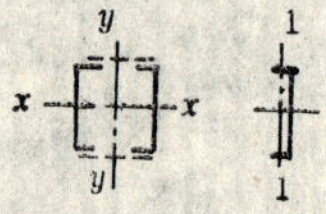	腹板	$\lambda_{hy}=\sqrt{\lambda_y^2+\lambda_1^2}$
2		腹杆	$\lambda_{hy}=\sqrt{\lambda_y^2+27\dfrac{A}{A_1}}$
3	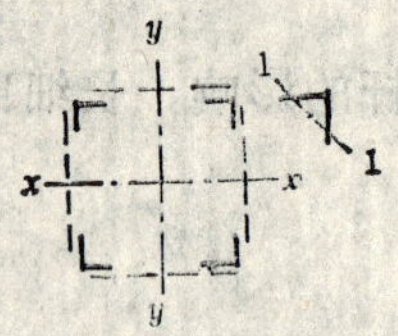	腹板	$\lambda_{hx}=\sqrt{\lambda_x^2+\lambda_1^2}$ $\lambda_{hy}=\sqrt{\lambda_y^2+\lambda_1^2}$
4		腹杆	$\lambda_{hx}=\sqrt{\lambda_x^2+40\dfrac{A}{A_{1x}}}$ $\lambda_{hy}=\sqrt{\lambda_y^2+40\dfrac{A}{A_{1y}}}$

（4）计算偏心率

偏心率的计算按式（9-50）进行。

$$\varepsilon_1=\frac{M}{P_z}\cdot\frac{Ab_0}{I_y}=e\cdot\frac{Ab_0}{I_y} \tag{9-50}$$

式中　ε_1——偏心率；

　　　M——弯矩（kN·m）；

　　　P_z——正压力（kN）；

　　　b_0——横截面宽度的一半（m）；

　　　I_y——横截面对 y 轴的惯性矩（cm），见表 9-14；

其它符号同前。

（5）求稳定系数

稳定系数 φ_{pq}，根据 λ_h 和 ε_1 值，查表 9-14。

（6）强度计算

格构式桅杆的强度计算有两个位置，桅杆的顶部计算式见式（9-51），中部计算式见式（9-52）。

在桅杆顶部

$$\sigma=\frac{P_z}{A}+\frac{M}{W}\leqslant[\sigma] \tag{9-51}$$

式中　P_z——按式（9-37）计算，其中 $G=0$。

在桅杆中部

格构式偏心受压构件在弯矩作用平面的稳定系数 φ_{qq}　　表 9-14

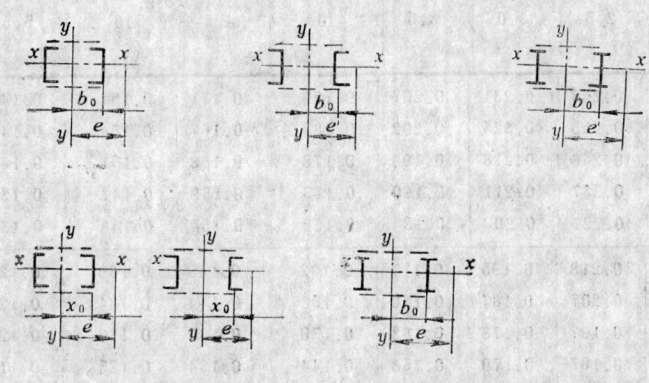

λ_b \ ε_1	0	0.2	0.4	0.6	0.8	1.0	1.2	1.4	1.6	1.8
0	1.000	0.833	0.714	0.625	0.555	0.500	0.455	0.417	0.385	0.357
10	0.995	0.825	0.709	0.621	0.551	0.496	0.451	0.413	0.382	0.355
20	0.981	0.816	0.703	0.615	0.545	0.488	0.446	0.408	0.378	0.352
30	0.958	0.801	0.689	0.601	0.534	0.479	0.437	0.401	0.370	0.345
40	0.927	0.783	0.671	0.586	0.520	0.467	0.426	0.392	0.362	0.338
50	0.888	0.757	0.648	0.565	0.502	0.452	0.413	0.380	0.352	0.329
60	0.842	0.730	0.620	0.544	0.484	0.435	0.399	0.367	0.340	0.318
70	0.789	0.696	0.594	0.517	0.460	0.416	0.381	0.352	0.327	0.306
80	0.731	0.654	0.556	0.487	0.436	0.396	0.363	0.337	0.313	0.295
90	0.669	0.606	0.514	0.456	0.411	0.374	0.345	0.320	0.299	0.280
100	0.604	0.560	0.474	0.423	0.384	0.351	0.325	0.302	0.283	0.267
110	0.536	0.510	0.435	0.389	0.356	0.327	0.305	0.285	0.267	0.255
120	0.466	0.453	0.395	0.358	0.330	0.304	0.284	0.267	0.252	0.242
130	0.401	0.401	0.359	0.329	0.304	0.282	0.265	0.250	0.236	0.228
140	0.349	0.350	0.325	0.300	0.279	0.262	0.246	0.233	0.222	0.214
150	0.306	0.306	0.295	0.275	0.258	0.242	0.229	0.218	0.208	0.201
160	0.272	0.272	0.268	0.251	0.237	0.224	0.213	0.203	0.195	0.189
170	0.243	0.243	0.243	0.230	0.218	0.207	0.198	0.189	0.182	0.177
180	0.218	0.218	0.218	0.211	0.201	0.192	0.184	0.176	0.170	0.166
190	0.197	0.197	0.197	0.194	0.185	0.178	0.170	0.164	0.159	0.155
200	0.180	0.180	0.180	0.178	0.171	0.165	0.159	0.153	0.148	0.145

λ_b \ ε_1	2.0	2.5	3.0	3.5	4.0	4.5	5.0	5.5	6.0	6.5
0	0.333	0.286	0.250	0.223	0.200	0.182	0.167	0.154	0.143	0.134
10	0.332	0.284	0.249	0.222	0.200	0.181	0.166	0.154	0.143	0.134
20	0.330	0.283	0.248	0.220	0.199	0.180	0.165	0.153	0.142	0.133
30	0.326	0.280	0.245	0.218	0.197	0.179	0.164	0.152	0.141	0.132
40	0.320	0.275	0.241	0.215	0.194	0.177	0.162	0.150	0.140	0.131
50	0.313	0.269	0.237	0.212	0.191	0.174	0.160	0.148	0.138	0.129

续表

λ_1 \ ε_1	2.0	2.5	3.0	3.5	4.0	4.5	5.0	5.5	6.0	6.5
60	0.304	0.263	0.231	0.207	0.187	0.171	0.157	0.146	0.136	0.127
70	0.294	0.255	0.225	0.202	0.183	0.167	0.154	0.143	0.133	0.125
80	0.283	0.246	0.218	0.196	0.178	0.163	0.151	0.140	0.131	0.123
90	0.272	0.237	0.211	0.190	0.173	0.159	0.147	0.137	0.128	0.120
100	0.259	0.227	0.203	0.184	0.168	0.154	0.143	0.133	0.125	0.117
110	0.247	0.218	0.195	0.177	0.162	0.149	0.139	0.124	0.121	0.114
120	0.244	0.207	0.187	0.170	0.156	0.144	0.134	0.126	0.118	0.111
130	0.221	0.197	0.178	0.163	0.150	0.139	0.130	0.122	0.114	0.108
140	0.208	0.187	0.170	0.156	0.144	0.134	0.125	0.118	0.111	0.105
150	0.196	0.177	0.162	0.149	0.138	0.129	0.121	0.113	0.107	0.102
160	0.185	0.168	0.154	0.142	0.132	0.123	0.116	0.104	0.103	0.098
170	0.173	0.158	0.146	0.135	0.126	0.118	0.111	0.105	0.100	0.095
180	0.163	0.149	0.138	0.129	0.120	0.113	0.102	0.101	0.048	0.092
190	0.153	0.141	0.131	0.122	0.115	0.108	0.101	0.097	0.093	0.080
200	0.143	0.133	0.124	0.116	0.110	0.104	0.098	0.093	0.089	0.085

λ_1 \ ε_1	7.0	8.0	9.0	10	12	14	16	18	20	25	30
0	0.125	0.111	0.100	0.091	0.077	0.067	0.059	0.053	0.048	0.038	0.032
10	0.125	0.110	0.099	0.091	0.077	0.067	0.059	0.053	0.048	0.038	0.032
20	0.124	0.110	0.099	0.091	0.077	0.067	0.059	0.053	0.048	0.038	0.032
30	0.123	0.110	0.099	0.090	0.076	0.066	0.058	0.052	0.047	0.037	0.031
40	0.122	0.109	0.098	0.090	0.076	0.066	0.058	0.052	0.047	0.037	0.031
50	0.121	0.108	0.097	0.089	0.075	0.065	0.058	0.052	0.047	0.037	0.031
60	0.120	0.107	0.096	0.088	0.075	0.065	0.057	0.051	0.047	0.036	0.030
70	0.118	0.105	0.095	0.087	0.074	0.065	0.057	0.051	0.046	0.036	0.030
80	0.115	0.103	0.094	0.086	0.073	0.064	0.056	0.050	0.046	0.036	0.030
90	0.113	0.102	0.092	0.084	0.072	0.063	0.056	0.050	0.046	0.035	0.029
100	0.111	0.100	0.090	0.083	0.071	0.062	0.055	0.049	0.045	0.035	0.029
110	0.108	0.097	0.089	0.081	0.070	0.061	0.054	0.049	0.045	0.035	0.029
120	0.105	0.095	0.087	0.080	0.069	0.060	0.053	0.048	0.044	0.034	0.028
130	0.102	0.093	0.085	0.078	0.067	0.059	0.052	0.048	0.044	0.034	0.028
140	0.100	0.090	0.083	0.076	0.066	0.058	0.052	0.047	0.043	0.034	0.028
150	0.097	0.088	0.081	0.075	0.065	0.057	0.051	0.047	0.043	0.033	0.027
160	0.094	0.085	0.078	0.073	0.063	0.056	0.050	0.046	0.042	0.033	0.027
170	0.091	0.083	0.076	0.071	0.062	0.055	0.049	0.045	0.041	0.033	0.027
180	0.087	0.080	0.074	0.069	0.060	0.054	0.048	0.044	0.041	0.032	0.026
190	0.084	0.078	0.072	0.067	0.059	0.053	0.047	0.043	0.040	0.032	0.026
200	0.082	0.075	0.070	0.065	0.058	0.052	0.046	0.042	0.039	0.032	0.026

注：对3号钢和2号钢，应取换算长细比，λ_h，对16Mn钢和16Mn桥钢，应取假定长细比 $\lambda_h = \sqrt{\dfrac{\sigma_s}{2400}}$ 代替换算长细比λ_h。

$$\sigma=\frac{P_z}{\varphi_{pq}A}\leqslant [\sigma] \tag{9-52}$$

式中 σ——实际工作应力（MPa）；

[σ]——材料的容许应力（MPa），按以下取值，A3钢[σ]=152MN/m^2，16Mn钢[σ]=225.4MN/m^2。

4. 接头连接

桅杆节的连接采用螺栓，连接板有四块式（即四个主肢处）和整块法兰式两种。

（1）螺栓直径

螺栓直径的计算按式（9-53）进行。

$$D=\sqrt{\frac{2M}{0.785n\cdot l\cdot [\sigma]}} \text{（cm）} \tag{9-53}$$

式中 D——螺栓直径（cm）；

n——螺栓总数；

l——螺栓至桅杆中性轴平均距离（cm）；

[σ]——材料容许应力。螺栓材质为A3钢材时，取[σ]=132.3MN/m^2。

（2）连接板厚度

连接板厚度取 $\delta=(1.4\sim2.5)\delta_0$（cm）；（$\delta_0$为桅杆主肢材料的厚度）。

（3）螺栓间距

螺栓间距按表9-15选用。

螺栓的容许距离 表9-15

名　　称	位置和方向	最大容许距离（取两者的较小值）	最小容许距离
中间距离	中间排	16d或24δ	3d
中心至构件边缘距离	垂直内力方向	4d或8δ	1.5d

注：d—螺栓孔径；δ—对接板的厚度。

5. 腹杆（缀条）计算

（1）腹杆的横向剪力由正压力引起，并按式（9-52）～（9-54）进行计算。

材质为A3的桅杆：

$$Q_{剪}=20A \tag{9-54}$$

材料为16Mn的桅杆：

$$Q_{剪}=34A \tag{9-55}$$

上两式中 $Q_{剪}$——腹杆的剪力（N）；

A——横截面的总面积（cm）；

在竖立桅杆时，横向剪力的最大值

$$Q_{剪} = \frac{G}{2} \qquad (9\text{-}52)$$

式中 G——桅杆自重（N），每米重可按其起重量的0.4%计算。

（2）斜腹杆受力

斜腹杆受力计算按式（9-57）进行。

$$N = \frac{Q}{n \cdot \cos\alpha} \text{（N）} \qquad (9\text{-}57)$$

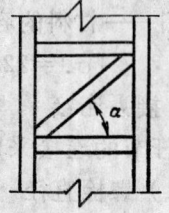

图 9-27 斜腹杆与水平夹角示意图

式中 N——斜腹杆轴向力（N）；

n——节点处斜腹杆条数，一般取 $n=2$；

α——斜腹杆与水平线间夹角，如图9-27所示。

3号钢和2号钢轴心受压构件的稳定系数 φ 表 9-16

λ	0	1	2	3	4	5	6	7	8	9
0	1.000	1.000	1.000	1.000	0.999	0.999	0.998	0.998	0.997	0.996
10	0.995	0.994	0.993	0.992	0.991	0.989	0.988	0.987	0.985	0.983
20	0.981	0.979	0.977	0.975	0.973	0.971	0.969	0.966	0.963	0.961
30	0.956	0.956	0.953	0.950	0.947	0.944	0.941	0.937	0.934	0.931
40	0.927	0.923	0.920	0.916	0.942	0.908	0.904	0.900	0.896	0.892
50	0.888	0.884	0.879	0.875	0.870	0.866	0.861	0.856	0.851	0.847
60	0.842	0.837	0.832	0.826	0.821	0.816	0.811	0.805	0.800	0.795
70	0.789	0.784	0.778	0.772	0.767	0.761	0.755	0.749	0.743	0.737
80	0.781	0.725	0.719	0.713	0.707	0.701	0.695	0.688	0.682	0.676
90	0.669	0.663	0.657	0.650	0.644	0.637	0.631	0.624	0.617	0.611
100	0.604	0.597	0.591	0.584	0.577	0.570	0.563	0.577	0.550	0.543
110	0.536	0.529	0.522	0.515	0.508	0.501	0.494	0.484	0.480	0.473
120	0.466	0.459	0.452	0.445	0.439	0.432	0.426	0.420	0.413	0.407
130	0.401	0.396	0.390	0.394	0.379	0.374	0.369	0.364	0.359	0.354
140	0.349	0.344	0.340	0.335	0.331	0.327	0.322	0.318	0.314	0.310
150	0.306	0.303	0.299	0.295	0.292	0.288	0.285	0.281	0.278	0.275
160	0.272	0.268	0.265	0.262	0.259	0.256	0.254	0.251	0.248	0.245
170	0.243	0.240	0.237	0.235	0.232	0.230	0.227	0.225	0.223	0.220
180	0.218	0.216	0.214	0.212	0.210	0.207	0.205	0.203	0.201	0.199
190	0.197	0.196	0.194	0.192	0.190	0.188	0.187	0.185	0.183	0.181
200	0.180	0.178	0.176	0.175	0.173	0.172	0.170	0.169	0.167	0.166
210	0.164	0.163	0.160	0.160	0.159	0.158	0.156	0.155	0.154	0.152
220	0.151	0.150	0.149	0.147	0.146	0.145	0.144	0.143	0.142	0.141
230	0.139	0.138	0.139	0.136	0.135	0.134	0.133	0.132	0.131	0.130
240	0.129	0.128	0.127	0.126	0.125	0.125	0.124	0.123	0.122	0.121
250	0.120									

（3）稳定性验算

斜腹杆稳定性验算按式（9-58）进行。式中考虑了偏心受压影响，计算长度取实际长度的80%。

$$\sigma = \frac{N}{\varphi \cdot A_{腹}} \leqslant 0.7[\sigma] \text{ (MPa)} \tag{9-58}$$

式中　φ——随长细比λ而变的稳定系数，查表9-16、9-17；

　　　$A_{腹}$——斜腹杆的横截面面积（cm^2）；

　　　其它符号同前。

16Mn钢和16Mn桥钢轴心受压构件的稳定系数φ　　　表 9-17

λ	0	1	2	3	4	5	6	7	8	9
0	1.000	1.000	1.000	0.999	0.999	0.998	0.998	0.997	0.996	0.994
10	0.993	0.992	0.990	0.989	0.987	0.985	0.983	0.980	0.978	0.976
20	0.973	0.970	0.967	0.964	0.961	0.958	0.955	0.951	0.948	0.944
30	0.940	0.936	0.932	0.928	0.923	0.919	0.915	0.910	0.905	0.900
40	0.895	0.890	0.885	0.880	0.874	0.869	0.863	0.858	0.852	0.846
50	0.840	0.834	0.828	0.822	0.815	0.809	0.803	0.796	0.789	0.783
60	0.776	0.769	0.762	0.755	0.748	0.741	0.734	0.727	0.719	0.712
70	0.705	0.697	0.690	0.682	0.674	0.667	0.659	0.651	0.643	0.635
80	0.627	0.619	0.611	0.603	0.595	0.587	0.579	0.571	0.563	0.554
90	0.546	0.538	0.530	0.521	0.513	0.504	0.496	0.488	0.479	0.471
100	0.462	0.454	0.445	0.436	0.428	0.420	0.413	0.405	0.398	0.391
110	0.384	0.378	0.371	0.365	0.359	0.353	0.347	0.341	0.336	0.331
120	0.325	0.320	0.315	0.310	0.305	0.301	0.296	0.292	0.288	0.283
130	0.279	0.275	0.271	0.267	0.263	0.260	0.256	0.253	0.249	0.246
140	0.242	0.239	0.236	0.233	0.230	0.227	0.224	0.221	0.218	0.215
150	0.213	0.210	0.207	0.205	0.202	0.200	0.197	0.195	0.193	0.190
160	0.188	0.186	0.184	0.182	0.180	0.178	0.176	0.174	0.172	0.170
170	0.168	0.166	0.164	0.162	0.161	0.159	0.157	0.156	0.154	0.152
180	0.151	0.149	0.148	0.146	0.145	0.143	0.142	0.140	0.139	0.138
190	0.136	0.135	0.134	0.132	0.131	0.130	0.129	0.128	0.126	0.125
200	0.124	0.123	0.122	0.121	0.120	0.118	0.117	0.116	0.115	0.114
210	0.113	0.112	0.111	0.110	0.109	0.108	0.108	0.107	0.106	0.105
220	0.104	0.103	0.102	0.101	0.101	0.100	0.099	0.098	0.097	0.097
230	0.096	0.095	0.094	0.094	0.093	0.092	0.091	0.091	0.090	0.089
240	0.089	0.088	0.087	0.087	0.086	0.085	0.085	0.084	0.084	0.083
250	0.082									

表9-18为格构式桅杆起吊能力表。供参考选用。

格构式桅杆起吊能力表　　　表 9-18

桅杆长度 L (m)	吊梁形式	30t桅杆 L90²×10 700见方 双侧	30t桅杆 L90²×10 700见方 单侧 e=430	50t桅杆 L125²×12 800见方 双侧	50t桅杆 L125²×12 800见方 单侧 e=500	100t桅杆 L160²×14 1000见方 双侧	100t桅杆 L160²×14 1000见方 单侧 e=750	200t桅杆 L200²×24 1200见方 双侧	200t桅杆 L200²×24 1200见方 单侧 e=800
		起吊物重 (kN)							
12	固定	392	196	735	294	1176	490		
12	杠杆		294		490		882		
15	固定	372	186	686	284	1127	470	223	883
15	杠杆		284		470		862		1693
20	固定	343	176	666	274	1078	441	2156	1695
20	杠杆		265		441		833		1617
25	固定	323	167	627	265	1029	421	2156	833
25	杠杆		255		421		813		
30	固定	294	147	588	245	980	392		
30	杠杆		245		392		784		
32	固定							1960	784
32	杠杆								1470

注：1．单侧起吊能力系按桅杆倾斜度 $\theta_{max}=15°$ 计算。
　　2．杠杆式吊梁是按力臂为 1：2 杠杆计算。
　　3．双侧起吊允许桅杆有 2° 倾斜。
　　4．桅杆材质：A3钢。

第十章 结构吊装常用参考资料

第一节 起重机械

一、履带式起重机

履带式起重机的外形尺寸图、工作曲线图分别如图10-1～10-9所示。起重性能参数分别见表10-1～10-13。

1. QUY50型履带式起重机

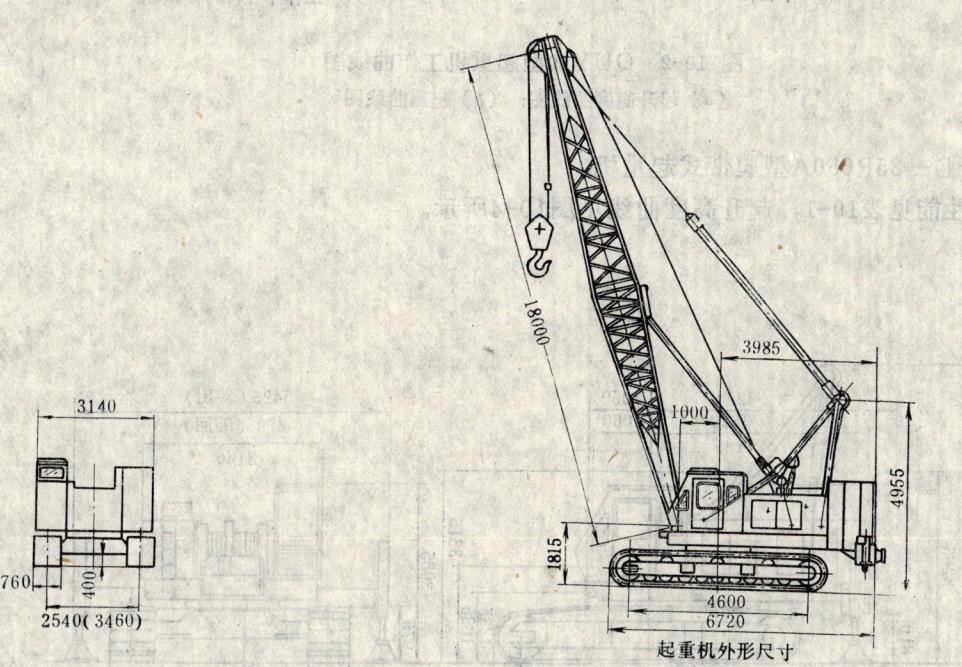

图 10-1 QUY50型起重机外形尺寸图

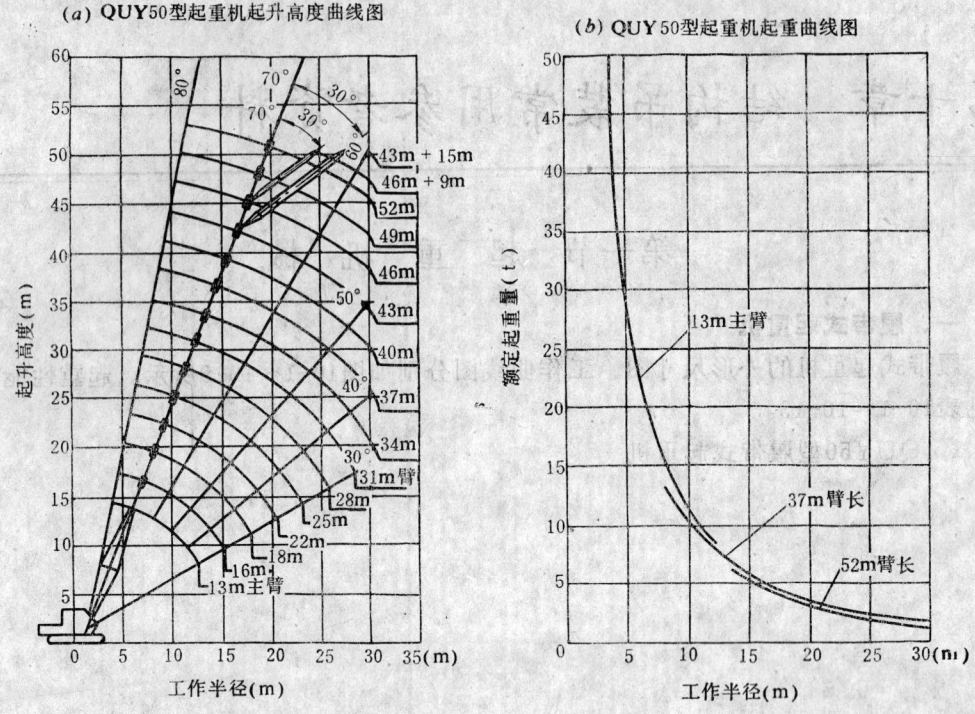

图 10-2　QUY50型起重机工作曲线图
（a）起升高度曲线图；（b）起重曲线图

2. IPD—85R650A型履带式起重机

起重性能见表10-1，起升高度曲线见图10-4所示。

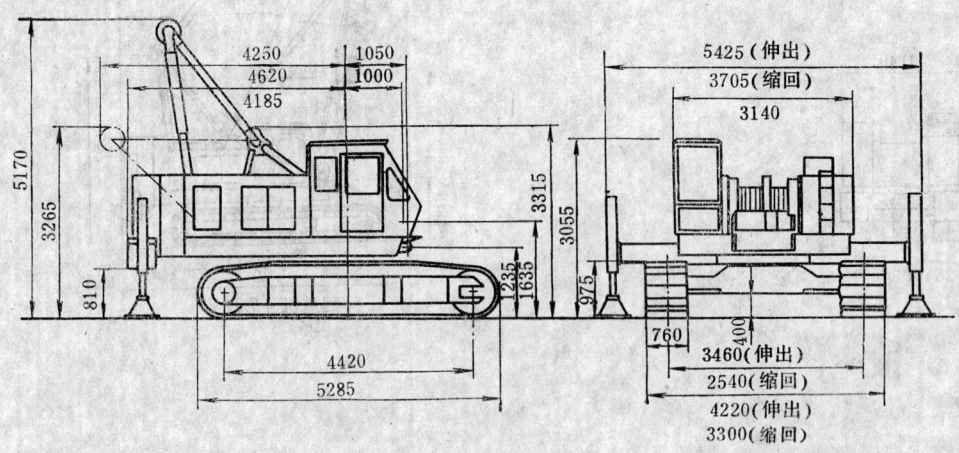

图 10-3　IPD—85R650A型起重机外形尺寸图

起重性能参数表(t)　　　　表10-1

工作幅度 (m)	主臂长度 (m)												
	10	13	16	19	22	25	28	31	34	37	40	43	46
3.0	40.0												
3.5	40.0	40.0											
4.0	33.0	32.9	32.8										
4.5	27.6	27.5	27.4	27.3									
5.0	23.6	23.5	23.4	23.3	23.2								
6.0	18.0	17.9	17.8	17.7	17.6	17.5	17.4						
7.0	14.4	14.3	14.2	14.1	14.0	13.9	13.8	13.7	13.6				
8.0	12.0	11.9	11.8	11.7	11.6	11.5	11.4	11.3	11.2	11.1	11.0		
9.0	10.3	10.2	10.1	10.0	9.9	9.8	9.7	9.6	9.5	9.4	9.3	9.2	
10.0		9.0	8.9	8.8	8.7	8.6	8.5	8.4	8.3	8.2	8.1	8.0	7.5
12.0		7.0	6.9	6.8	6.7	6.6	6.5	6.4	6.3	6.2	6.1	6.0	5.5
14.0			5.5	5.4	5.3	5.2	5.1	5.0	4.9	4.8	4.7	4.6	4.4
16.0				4.5	4.4	4.3	4.2	4.1	4.0	3.9	3.8	3.7	3.6
18.0					3.7	3.6	3.5	3.4	3.3	3.2	3.1	3.0	2.9
20.0						3.1	3.0	2.9	2.8	2.7	2.6	2.5	2.4
22.0						2.7	2.6	2.5	2.4	2.3	2.2	2.1	2.0
24.0							2.3	2.2	2.1	2.0	1.9	1.8	1.7
26.0								1.9	1.8	1.7	1.6	1.5	1.4
28.0									1.6	1.5	1.4	1.3	1.2
30.0									1.4	1.3	1.2	1.1	1.0

起重量表说明：

1. 表中负荷值，是在平坦坚硬的地面上，全回转。前倾稳定性为1.15以上。
2. 实际起吊重量应扣除吊钩等重量：40t主钩扣除380kg，起重5t副钩，扣除120kg。

3. KH150—2型履带式起重机

起重曲线见图10-6，起重性能见表10-2、10-3。

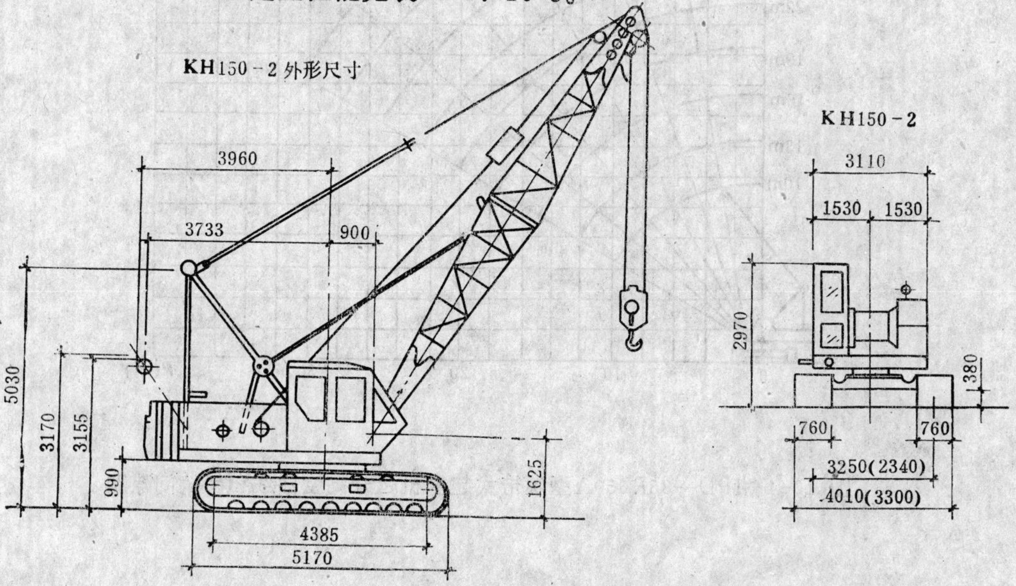

图 10-5　KH150—2型履带式起重机外形尺寸图

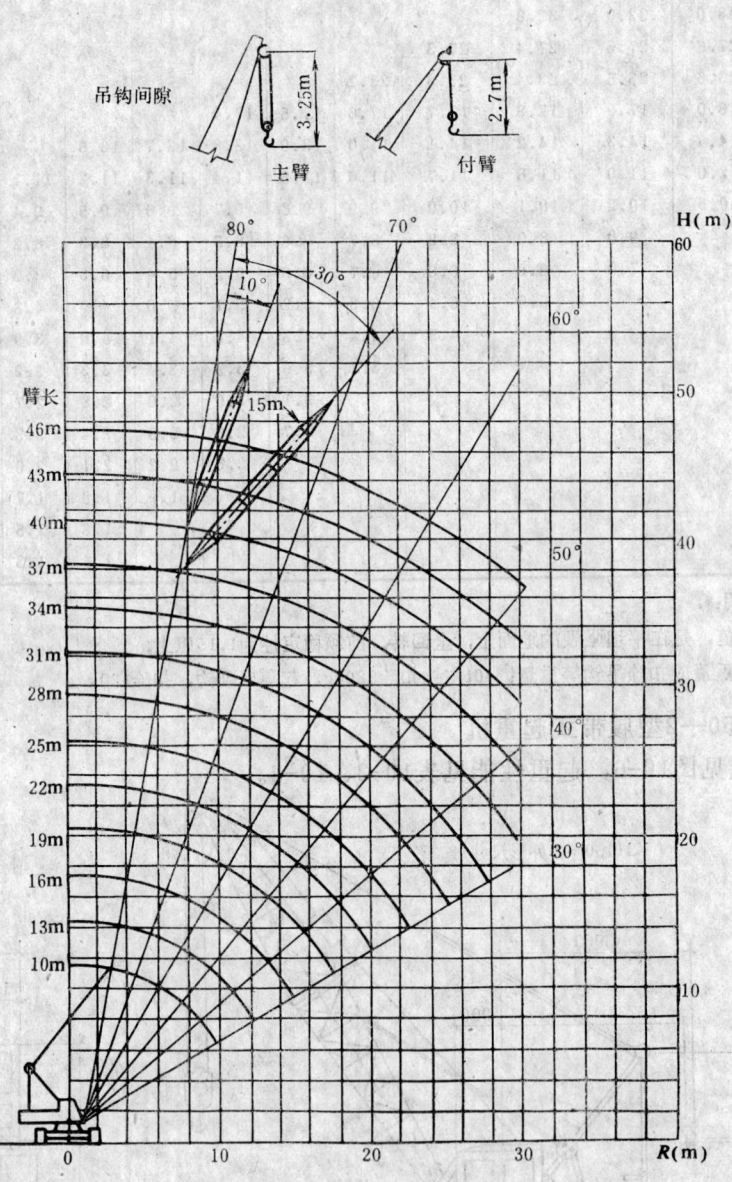

图 10-4 IPD—85R650A型履带式起重机起升高度曲线和吊钩间隙图

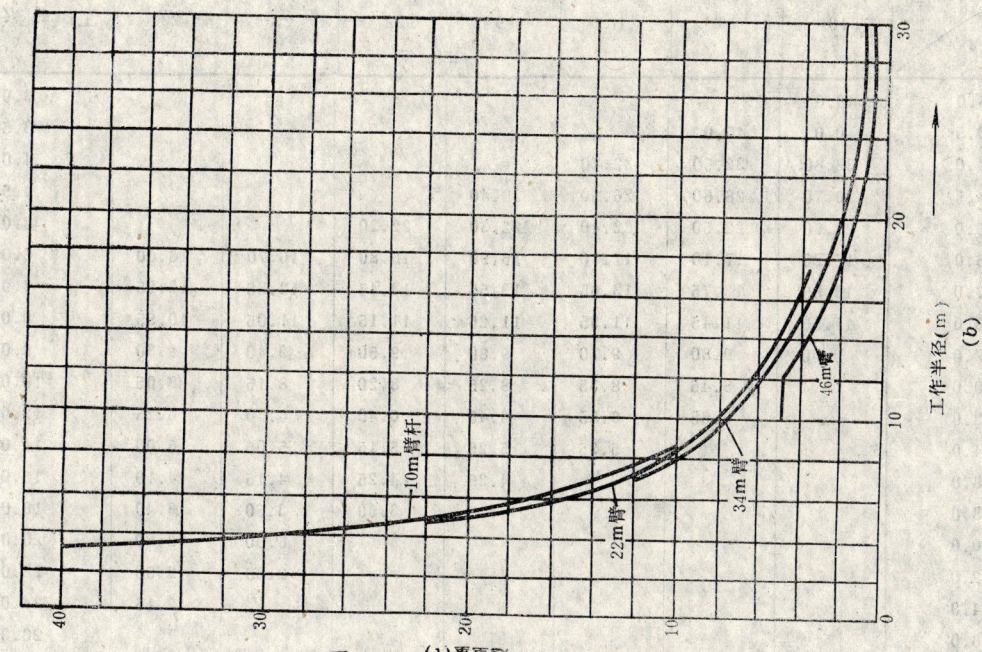
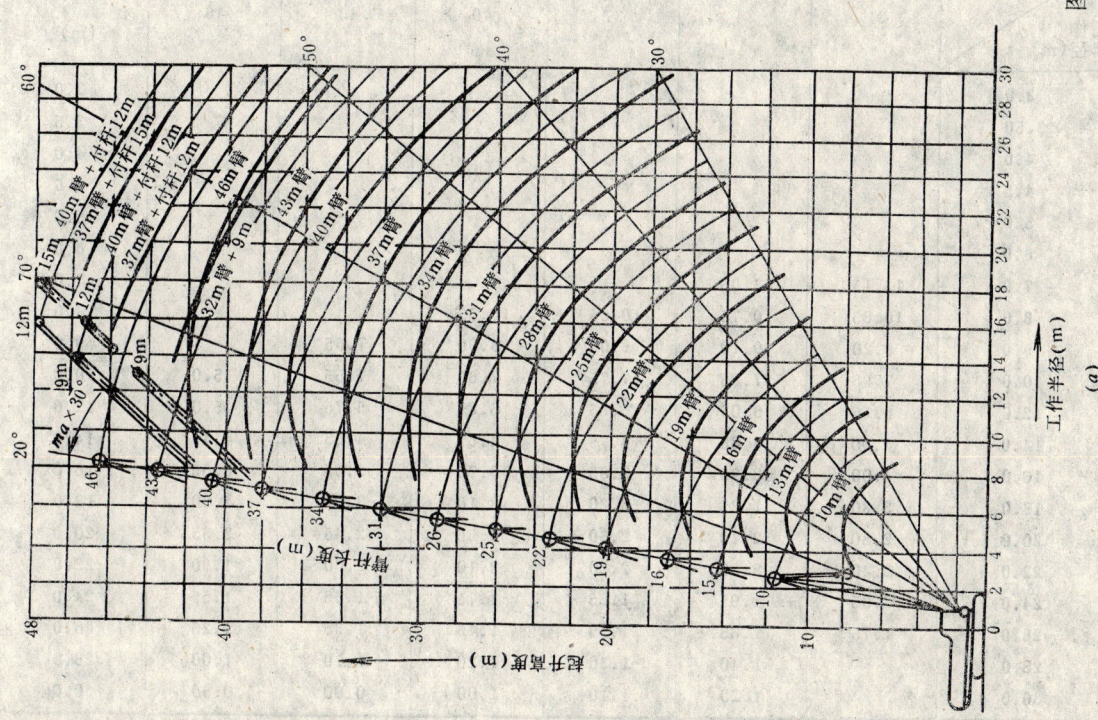

图 10-6 KH150—2型起重机工作曲线图
(a) 起升高度曲线图；(b) 起重性能曲线图

KH150—2型起重机起重性能参数表(t) 表 10-2

工作半径(m) \ 臂长(m)	10	13	16	19	22	25	28	工作半径(m)
3.0	40.0							3.0
3.5	40.0	40.0						3.5
4.0	32.60	32.50	32.40					4.0
4.5	26.70	26.60	26.50	26.40				4.5
5.0	22.60	22.50	22.40	22.30	22.20			5.0
6.0	17.20	17.10	17.00	16.90	16.80	16.70	16.60	6.0
7.0	13.85	13.75	13.65	13.55	13.45	13.35	13.25	7.0
8.0	11.55	11.45	11.35	11.25	11.15	11.05	10.95	8.0
9.0	9.90	9.80	9.70	9.60	9.50	9.40	9.30	9.0
10.0		8.45	8.35	8.25	8.20	8.15	8.05	10.0
12.0		6.65	6.55	6.45	6.40	6.30	6.25	12.0
14.0			5.35	5.25	5.15	5.05	5.00	14.0
16.0				4.35	4.25	4.15	4.10	16.0
18.0					3.60	3.50	3.40	18.0
20.0						3.00	2.90	20.0
22.0						2.60	2.50	22.0
24.0							2.15	24.0
26.0								26.0
28.0								28.0
30.0								30.0

工作半径(m) \ 臂长(m)	31	34	37	40	43	46	工作半径(m)
3.0							3.0
3.50							3.5
4.0							4.0
4.5							4.5
5.0							5.0
6.0							6.0
7.0	13.15	13.05					7.0
8.0	10.85	10.75	10.65	10.55			8.0
9.0	9.20	9.10	9.00	8.90	7.55		9.0
10.0	7.95	7.85	7.75	7.65	7.55	5.0	10.0
12.0	6.15	6.05	5.95	5.85	5.75	5.0	12.0
14.0	4.90	4.85	4.75	4.65	4.55	4.45	14.0
16.0	4.00	3.95	3.85	3.75	3.65	3.55	16.0
18.0	3.30	3.25	3.20	3.10	3.00	2.90	18.0
20.0	2.80	2.70	2.60	2.55	2.45	2.35	20.0
22.0	2.40	2.30	2.20	2.10	2.00	1.90	22.0
24.0	2.05	1.95	1.85	1.75	1.65	1.55	24.0
26.0	1.75	1.65	1.55	1.45	1.35	1.25	26.0
28.0		1.40	1.30	1.20	1.10	1.00	28.0
30.0		1.20	1.10	1.00	0.90	0.80	30.0

KHI50—2起重机付臂起重性能参数表(t) 表10-3

主臂长(m)	25						28						31						主臂长(m)
副臂长(m)	9		12		15		9		12		15		9		12		15		副臂长(m)
副臂仰角(°)	10	30	10	30	10	30	10	30	10	30	10	30	10	30	10	30	10	30	副臂仰角(°)
9.0	4.00						4.00												9.0
10.0	4.00		3.80				4.00		3.80				4.00						10.0
11.0	4.00		3.80		2.80		4.00		3.80		2.80		4.00		3.80				11.0
12.0	4.00	3.30	3.80		2.80		4.00	3.50	3.80		2.80		4.00		3.80		2.80		12.0
13.0	4.00	3.30	3.80		2.80		4.00	3.30	3.80		2.80		4.00	3.30	3.80		2.80		13.0
14.0	4.00	3.30	3.80	3.05	2.80		4.00	3.30	3.80	3.05	2.80		4.00	3.30	3.80		2.80		14.0
15.0	4.00	3.30	3.80	3.05	2.80		4.00	3.30	3.80	3.05	2.80		4.00	3.30	3.80	3.05	2.80		15.0
16.0	3.80	3.30	3.80	3.05	2.80	1.90	3.75	3.30	3.75	3.05	2.80	1.90	3.65	3.30	3.65	3.05	2.80		16.0
18.0	3.15	3.15	3.15	3.05	2.80	1.90	3.05	3.05	3.05	3.05	2.80	1.90	2.95	2.95	2.95	2.95	2.80	1.90	18.0
20.0	2.65	2.65	2.65	2.65	2.65	1.90	2.55	2.55	2.55	2.55	2.55	1.90	2.45	2.45	2.45	2.45	2.45	1.90	20.0
22.0	2.25	2.25	2.25	2.25	2.25	1.90	2.15	2.15	2.15	2.15	2.15	1.90	2.05	2.05	2.05	2.05	2.05	1.90	22.0
24.0							1.80	1.80	1.80	1.80	1.80	1.80	1.70	1.70	1.70	1.70	1.70	1.70	24.0
26.0													1.40	1.40	1.40	1.40	1.40	1.40	26.0
28.0																			28.0
30.0																			30.0

主臂长(m)	34						37						40				主臂长(m)
副臂长(m)	9		12		15		9		12		15		9		12		副臂长(m)
副臂角度(°)	10	30	10	30	10	30	10	30	10	30	10	30	10	30	10	30	副臂角度(°)
9.0																	9.0
10.0	4.00																10.0
11.0	4.00		3.80				4.00										11.0
12.0	4.00		3.80		2.80		4.00		3.80				4.00				12.0
13.0	4.00	3.30	3.80		2.80		4.00		3.80		2.80		4.00		3.80		13.0
14.0	4.00	3.30	3.80		2.80		4.00	3.30	3.80		2.80		4.00	3.30	3.80		14.0
15.0	4.00	3.30	3.80	3.05	2.80		3.95	3.30	3.80		2.80		3.85	3.30	3.80		15.0
16.0	3.60	3.30	3.60	3.05	2.80		3.50	3.30	3.50	3.05	2.80		3.40	3.30	3.40	3.05	16.0
18.0	2.90	2.90	2.90	2.90	2.80	1.90	2.85	2.85	2.85	2.85	2.80	1.90	2.75	2.75	2.75	2.75	18.0
20.0	2.35	2.35	2.35	2.35	2.35	1.90	2.25	2.25	2.25	2.25	2.25	1.90	2.20	2.20	2.20	2.20	20.0
22.0	1.95	1.95	1.95	1.95	1.95	1.90	1.85	1.85	1.85	1.85	1.85	1.85	1.75	1.75	1.75	1.75	22.0
24.0	1.60	1.60	1.60	1.60	1.60	1.60	1.50	1.50	1.50	1.50	1.50	1.50	1.40	1.40	1.40	1.40	24.0
26.0	1.30	1.30	1.30	1.30	1.30	1.30	1.20	1.20	1.20	1.20	1.20	1.20	1.10	1.10	1.10	1.10	26.0
28.0	1.05	1.05	1.05	1.05	1.05	1.05	0.95	0.95	0.95	0.95	0.95	0.95	0.85	0.85	0.85	0.85	28.0
30.0	0.85	0.85	0.85	0.85	0.85	0.85	0.75	0.75	0.75	0.75	0.75	0.75	0.65	0.65	0.65	0.65	30.0

4. KH180—3型履带式起重机

KH180—3型起重机外形尺寸表　　　　　表 10-4

项目	尺寸(mm)	项目	尺寸(mm)
履带长	5520	履带板宽	760
履带外侧宽	4300	履带缩回后宽	3300
履带中至中宽	3540	履带缩回后宽	2540
履带高	960	地面至龙门架顶高	5260
地面至车棚顶高	3280	车身长度	5240
地面至车底高	1070	履带对地面压力	0.61kg/cm²
起重自重	46900kg	起重机配重	15900kg/2块

KH180—3型起重机起重性能参数表(t)　　　　　表 10-5

工作半径 (m)	吊臂长度 (m)						
	13	16	19	22	25	28	31
3.7	50.0						
4.0	45.8	44.2 (4.1m)					
4.5	37.9	37.8	36.3 (4.6m)				
5.0	32.0	31.9	31.85	30.2 (5.15m)			
6.0	24.25	24.15	24.15	24.05	24.0	22.7 (6.2m)	
7.0	19.45	19.35	19.30	19.2	19.1	19.0	18.9
8.0	16.2	16.05	16.0	15.9	15.7	15.5	15.4
9.0	13.8	13.7	13.6	13.5	13.4	13.3	13.2
10.0	12.05	11.9	11.85	11.75	11.7	11.6	11.5
12.0	9.5	9.35	9.3	9.2	9.1	9.0	8.9
14.0	9.2 (12.3m)	7.65	7.55	7.45	7.4	7.25	7.2
16.0		6.8 (14.9m)	6.35	6.2	6.15	6.05	5.95
18.0			5.6 (17.5m)	5.3	5.2	5.10	5.05
20.0				4.6	4.5	4.35	4.3
22.0					3.9	3.8	3.7
24.0					3.75 (22.7m)	3.3	3.25
26.0						3.05 (25.3m)	2.85
28.0							2.55 (27.9m)
30.0							
32.0							
34.0							

续表

工作半径 (m)	吊臂长度 (m)						
	34	37	40	43	46	49	52
3.7							
4.0							
4.5							
5.0							
6.0							
7.0							
8.0	15.3	15.3					
9.0	13.1	13.0	12.9	11.6			
10.0	11.4	11.4	11.3	11.2	9.7	8.3 (10.1m)	
12.0	8.8	8.8	8.7	8.6	8.55	7.75	6.65
14.0	7.15	7.05	6.95	6.85	6.8	6.75	6.2
16.0	5.9	5.8	5.7	5.6	5.55	5.45	5.35
18.0	4.95	4.85	4.75	4.65	4.6	4.5	4.40
20.0	4.2	4.15	4.0	3.9	3.85	3.8	3.70
22.0	3.65	3.55	3.45	3.35	3.30	3.2	3.10
24.0	3.15	3.05	2.95	2.85	2.80	2.70	2.60
26.0	2.75	2.65	2.55	2.45	2.40	2.30	2.20
28.0	2.4	2.30	2.20	2.10	2.05	1.95	1.85
30.0	2.15	2.05	1.90	1.80	1.75	1.65	1.55
32.0	2.10 (30.5m)	1.8	1.65	1.55	1.50	1.40	1.30
34.0		1.65 (33.1m)	1.45	1.35	1.30	1.20	1.05

5. KH300—2型履带式起重机

KH300—2型起重机主要外形尺寸表　　　　表10-6

项目	尺寸(mm)	项目	尺寸(mm)
履带长度	6240	回转中心轴至车尾	4710
履带外侧宽	4755	履带板宽	915
地面至平台高	1460	地面至车棚顶	3510
车棚宽	3200	驾驶室宽	820

表 10-7

KH300—2型起重机起重性能参数表（t）

工作半径 (m)	吊臂长度 (m)														
	13	16	19	22	25	28	31	34	37	40	43	46	49	52	55
3.7	80.0														
4.0	72.8														
4.5	61.5														
5.0	54.0	53.9													
5.5	47.5	47.4	47.3												
6.0	42.2	42.1	42.0	41.2											
6.5	37.35	37.25	37.15	37.05	36.95										
7.0	33.45	33.35	33.25	33.15	33.05	32.95									
8.0	27.6	27.5	27.4	27.3	27.2	27.1	27.0	26.9							
9.0	23.45	23.35	23.25	23.15	23.05	22.95	22.85	22.75	22.65	22.55					
10.0	20.3	20.2	20.1	20.0	19.9	19.8	19.7	19.6	19.5	19.4	19.3				
11.0	17.85	17.75	17.65	17.55	17.45	17.35	17.25	17.15	17.05	16.95	16.85	16.75			
12.0	15.9	15.8	15.7	15.6	15.5	15.4	15.3	15.2	15.1	15.0	14.9	14.8	14.70		
14.0	14.5 (12.9m)	12.85	12.75	12.65	12.55	12.45	12.35	12.25	12.15	12.05	11.95	11.85	11.70	11.65	
16.0		11.5 (15.5m)	10.65	10.55	10.45	10.35	10.25	10.15	10.05	9.95	9.85	9.75	9.65	9.55	9.45
18.0			9.1	9.0	8.9	8.8	8.7	8.6	8.5	8.4	8.3	8.2	8.1	8.0	7.9
20.0			9.0 (18m)	7.75	7.65	7.55	7.45	7.35	7.25	7.15	7.05	6.95	6.85	6.75	6.65
22.0				7.5 (20m)	6.7	6.6	6.5	6.4	6.3	6.2	6.1	6.0	5.9	5.8	5.65
24.0					6.2 (25.3m)	5.7	5.6	5.5	5.4	5.3	5.2	5.1	5.0	4.9	4.8
26.0						5.1 (25.9m)	5.0	4.9	4.8	4.7	4.6	4.5	4.4	4.3	4.2
28.0							4.45	4.35	4.25	4.15	4.05	3.95	3.85	3.75	3.65
30.0								3.77 (31m)	3.0 (33m)	2.3 (36.2)	1.9 (38m)	1.8 (38m)	1.7 (38m)	1.6 (38m)	1.45 (38m)
32.0															

6. P&H7150型履带式起重机

P&H7150型履带式起重机起升高度曲线见图10-8、10-9，起重性能见表10-8、10-9、10-10、10-11、10-12、10-13。

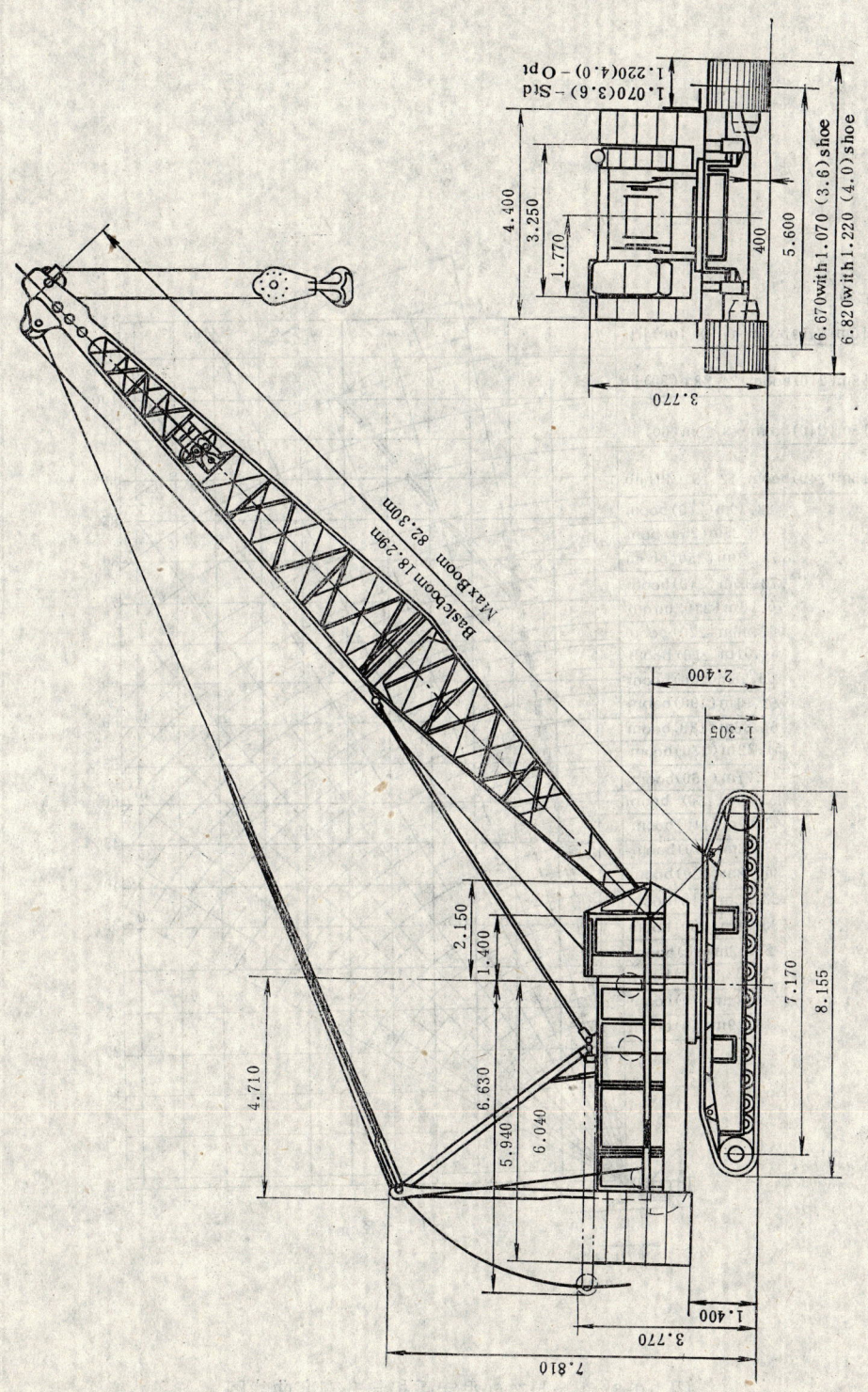

图 10-7 P&H7150型履带式起重机外形尺寸

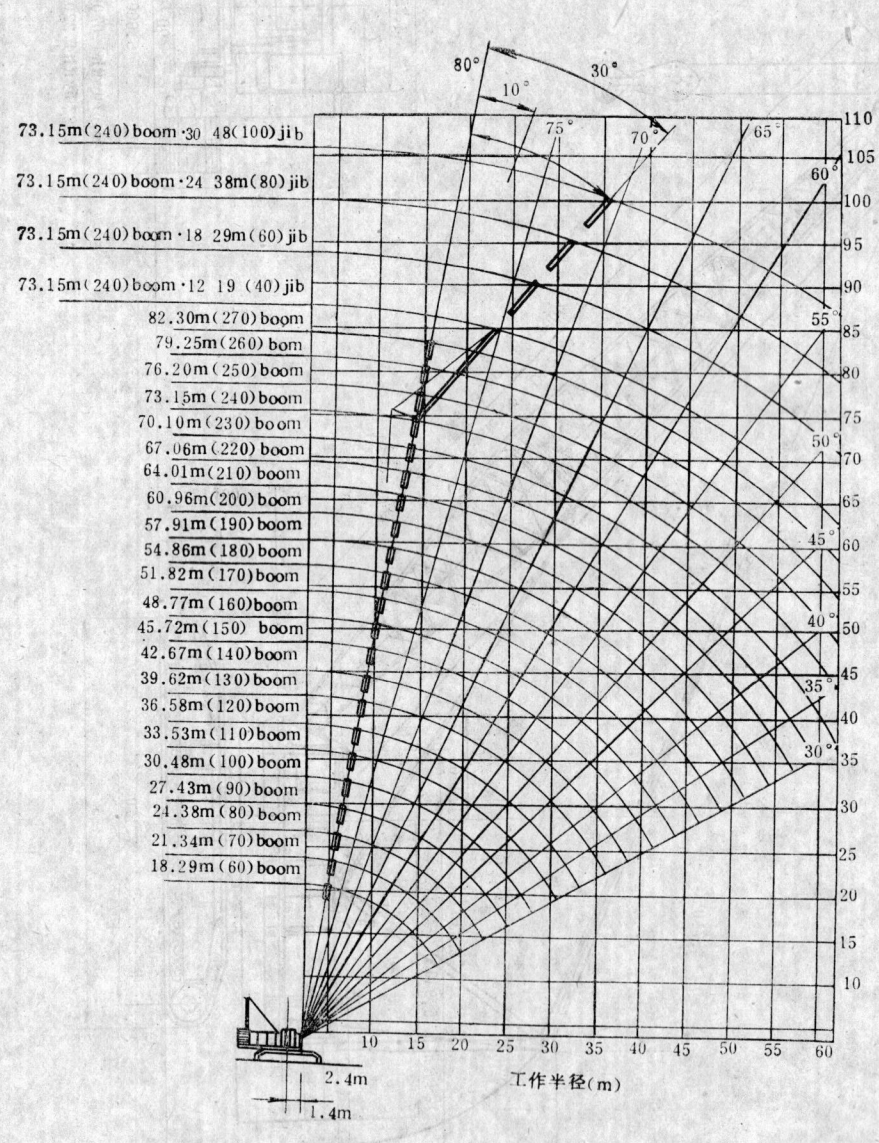

图 10-8 P&H7150型起重机起升高度曲线图

P&H7150型起重机主吊臂额定起重性能参数表(t)　　表10-8

条件	360°范围内工作											
	主 臂 长 度 (m)											
工作半径(m)	18.29	21.34	24.38	27.43	30.48	33.53	36.58	39.62	42.67	45.72	48.77	51.82
5	150.00											
6	140.00	128.1	116.8									
7	123.6	121.7	111.5	102.5	94.4							
8	99.1	98.8	98.7	96.2	90.7	83.8	77.8					
9	82.5	82.3	82.2	82.0	81.8	78.8	75.2	69.6				
10	70.5	70.3	70.2	70.1	69.9	69.8	69.2	66.5	62.3	57.8		
12	54.6	54.3	54.2	54.0	53.8	53.7	53.5	53.3	53.2	52.2	49.6	46.9
14	44.5	44.2	44.0	43.9	43.6	43.5	43.2	43.1	42.9	42.7	42.6	41.8
16	37.5	37.1	37.0	36.8	36.5	36.4	36.1	35.9	35.8	35.6	35.5	35.2
18		32.0	31.8	31.6	31.3	31.7	30.8	30.7	30.6	30.4	30.2	30.0
20			27.8	27.6	27.3	27.1	26.8	26.7	26.5	26.3	26.2	25.9
22			24.7	24.4	24.2	24.0	23.7	23.5	23.4	23.1	23.0	22.8
24				21.9	21.6	21.4	21.1	20.9	20.8	20.6	20.4	20.2
26					19.5	19.3	19.0	18.8	18.7	18.4	18.2	18.0
28						17.5	17.2	17.0	16.9	16.6	16.4	16.2
30						16.1	15.7	15.5	15.4	15.1	14.9	14.7
32							14.4	14.2	14.0	13.8	13.6	13.4
34							13.1	12.9	12.7	12.5	12.2
36								11.9	11.7	11.5	11.2
38								11.1	10.8	10.6	10.3
40									10.1	9.8	9.6
42										9.1	8.9

条件	360°范围内工作										
	主 臂 长 度											
工作半径(m)	51.82	54.86	57.91	60.96	64.01	67.06	70.10	73.15	76.20	79.25	82.30
12	46.9	43.5	40.0								
14	41.8	40.3	38.1	37.0	36.2	33.5	30.3				
16	35.2	35.1	33.8	35.6	35.2	32.7	29.6	27.1	25.0	22.8	20.3
18	30.0	29.8	29.6	30.3	30.1	29.9	28.8	26.4	24.4	22.1	19.7
20	25.9	25.7	25.5	26.2	25.9	25.9	25.9	25.7	23.8	21.6	19.2
22	22.8	22.5	22.3	22.9	22.6	22.7	22.6	22.4	22.3	21.0	18.6
24	20.2	19.9	19.7	20.2	20.0	20.0	20.0	19.7	19.6	19.4	18.0
26	18.0	17.7	17.6	18.0	17.8	17.8	17.7	17.5	17.4	17.2	16.7
28	16.2	15.9	15.8	16.2	15.9	15.9	15.9	15.6	15.5	15.3	15.2
30	14.7	14.4	14.3	14.6	14.3	14.3	14.3	14.0	13.9	13.7	13.6
32	13.4	13.1	12.9	13.2	13.0	13.0	12.9	12.6	12.5	12.3	12.3
34	12.2	11.9	11.8	12.0	11.8	11.8	11.7	11.4	11.3	11.1	11.1
36	11.2	10.9	10.8	11.0	10.7	10.7	10.7	10.4	10.3	10.1	10.0
38	10.3	10.1	9.9	10.1	9.8	9.8	9.8	9.5	9.3	9.1	9.1
40	9.6	9.3	9.1	9.3	9.0	9.0	8.9	8.6	8.5	8.3	8.2
42	8.9	8.6	8.4	8.5	8.2	8.2	8.2	7.9	7.8	7.6	7.5
44	8.2	7.9	7.7	7.9	7.6	7.6	7.5	7.2	7.1	6.9	6.8
46	7.7	7.4	7.2	7.3	7.0	7.0	6.9	6.6	6.5	6.2	6.1
48		6.9	6.6	6.7	6.4	6.4	6.4	6.0	5.9	5.6	5.4
50			6.2	6.2	5.9	5.9	5.9	5.5	5.3	5.0	4.9
52				5.8	5.4	5.4	5.3	4.9	4.7	4.5	4.5
54				5.4	5.0	5.0	5.0	4.4	4.2	4.0	3.8
56					4.5	4.5	4.4	4.0	3.8	3.5	3.4
58						4.1	4.0	3.6	3.4	3.1	2.9
60							3.6	3.2	3.0	2.7	2.5
62							3.2	3.8	2.6	2.4	2.2

P&H7150型起重机主臂起重性能参数表

表 10-9

条件	360°工作范围内，带平衡重和附加平衡重									
	主 臂 长 度 (m)									
工作半径(m)	18.29	21.34	24.38	27.43	30.48	33.53	36.58	39.62	42.67	45.72	48.77
5	150.0										
6	140.0	128.1	116.8								
7	123.6	121.7	111.5	102.5	94.4						
8	104.8	104.6	102.3	96.2	90.7	83.8	77.8				
9	90.0	90.4	89.8	87.1	82.7	79.5	75.2	69.6			
10	78.4	79.3	79.1	78.5	75.6	72.7	69.4	66.5	62.3	57.8	
12	61.1	62.9	63.4	63.3	62.6	61.8	59.3	56.8	54.7	52.2	50.2
14	48.5	51.2	52.3	52.6	52.3	51.8	51.1	49.5	47.7	45.5	43.8
16	38.4	42.1	43.9	44.4	44.2	44.0	43.7	43.3	42.1	40.2	38.7
18		34.6	37.1	38.2	37.9	37.7	37.5	37.4	37.1	36.0	34.7
20			31.3	32.9	33.1	32.9	32.7	32.5	32.3	32.2	31.2
22			26.0	28.3	29.3	29.1	28.9	28.7	28.5	28.4	28.1
24				24.1	25.5	26.1	25.8	25.7	25.4	25.3	25.0
26					22.1	23.2	23.3	23.1	22.9	22.7	22.5
28						20.3	21.0	21.0	20.8	20.6	20.3
30						17.6	18.6	19.1	18.9	18.8	18.5
32							16.3	17.1	17.4	17.2	16.9
34								15.1	15.7	15.9	15.6
36									14.0	14.4	14.4
38									12.3	12.9	13.1
40										11.5	11.8
42											10.5

条件	360°工作范围内，带平衡重和附加平衡重									
	主 臂 长 度 (m)									
工作半径(m)	51.82	54.86	57.91	60.96	64.01	67.06	70.10	73.15	76.20	79.25	82.30
12	46.9	43.5	40.0								
14	41.8	40.3	38.1	37.0	36.2	33.5	30.3				
16	36.9	35.6	33.8	35.6	35.2	32.7	29.6	27.1	25.0	22.8	20.3
18	33.0	31.8	30.2	32.9	33.7	31.3	28.8	26.4	24.4	22.1	19.7
20	29.8	28.7	27.2	29.5	31.8	30.5	27.6	25.7	23.8	21.6	19.3
22	27.1	26.0	24.7	26.6	27.9	27.9	26.8	24.6	22.7	21.0	18.6
24	24.7	23.8	22.5	24.2	24.7	24.7	24.7	23.9	21.4	19.6	18.0
26	22.3	21.8	20.7	22.0	22.1	22.1	22.1	21.8	20.1	18.2	16.9
28	20.2	19.9	19.0	20.1	19.9	19.9	19.8	19.6	18.8	17.0	15.7
30	18.4	18.1	17.5	18.3	18.0	18.0	18.0	17.7	17.6	15.8	14.6
32	16.8	16.5	16.1	16.6	16.4	16.4	16.3	16.1	15.9	14.8	13.5
34	15.4	15.1	14.9	15.2	15.0	15.0	14.9	14.6	14.5	13.8	12.5
36	14.2	13.9	13.8	14.0	13.7	13.7	13.7	13.4	13.3	12.7	11.5
38	13.2	12.9	12.7	12.9	12.6	12.6	12.6	12.3	12.2	11.6	10.4
40	12.0	11.9	11.7	11.9	11.6	11.6	11.6	11.3	11.2	10.6	9.7
42	10.8	10.8	10.7	11.1	10.8	10.8	10.7	10.4	10.3	9.9	9.0
44	9.7	9.8	9.7	10.3	10.0	10.0	9.9	9.6	9.5	9.3	8.5
46	8.6	8.8	9.6	9.3	9.3	9.2	8.9	8.8	8.6	8.6	7.8
48		7.8	7.9	8.9	8.6	8.6	8.5	8.2	8.1	7.9	7.4
50			70.0	8.3	8.0	8.0	7.9	7.6	7.5	7.3	6.8
52				7.8	7.5	7.5	7.4	7.1	7.0	6.8	6.3
54				7.3	7.0	7.0	6.9	6.6	6.4	6.2	5.9
56					6.5	6.5	6.4	6.1	5.9	5.6	5.4
58						6.1	6.0	5.6	5.4	5.1	4.9
60							5.2	5.0	4.7	4.5	4.5
62							5.1	4.7	4.5	4.3	4.1
64								4.3	4.1	3.9	3.7

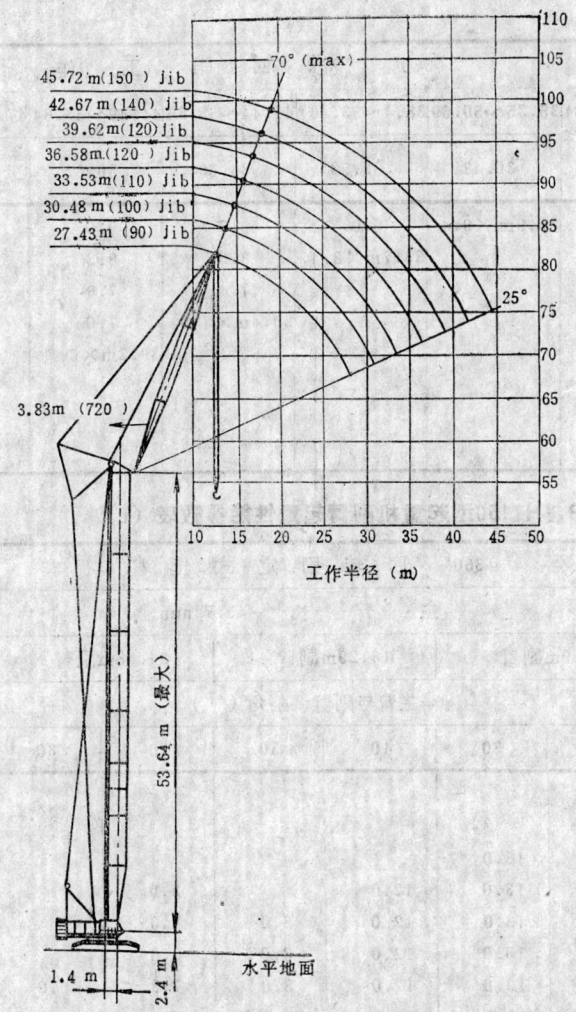

图 10-9　P&H7150型起重机副臂起升高度曲线图

P&H7150型起重机副臂起重性能参数表（t）　　　　表 10-10

条件	360° 全 回 转 工 作						
主臂长（m）	35.35~47.54	35.35~50.59	38.4~53.46	41.44~55.64	44.49~53.64	47.54~53.64	50.59~53.64
副臂长(m) 工作半径(m)	27.43	30.48	33.53	36.58	39.62	42.67	45.72
13	13.1m×20.0						
14	20.0	14.2m×20.					
15	15.8m×20.0	15.8m×20.0	15.8m×19.3				
16	19.5	19.5	18.9	16.4m×17.8	17.5m×16.3		
18	17.7	17.7	17.7	17.1	16.1	18.6m×14.8	19.7m×13.3
20	16.1	16.1	16.1	16.1	15.2	14.3	13.2
22	14.7	14.7	14.1	14.7	14.3	13.6	12.6
24	13.4	13.4	13.4	13.4	13.4	12.8	12.1
26	12.1	12.1	12.1	12.1	12.1	12.1	11.5
28	10.9	10.9	10.9	10.9	10.9	10.9	10.9
30	28m×10.8	9.8	9.8	9.8	9.8	9.8	9.8

续表

条件	360°全回转工作						
主臂长(m)	35.35~47.54	35.35~50.59	38.4~53.46	41.44~53.64	44.49~53.64	47.54~53.64	50.59~53.64
副臂长(m) 工作半径(m)	27.43	30.48	33.53	36.58	39.62	42.67	45.72
32		30.9m×9.4	9.0	9.0	9.0	9.0	9.0
34			33.7m×8.4	8.3	8.3	8.3	8.3
36				7.6	7.6	7.6	7.6
38				36.4m×7.5	7.0	7.0	7.0
40					39.2m×6.7	6.5	6.5
42						6.0	6.0
44							5.6
45							44.7m×5.4

P&H7150型起重机副臂起重性能参数表（t） 表 10-11

条件	360°回转、固定式挺杆							
工作半径 (m)	主臂长 45.72mm							
	12.19m副臂		18.29m副臂		24.38m副臂		30.48m副臂	
	主臂与副臂调整角（°）							
	10	30	10	30	10	30	10	30
14	15.0							
16	15.0							
18	15.0	13.0						
20	15.0	13.0	12.0		8.0			
22	15.0	13.0	12.0	8.0	8.0		4.0	
24	15.0	13.0	12.0	8.0	8.0		4.0	
26	15.0	13.0	12.0	8.0	7.8	6.0	4.0	
28	15.0	12.6	12.0	8.0	7.6	6.0	4.0	
30	15.0	12.3	12.0	8.0	7.4	6.0	4.0	3.0
34	12.7	11.5	11.5	8.0	7.1	6.0	4.0	3.0
38	10.8	10.8	10.6	7.6	6.7	5.7	3.7	3.0

P&H7150型起重机副臂起重性能参数表（t） 表 10-12

条件	360°全回转、固定式挺杆							
工作半径 (m)	主臂长 57.91m							
	12.19m副臂		18.29m副臂		24.38m副臂		30.48m副臂	
	主臂与副臂角度（°）							
	10	30	10	30	10	30	10	30
16								
18	15.0							
20	15.0	13.0	12.0					
22	15.0	13.0	12.0		8.0			
24	15.0	13.0	12.0	8.0	8.0		4.0	
26	15.0	13.0	12.0	8.0	8.0		4.0	
28	15.0	13.0	12.0	8.0	8.0	6.0	4.0	
30	14.3	13.0	12.0	8.0	8.0	6.0	4.0	
34	11.8	11.8	11.8	8.0	7.6	6.0	4.0	3.0

续表

条件	360°全回转、固定式桅杆							
工作半径 (m)	主臂长 57.91m							
	12.19m副臂		19.29m副臂		24.38m副臂		30.48m副臂	
	主臂与副臂角度(°)							
	10	30	10	30	10	30	10	30
38	9.9	9.9	9.9	8.0	7.2	6.0	4.0	3.0
42	8.4	8.4	8.4	7.7	6.8	5.7	3.9	3.0
46	7.2	7.2	7.2	7.2	6.4	5.4	3.6	2.9
50	6.2	6.2	6.2	6.2	6.0	5.1	3.3	2.8

P&H7150型起重机副臂起重性能参数表（t）　　表10-13

条件	360°全回转、固定式桅杆							
工作半径 (m)	主臂长 73.15mm							
	12.19m副臂		18.29m副臂		24.38m副臂		30.48m副臂	
	主臂与副臂间调整角(°)							
	10	30	10	30	10	30	10	30
18.0	15.0							
20	15.0							
22	15.0	13.0	12.0					
24	15.0	13.0	12.0		8.0			
26	15.0	13.0	12.0		8.0		4.0	
28	15.0	13.0	12.0	8.0	8.0		4.0	
30	14.0	13.0	12.0	8.0	8.0		4.0	
34	11.4	11.4	11.4	8.0	8.0	6.0	4.0	
38	9.5	9.5	9.5	8.0	7.7	6.0	4.0	3.0
42	7.9	7.9	7.9	7.8	7.4	6.0	4.0	3.0
46	6.6	6.6	6.6	6.6	6.6	5.6	4.0	3.0
50	5.5	5.5	5.5	5.5	5.5	5.1	3.7	3.0
54	4.4	4.4	4.4	4.4	4.4	4.4	3.5	2.8
58	3.6	3.6	3.6	3.6	3.6	3.6	3.2	2.7
62	2.8	2.8	2.8	2.8	2.8	2.8	2.8	2.5

二、轮胎式起重机

轮胎式起重机的外形尺寸图、工作曲线图分别如图10-10～10-14所示。起重性能参数见表10-14～10-20

1. QLD20、QLD20A型轮胎式起重机

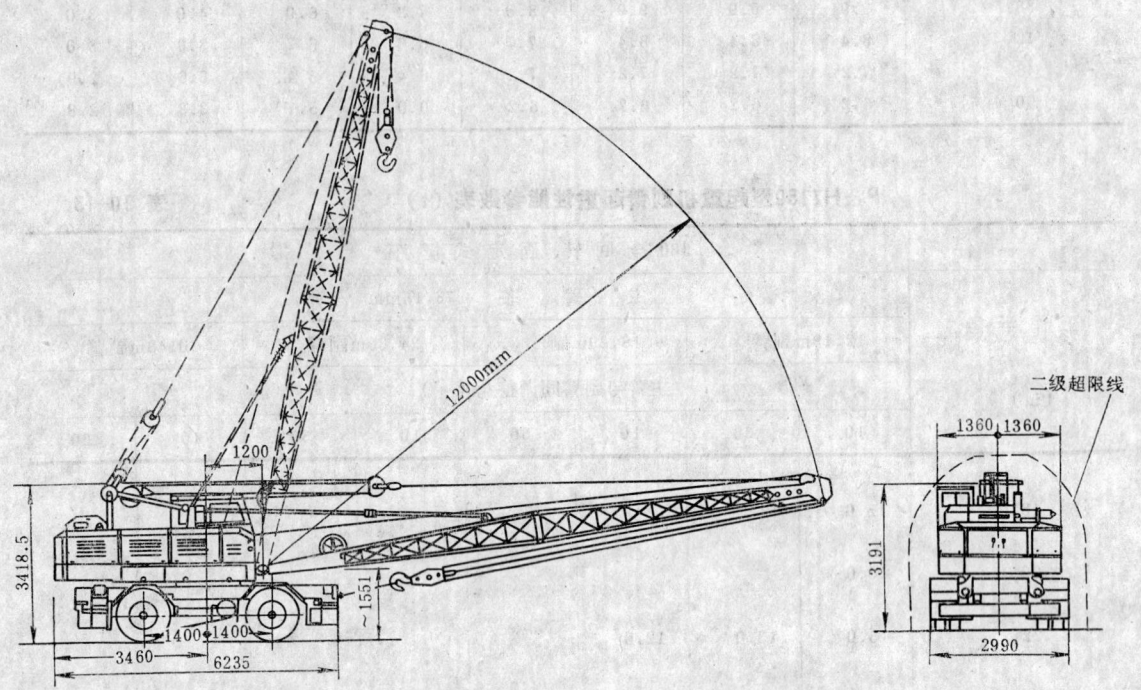

图 10-10　QLD20QLD20A型起重机外形尺寸

QLD20、QLD20A型起重机起重性能参数表　　　表 10-14

臂长(m)	12			15			18			21		24	
工作半径(m)	起重量(t) 支腿	起重量(t) 不支腿	起升高度(m)	起重量(t) 支腿	起重量(t) 不支腿	起升高度(m)	起重量(t) 支腿	起重量(t) 不支腿	起升高度(m)	起重量(t) 支腿	起升高度(m)	起重量(t) 支腿	起升高度(m)
3.2	20.0	6.5	10.8										
3.5	18.2	6.5	10.7										
4.0	16.0	5.7	10.6	15.8	5.5	13.9							
4.5	14.2	5.0	10.5	14.0	4.9	13.7	13.1	4.7	16.5				
5.0	12.8	4.3	10.4	12.6	4.1	13.6	12.1	3.9	16.4	10.9	19.7		
5.5	11.6	3.7	10.3	11.5	3.5	13.5	11.0	3.3	16.3	10.1	19.6	9.1	22.4
6.5	9.5	2.9	9.7	9.4	2.7	13.2	9.3	2.5	16.1	8.8	19.4	8.2	22.3
8.0	6.8	2.0	9.0	6.7	1.9	12.5	6.7	1.7	15.6	6.6	19.0	6.5	22.0
9.5	5.3	1.5	8.1	5.2	1.4	11.6	5.2	1.2	15.0	5.1	18.4	5.0	21.5
11.0	4.3		6.6	4.2	1.1	10.5	4.2	0.9	14.2	4.1	17.7	4.0	20.9
12.5				3.5		9.0	3.5		13.1	3.4	16.8	3.3	20.2
14.0							2.8		11.6	2.7	15.7	2.4	19.4
15.5							2.5		10.2	2.4	14.5	2.2	18.4
17.0												2.0	17.4

2. QLY25型轮胎式起重机

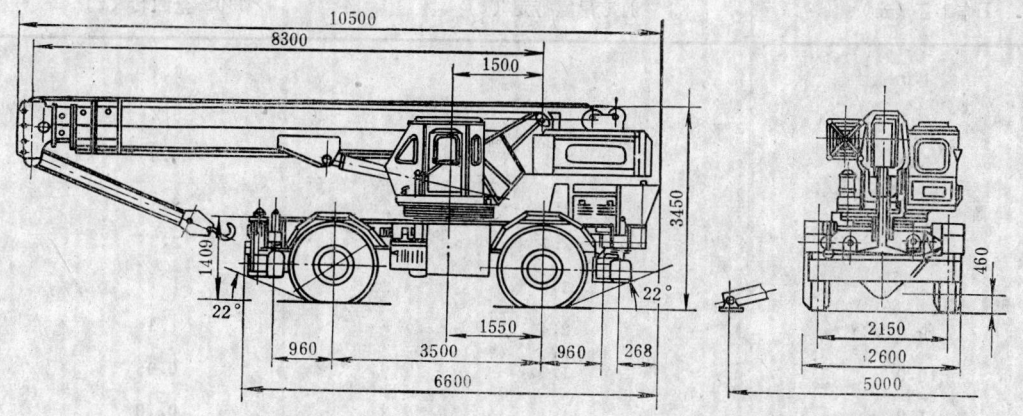

图 10-11　QLY25型起重机外形尺寸图

QLY25型起重机起重性能参数表　　　　　表 10-15

臂　长(m)	8.3		13.8		19.3		24.8		主臂+副臂 31.45m	
工作半径 (m)	起重量 (t)	起升高度 (m)	起重量 (t)	起升高度 (m)	起重量 (t)	起升高度 (m)	起重量 (t)	起升高度 (m)	起重量 (t)	起升高度 (m)
3.0	25.0	9.67	16.0	15.39						
3.5	24.5	9.46	14.5	15.29						
4.0	21.7	9.21	13.3	15.13						
4.5	19.3	8.91	12.3	14.97	9.0	20.64				
5.0	17.0	8.56	11.3	14.78	8.3	20.52				
5.5	15.3	8.16	10.5	14.58	7.6	20.41	6.0	26.03		
6.0	12.6	7.68	9.8	14.35	7.1	20.22	5.6	25.94		
7.0			8.3	13.82	6.2	19.86	4.9	25.67	3.0	32.38
8.0			7.1	13.17	5.5	19.44	4.4	25.35	2.6	32.08
9.0			6.0	12.39	4.9	18.95	3.9	24.98	2.2	31.75
10.0			5.0	11.54	4.3	18.39	3.5	24.57	2.0	31.37
11.0			4.1	10.26	3.8	17.74	3.1	24.10	1.8	30.96
12.0			3.5	8.75	3.3	16.99	2.8	23.58	1.5	30.51
13.0					2.9	16.15	2.5	22.99	1.4	30.01
14.0					2.5	15.17	2.3	22.34	1.2	29.47
15.0					2.2	14.03	2.1	21.66	1.1	28.87
16.0					1.95	12.68	1.9	20.82	1.0	28.23
17.0					1.75	11.03	1.7	19.93	0.85	28.53
18.0							1.5	18.94	0.75	26.77
19.0							1.3	17.82	0.64	25.95
20.0							1.2	16.32	0.55	25.05
21							1.1	15.07	0.47	25.07
22							1.0	13.33	0.39	23.0
23							0.9	11.16	0.32	21.82
24									0.25	20.51
25									0.19	19.04

QLY25型起重机不支腿时起重性能参数 表 10-16

工作半径（m）	前方吊重行走（t）	360°全回转（t）
4.0		6.4
4.5		5.2
5.0	7.1	4.3
6.0	5.4	3.1
7.0	3.7	2.3
8.0	3.0	1.7
9.0	2.4	1.3
10.0	1.9	0.95
11.0	1.5	0.70
12.0	1.3	0.47
13.0	1.0	0.30
14.0	0.80	0.15
15.0	0.62	
16.0	0.5	
17.0	0.4	

QLY25C型轮胎起重机起重性能参数表（t） 表 10-17

工作半径 (m)	主臂长度（m）				主臂+副臂	不用支腿吊重	
	8.4	13.9	19.4	24.9	31.55	非行驶状态 360°全回转	行驶状态 前方吊重
3.0	25.0	16.3				8.8	9.5
3.5	24.5	15.0				7.40	8.50
4.0	22.0	13.8				5.80	7.40
4.5	19.5	12.3	10.3			4.35	6.60
5.0	17.0	11.8	9.8			3.9	6.0
6.0	12.6	9.8	7.8	6.1		2.8	5.10
7.0		9.5	6.8	5.4	3.40	1.7	4.3
8.0		7.3	6.0	4.8	3.00	1.3	3.7
9.0		6.0	5.3	4.3	2.7	1.0	3.2
10.0		5.0	4.6	3.9	2.3	0.7	2.6
11.0		4.10	4.0	3.6	2.1	0.4	2.2
12.0		3.50	3.3	3.3	1.9		1.9
13.0			2.9	3.0	1.7		1.6
14.0			2.5	2.65	1.5		1.3
15.0			2.2	2.2	1.4		1.1
16.0			1.95	1.95	1.3		0.99
17.0			1.75	1.75	1.2		0.84
18.0				1.50	1.1		
19.0				1.30	1.0		
20.0				1.2	0.9		
21.0				1.1	0.8		
22.0				1.0	0.7		

3. LTL—1020型轮胎式起重机

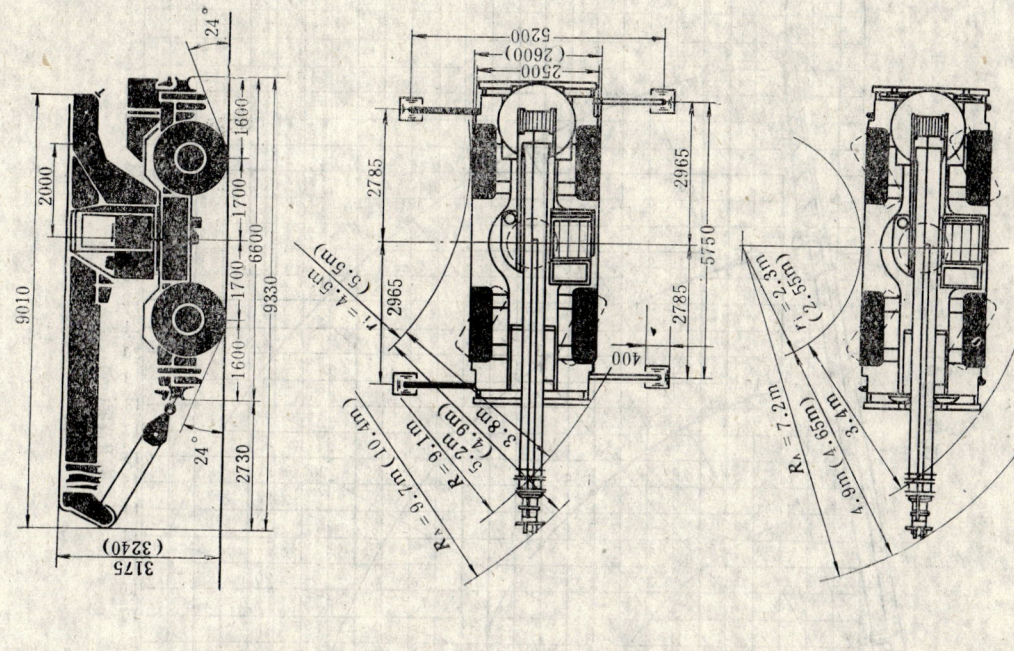

图 10-13 LTL—1020型起重机外形尺寸

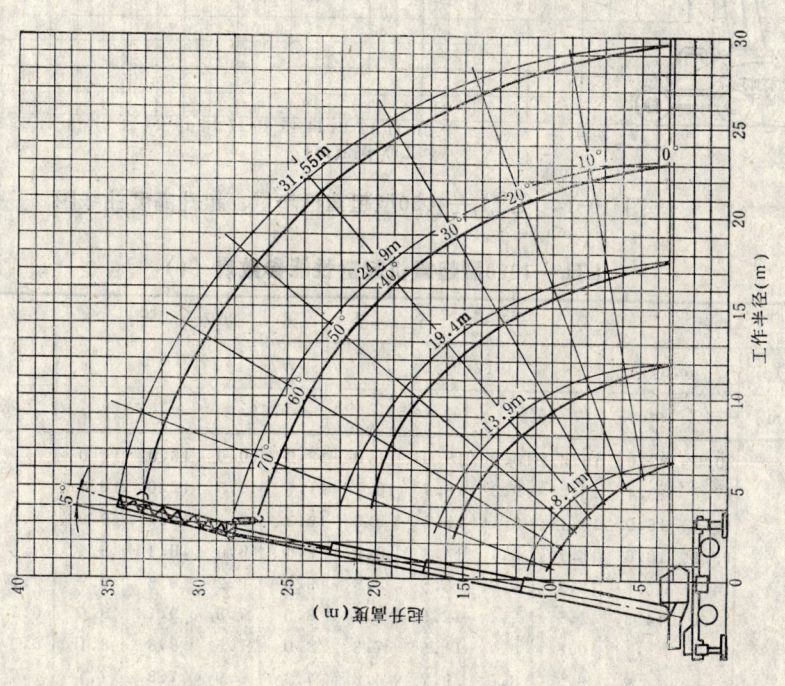

图 10-12 QLY25C起重机起升高度曲线图
注：此图不包括主臂和副臂的变形量

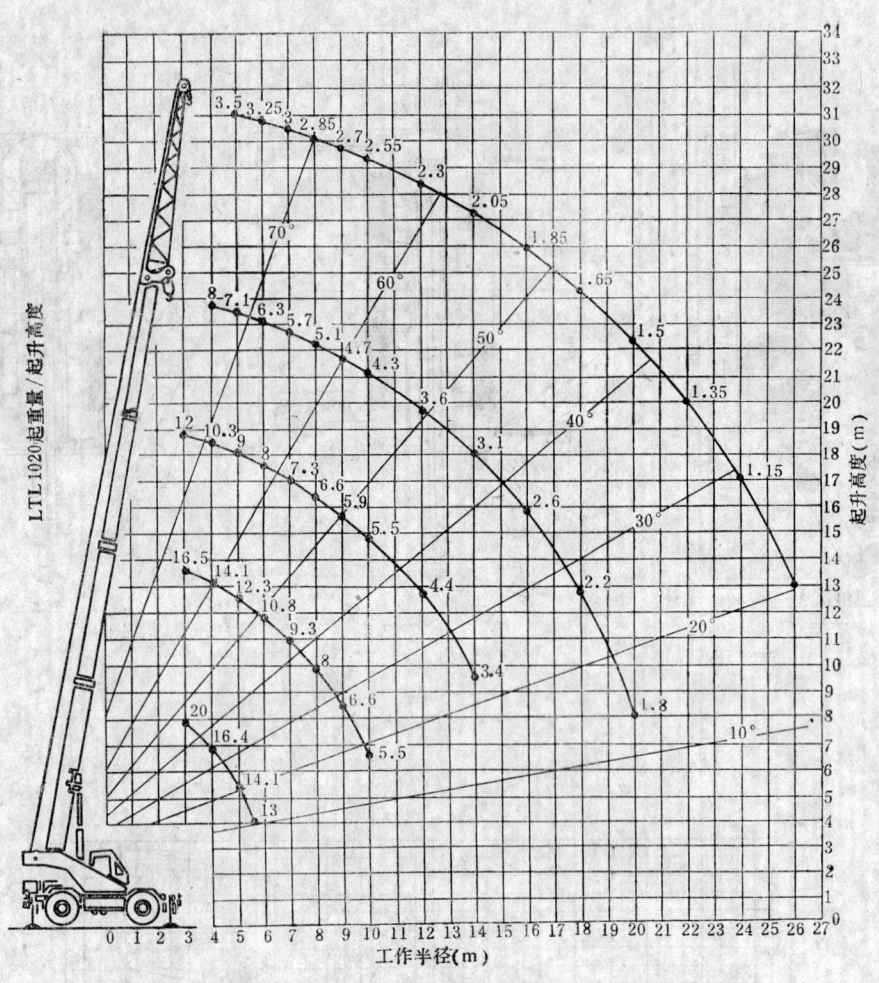

图 10-14 LTL—1020型起重机起重、起升高度曲线图

LTL—1020型起重机起重性能参数表（t）　　　　　表 10-18

条件			全 支 腿 360°全 回 转									
臂长(m)	7.8		12.9				17.9				23		23+7.5	
工作半径(m)	75%	85%	75%		85%		75%		85%		75%	85%	75%	85%
3.0	20.0	22.0	16.5	10.0	18.0	11.0	12.0	10.0	13.0	11.0				
3.5	17.7	19.4	15.2	9.3	16.7	10.2	11.1	9.5	12.0	10.4				
4.0	16.4	18.0	14.1	8.7	15.5	9.5	10.3	9.1	11.1	9.9	8.0	9.0		
4.5	15.1	16.6	13.1	8.1	14.4	8.9	9.6	8.6	10.4	9.4	7.5	8.4		
5.0	14.1	15.5	12.3	7.6	13.5	8.3	9.0	8.2	9.8	8.9	7.1	7.9	3.5	3.8
5.5	13.0	14.3	11.5	7.1	12.5	7.8	8.5	7.9	9.1	8.5	6.7	7.4	3.35	3.65
6.0			10.8	6.7	11.5	7.3	8.0	7.5	8.6	8.1	6.3	7.0	3.25	3.55
7.0			9.3	6.0	9.7	6.6	7.3	6.9	7.8	7.4	5.7	6.2	3.0	3.3
8.0			8.0	5.4	8.2	5.9	6.4	6.4	7.0	6.7	5.1	5.6	2.85	3.1
9.0			6.6	5.0	7.0	5.5	5.9	5.9	6.3	6.1	4.7	5.1	2.7	2.95
10.0			5.5	4.7	6.0	5.1	5.1	5.5	5.6	5.7	4.3	4.6	2.55	2.8

续表

条件	全支腿 360° 全回转											
臂长 (m)	7.8		12.9		17.9				23		23+7.5	
工作半径 (m)	75%	85%	75%	85%	75%	85%	75%	85%	75%	85%	75%	85%
12.0					4.0	4.4	4.4	4.7	3.6	3.9	2.3	2.5
14.0					3.1	3.4	3.4	3.7	3.1	3.3	2.05	2.25
16.0									2.6	2.9	1.85	2.0
18.0									2.2	2.4	1.65	1.8
20.0									1.8	2.0	1.5	1.65
22.0											1.35	1.45
24.0											1.15	1.3
26.0											1.0	1.1

LTL—1020型起重机起重性能参数表（t）　　表 10-19

条件	载荷行走、不支腿、360°全回转			
工作半径 (m)	7.8m臂长		12.9m臂长	
	75%	85%	75%	85%
3.5	7.5	7.5	7.5	7.5
4.0	6.3	6.3	6.3	6.3
4.5	5.6	5.6	5.6	5.6
5.0	4.9	4.9	4.9	4.9
5.5	4.3	4.3	4.3	4.3
6.0			3.8	3.8
7.0			3.0	3.2
8.0			2.4	2.6
9.0			2.0	2.2
10.0			1.6	1.8

LTL—1020型起重机起重性能参数表（t）　　表 10-20

条件	正前方载荷、行驶速度不超过1km/h			
工作半径 (m)	7.8m臂长		12.9m臂长	
	75%	85%	75%	85%
3.5	10.0	10.0	10.0	10.0
4.0	9.4	9.4	9.4	9.4
4.5	8.8	8.8	8.8	8.8
5.0	8.2	8.2	8.2	8.2
5.5	7.7	7.7	7.7	7.7
6.0			7.1	7.1
7.0			5.5	6.0
8.0			4.5	5.0
9.0			3.7	4.2
10.0			3.1	3.5

三、塔式起重机

塔式起重机的外形尺寸图、工作曲线图分别如图10-15～10-21所示。起重性能参数见表10-21～10-25。

1. TQ—60/80型起重机

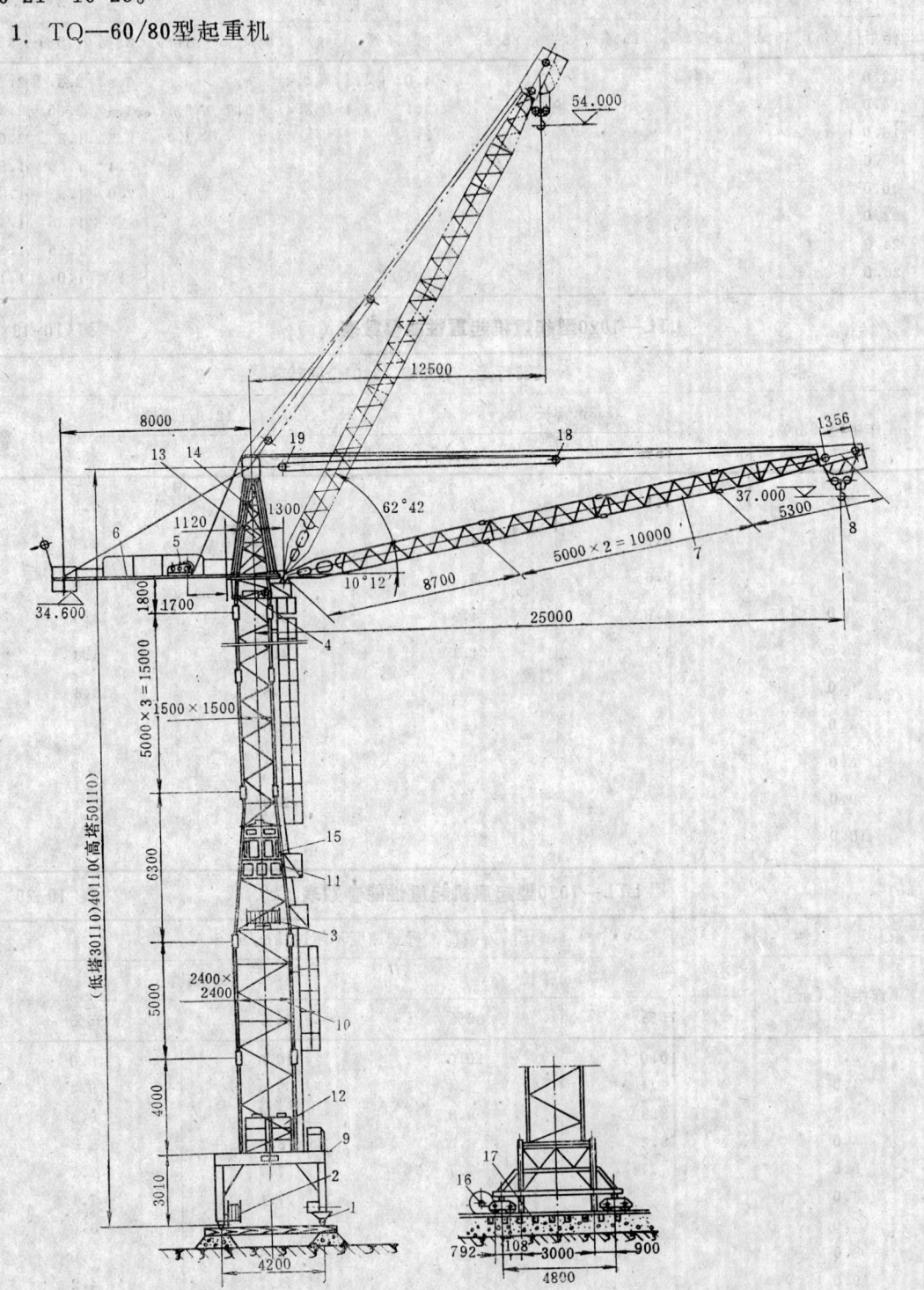

图 10-15　TQ—60/80型起重机外形尺寸与构造示意

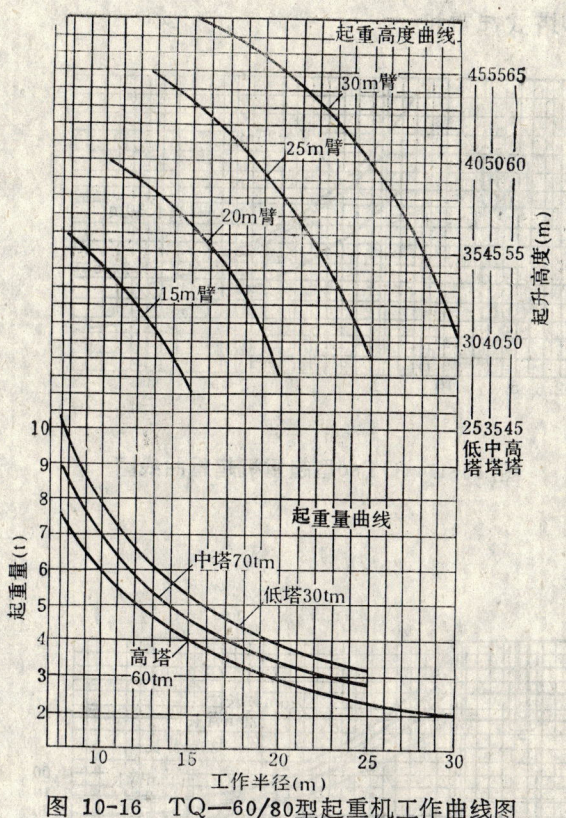

图 10-16 TQ—60/80型起重机工作曲线图

TQ60/80型起重机起重性能参数表 表 10-21

项目	塔级	吊臂长度(m)	工作半径(m)	起重量(t)	最少起重绳数(根)	起升速度(m/min)	起重高度(m)
	高塔 60tm	30	30.0 14.6	2 4.1	2	21.5	48 68
		25	25.0 12.3	2.4 4.9			47 64
		20	20.0 10.0	3 6	3	14.3	46 60
		15	15.0 7.7	4 7.8			45 55
	中塔 70tm	30	30.0 14.6	2 4.1	2	21.5	38 58
		25	25.0 12.3	2.8 5.7			37 54
		20	20.0 10.0	3.5 7	3	14.3	36 50
		15	15.0 7.7	4.7 9			35 45
	低塔 80tm	30	30.0 14.6	2 4.1	2		28 48
		25	25.0 12.3	3.3 6.5			27 44
		20	20.0 10.0	4 8	3		26 40
		15	15.0 7.7	5.3 10.4			25 35

2. QT80型及80A型塔式起重机

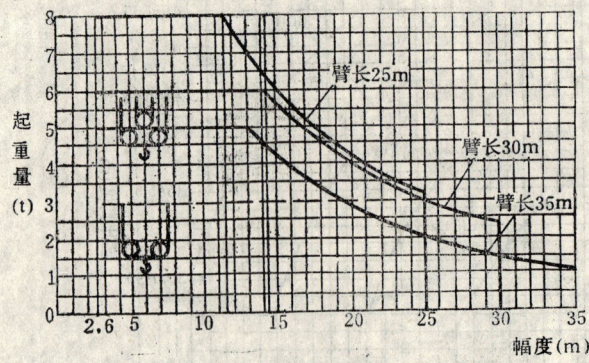

图 10-17　QT80型起重机起重曲线图

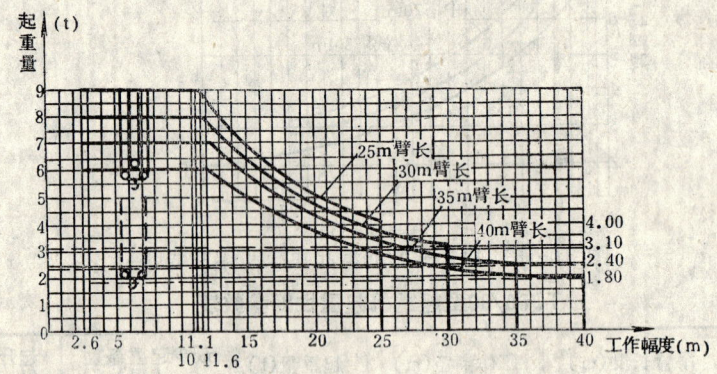

图 10-18　QT80A型起重机起重曲线图

注：QT80A型起重数据按北京建筑机械厂产品。

3. QTZ—200型塔式起重机

QTZ—200型起重机起重性能参数表　　　　表 10-22

项　　　目	数			据
起重臂长（m）	40.68	35.28	28.08	20.88
最大起重力矩（t·m）	140	140	160	200
最大工作半径（m）	40(3.5～11)	35(3.5～20)	28(3.5～17)	20(3.5～12)
最大起重量（t）	3.5(6.5)	4(8)	5.7(10)	10(20)
起重小车数（个）	1(1)	1(1)	1(1)	1(2)
起重滑车组倍率	2(4)	2(4)	4(4)	4(8)
平　衡　重（t）	8	6	4	4
起升速度（m/min）	Ⅰ	Ⅱ	Ⅲ	Ⅳ
二　　　绳	6	12	40	80
四　　　绳	3	6	20	40
轨距×轴距（m）	6.5×6.5			

4. H3/36B型塔式起重机

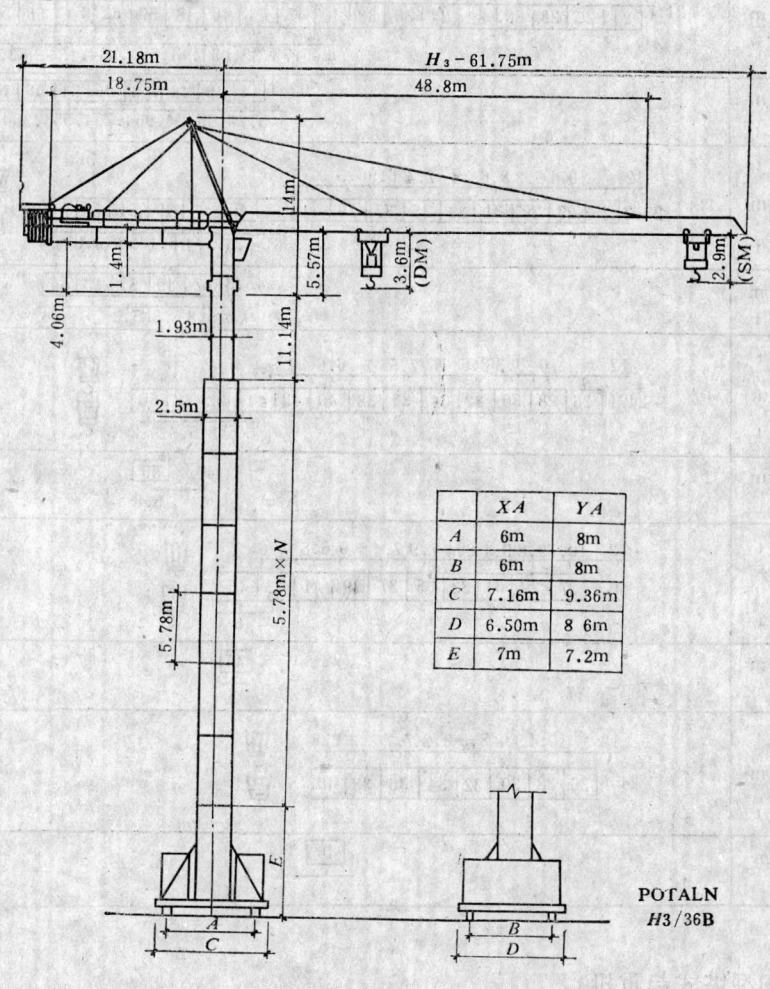

图 10-19 H3/36B型塔式起重机外形尺寸

H3/36B型起重机起重性能参数表　　　　　　　　表 10-23

臂长	吊钩型式	单位	额定荷载与工作半径
60 (m)	DM	t m t	12　10.7 9.7　8.9 8.2 7.6　7.1 6.6　　　　6 21.7 | 24 | 26 | 28 | 30 | 32 | 34 | 36 | 38 | 40 | 42 | 44 | 46 | 48 | 50 | 52 | 54 | 56 | 58 | 60 | 　　　　　　　　　　　　　　6　5.7 5.3 5.0 4.8 1.55 4.35 4.15 3.95 3.75 3.6
60 (m)	SM	m t	42.4 | 44 | 46 | 48 | 50 | 50 | 54 | 56 | 58 | 60 | 6 5.7 5.5 5.2 4.95 4.75 4.55 4.35 4.15 4
55 (m)	DM	t m t	12　10.1 9.3 8.6　8　7.4 6.9 6.5　　6 23.2 | 25 | 27 | 29 | 31 | 33 | 35 | 37 | 39 | 41 | 43 | 45 | 47 | 49 | 51 | 53 | 55 | 　　　　　　　　　　6　5.6　5.4 5.1 4.85 4.6 4.4
55 (m)	SM	m t	45.3 | 47 | 49 | 51 | 53 | 55 | 6 5.85 5.5 5.2 5 4.8
50 (m)	DM	t m t	12　　10 9.3 8.6　8　7.5　7　6.6 24.1 | 26 | 28 | 30 | 32 | 34 | 36 | 38 | 40 | 42 | 44 | 46 | 48 | 50 | 　　　　　　　　　　　　6　5.8 5.5 5.2
50 (m)	SM	m t	47 | 50 | 6　5.6
45 (m)	DM	t m t	12　10.7 9.8 9.1 8.4 7.9 7.4 6.9 6.5　6 24.4 | 27 | 29 | 31 | 33 | 35 | 37 | 39 | 41 | 43 | 45 | 　　　　　　　　　　　　　　　　　6
45 (m)	SM	m t	45 | 6
40 (m)	DM	t m t	12　10.4 9.6 8.9 8.3 7.7 7.2 6.8 24.6 | 26 | 28 | 30 | 32 | 34 | 36 | 38 | 40 |
40 (m)	SM	m t	40 | 6

5. FO/23B型塔式起重机

FO/23B型起重机主要技术参数表　　　　　　　　表 10-24

项目	数据	项目	数据
最大起重量（t）	10	小车牵引速度（m/min）	7.5;30;60
起升速度（m/min）		最大起升高度（m）	
二　绳	100	行走式	61.6
四　绳	50	附着式	150
回转速度（r/min）	0.8	轴距（m）	6
行走速度（m/min）	15～30	轨距（m）	6

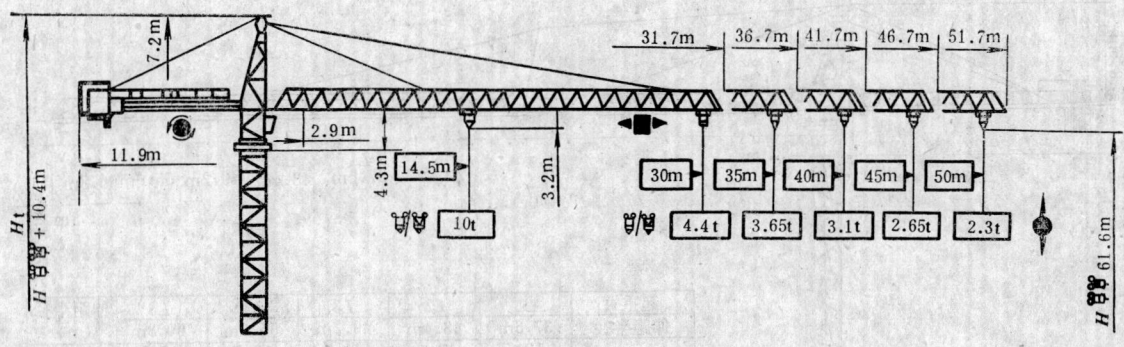

图 10-20　FO/23B型起重机起重臂长度参数

FO/23B型起重机起重性能参数表　　　　表 10-25

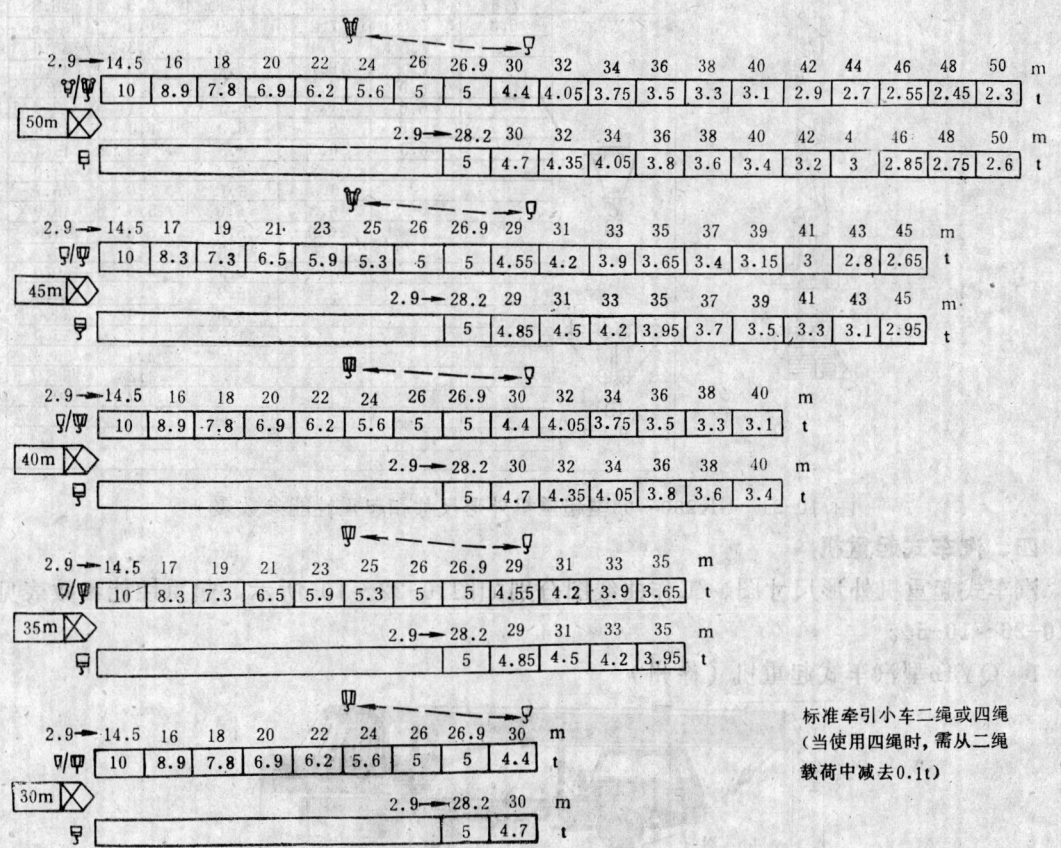

标准牵引小车二绳或四绳（当使用四绳时，需从二绳载荷中减去0.1t）

注：FO/23B型塔式起重机为德国POTAIN公司生产。现提供的数据为北京市工程机械厂生产产品。

6. SK280—03型塔式起重机

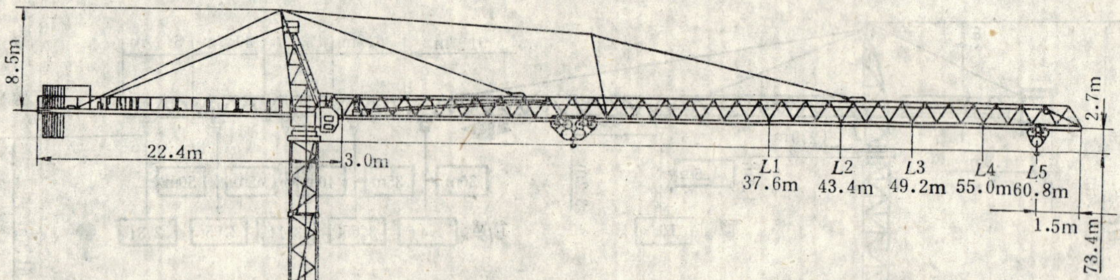

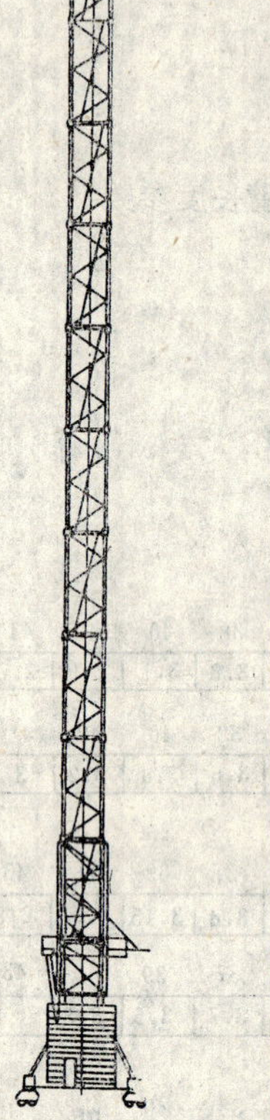

起重臂伸距半径	L1 37.6m	L2 43.4m	L3 49.2m	L4 55.0m	L5 60.8m	伸距半径(m)
	12.5	12.5	12.5	12.5	12.5	3.8(3.0)
				12.5	11.5	21.2
			12.5	12.0	11.1	22.7
	12.5	12.5	11.9	11.4	10.6	24.5
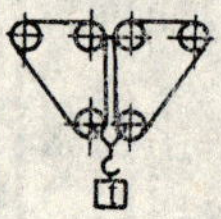	12.2	12.2	11.6	11.2	10.3	25.0
	11.7	11.6	11.1	10.7	9.8	26.0
	11.2	11.1	10.6	10.2	9.4	27.0
	10.7	10.7	10.2	9.8	9.0	28.0
	10.3	10.2	9.8	9.4	8.7	29.0
	9.9	9.8	9.4	9.1	8.3	30.0
	9.2	9.1	8.7	8.4	7.7	32.0
	8.6	8.5	8.1	7.8	7.2	34.0
	8.0	8.0	7.6	7.3	6.7	36.0
	7.8	7.8	7.4	7.1	6.5	36.8
	6.3	7.6	7.2	6.9	6.4	37.6
		7.5	7.1	6.8	6.3	38.0
		7.0	6.7	6.4	6.3	40.0
		6.9	6.5	6.3	6.3	40.8
		6.6	6.3	6.3	6.1	42.0
		6.5	6.3	6.3	6.0	42.6
		6.3	6.3	6.3	5.9	43.4
			6.3	6.3	5.8	44.0
			6.3	6.1	5.6	45.7
			6.3	6.0	5.5	46.0
			6.0	5.7	5.3	48.0
			5.8	5.6	5.1	49.2
				5.5	5.0	50.0
				5.2	4.8	52.0
				5.0	4.6	54.0
				4.9	4.5	55.0
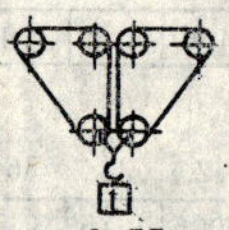					4.4	56.0
					4.2	58.0
					4.0	60.8

图 10-21 SK280—03型起重机外形尺寸和起重性能参数表

四、汽车式起重机

汽车式起重机外形尺寸图、工作曲线图分别如图10-22~10-所示，起重性能参数表见表10-26~10-54。

1. QY16型汽车式起重机（徐州）

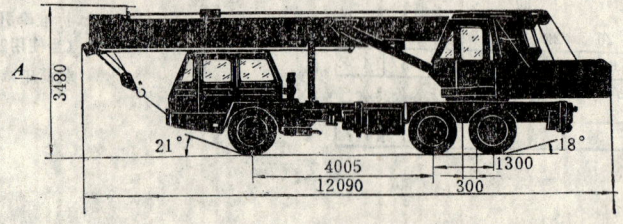

图 10-22 QY16型起重机外形尺寸图

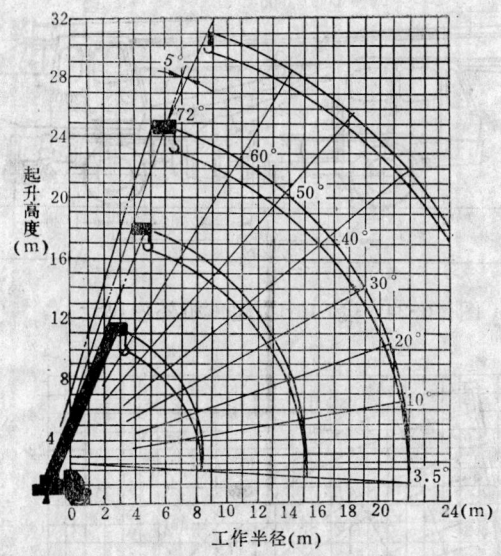

图 10-23 QY16型起重机起升高度曲线图

QY16型起重机起重性能参数表 表 10-26

臂长（m）	9.8		16.65		23.5		23.5+7（副臂）	
工作半径（m）	起升高度（m）	起重量（t）	起升高度（m）	起重量（t）	起升高度（m）	起重量（t）	起升高度（m）	起重量（t）
3.75	9.6	16						
4.0	9.5	14.5						
4.50	9.2	12.25						
5.0	8.8	11.6	16.6	9.5				
5.5	8.4	10.45	16.4	8.5				
6.0	7.8	9.3	16.0	7.8				
7.0	6.6	7.0	15.5	6.75	23	5		
8.0	4.8	5.35	14.9	5.6	22.5	4.3		
9.0			14.2	4.5	22.2	3.8	29.7	2
10.0			13.3	3.6	21.6	3.4	29.4	1.9
12.0			11.2	2.5	20.4	2.5	28.5	1.55
14.0					19.0	1.9	27.4	1.3
16.0					17.0	1.35	26.1	1.06
18.0					14.5	0.95	24.8	0.83
20.0					11.0	0.63	22.9	0.6
22.0							20.8	0.37
24.0							18.3	0.17

2. QY16B型汽车式起重机

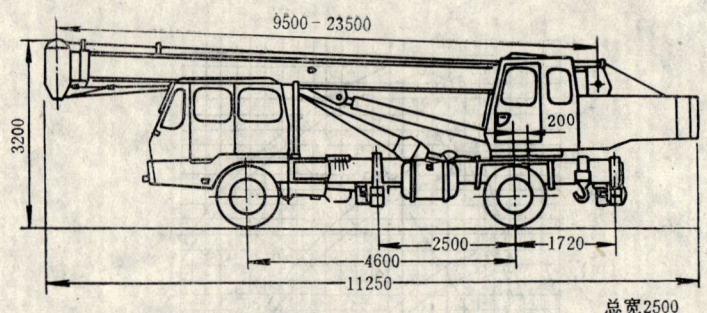

图 10-24 QY16B型起重机外形尺寸

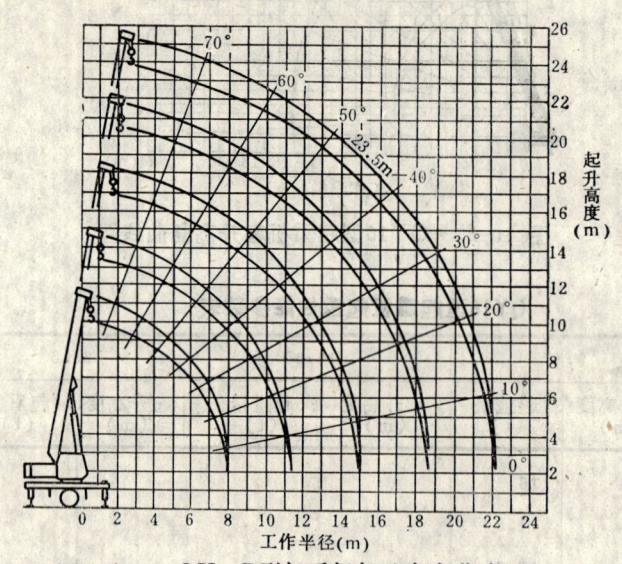

图 10-25 QY16B型起重机起升高度曲线图

QY16B型起重机起重性能参数表   表 10-27

条件	支腿全伸、侧方和后方				
工作半径 (m)	臂长 (m)				
	9.5	13	16.5	20	22.5
3.0	16.0				
3.5	15.0				
4.0	14.1	11.5			
4.5	12.9	10.5			
5.0	11.4	9.8	8.3		
5.5	9.2	9.2	7.8		
6.0	7.6	8.2	7.3	6.1	
7.0	5.5	6.2	6.2	5.3	
8.0	4.2	4.7	4.6	4.6	4.3
9.0		3.6	3.5	3.5	3.5

续表

条　　件	支腿全伸、侧方和后方				
工作半径 (m)	臂　长　(m)				
	9.5	13	16.5	20	22.5
10.0		3.0	3.0	3.0	3.0
11.0		2.6	2.6	2.6	2.6
12.0			2.1	2.1	2.1
13.0			2.0	2.0	2.0
14.0			1.8	1.8	1.8
15.0			1.7	1.7	1.7
16.0				1.5	1.5
17.0				1.4	1.4
18.0				1.3	1.3
19.0					1.2
20.0					1.1

3. QY20型汽车式起重机

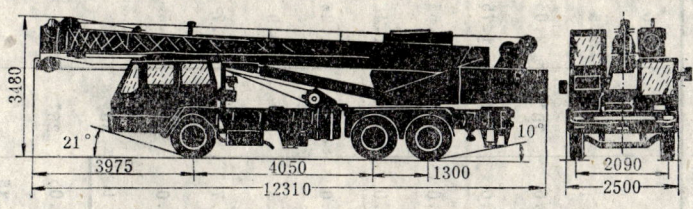

图 10-26　QY20型起重机外形尺寸（徐州）

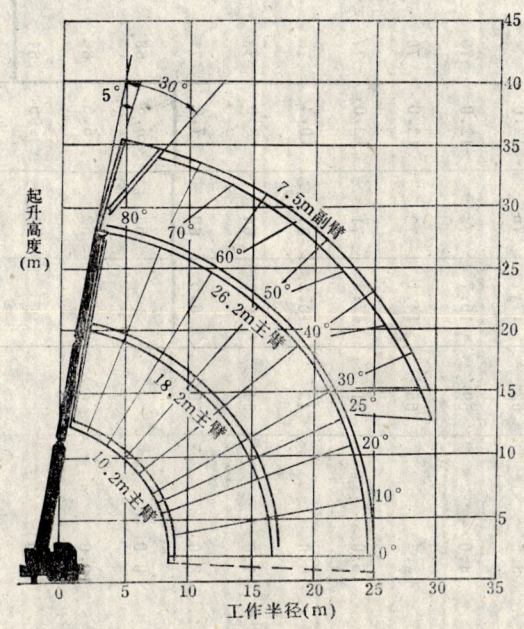

图 10-27　QY20型起重机起升高度曲线图

表 10-28

QY20型起重机起重性能参数表（t）

条件	支腿全伸 侧、后方区			主臂仰角	7.5m副臂		工作半径 (m)	支腿全伸 沿全圆周360°		
工作半径 (m)	10.2m主臂	18.2m主臂	26.2m主臂		倾角5°	倾角30°		10.2m主臂	18.2m主臂	26.2m主臂
3.0	20.0			80°	2.5	1.25	3.0	17.0		
3.5	17.7			75°	2.5	1.25	3.5	15.0		
4.0	15.7			70°	2.05	1.15	4.0	13.0		
4.5	14.1			65°	1.75	1.1	4.5	11.5		
5.0	12.6	77		60°	1.55	1.05	5.0	10.0	71	
6.0	10.2	75		55°	1.4	1.0	6.0	6.9	67	
7.0	8.2	74		50°	1.25	0.95	7.0	5.6	63	
8.0	6.5	72	7.0	45°	0.9	0.85	8.0	3.7	60	
9.0		71	7.0	40°	0.7	0.65	9.0		56	5.8
10.0		67	7.0	35°	0.5	0.5	10.0		52	4.5
12.0		64	7.0	30°			12.0		43	3.55
14.0		60	6.3	25°			14.0		32	2.85
16.0		56	5.7				16.0		15	1.9
18.0		52	5.0							1.25
20.0		43	4.1							0.8
22.0		32	3.05							

工作半径 (m)	10.2m主臂	18.2m主臂	26.2m主臂
3.0	65		
3.5	62		
4.0	59		
4.5	55		
5.0	51	77	
6.0	43	75	
7.0	34	74	
8.0	20	72	79
9.0		71	78
10.0		67	77
12.0		64	75
14.0		60	73
16.0		56	71
18.0		52	68
20.0		43	66
22.0		32	61

(续：26.2m主臂 全圆周：56, 50, 44, 36, 27 对应 18.0, 20.0 等)

4. QY20B/20R/20H型汽车起重机(北京)

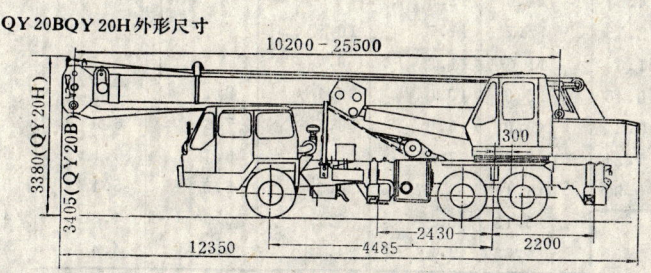

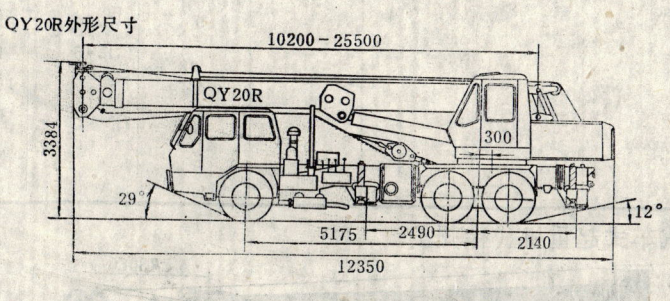

图 10-28 QY20B/20R/20H型起重机外形尺寸图

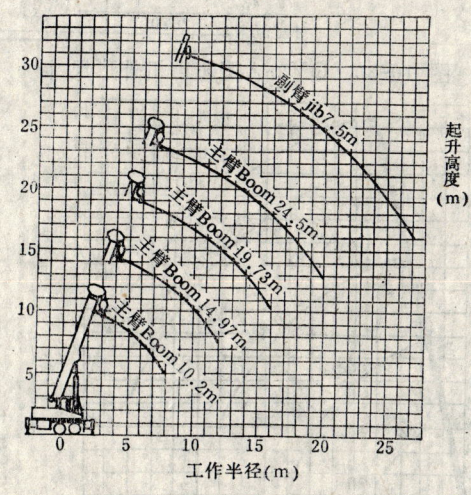

图 10-29 QY20B/20R/20H型起重机起升高度曲线图
注：上图未考虑吊重状态下吊臂的变形。

QY20B/20R/20H型起重机起重性能参数表（t）　　　表 10-29

工作半径(m) \ 臂长(m)	主臂							主臂+副臂
	10.2	12.58	14.97	17.35	19.73	22.12	24.5	24.5+7.5
3.0	20.0							
3.5	17.2	15.9						
4.0	14.6	14.6	12.6					
4.5	12.75	12.7	11.7	10.5				
5.0	11.6	11.3	11.3	9.7				
5.5	10.45	10.0	10.0	9.1	8.1			
6.0	9.3	9.0	9.0	8.5	7.6	6.9		
7.0	7.24	7.3	7.41	7.2	6.7	6.1	5.5	
8.0	5.99	6.1	6.17	6.2	5.9	5.4	5.0	
9.0		5.13	5.21	9.25	5.3	4.8	4.5	
10.0		4.35	4.43	4.48	4.52	4.4	4.0	2.1
12.0			3.26	3.32	3.36	3.39	3.41	1.7
14.0				2.49	2.53	2.56	2.58	1.4
16.0					1.9	1.94	1.96	1.2
18.0						1.45	1.47	1.0
20.0							10.8	0.88
22.0							0.76	0.75
24.0								3.63
27.0								0.5

5. QY25A型汽车式起重机（徐州）

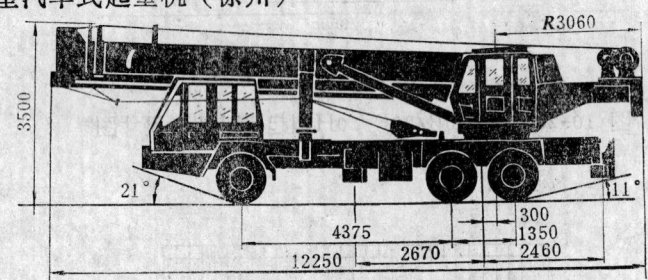

图 10-30　QY25A型起重机外形尺寸

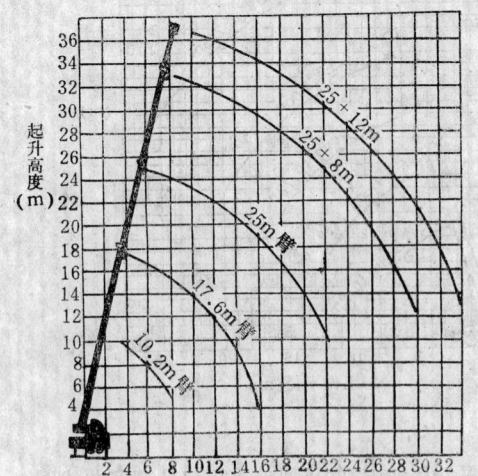

图 10-31　QY25A型起重机起升高度曲线图

QY25A型起重机起重性能参数表（一）　　　　　表 10-30

臂　长（m）	10.2		17.6		25	
工作半径（m）	起升高度（m）	起重量（t）	起升高度（m）	起重量（t）	起升高度（m）	起重量（t）
3.2	10.0	25.0				
3.5	9.83	25.0	17.75	15.8		
4.0	9.55	23.0	17.60	14.3		
4.5	9.23	21.0	17.43	13.1		
5.0	8.86	19.0	17.25	12.1	25.0	9.6
5.5	8.45	17.0	17.05	11.2	24.87	8.8
6.0	7.98	15.0	16.84	10.4	24.73	8.2
7.0	6.79	12.35	16.35	9.1	24.4	7.1
8.0	5.1	10.2	15.77	8.0	24.03	6.2
9.0			15.11	7.1	23.6	5.5
10.0			14.34	6.38	23.13	4.9
11.0			13.35	5.62	22.59	4.4
12.0			12.38	4.93	22.0	4.0
14.0			9.59	3.25	20.61	3.3
16.0			4.29	2.95	18.9	2.7
18.0					16.75	2.25
20.0					13.97	1.84
22.0					9.99	1.42

QY25A型起重机起重性能参数表（二）　　　　　表 10-31

臂长（m）	25+8（一节副臂）			25+12（二节副臂）		
工作半径（m）	主臂仰角	起升高度（m）	起重量（t）	主臂仰角	起升高度（m）	起重量（t）
8.5	73°32′	33.0	3.0			
9.0	72°37′	32.86	2.9			
10.0	70°47′	32.51	2.6	73°16′	36.74	1.5
11.0	68°55′	32.13	2.4	71°37′	36.40	1.4
12.0	67°30′	31.71	2.2	69°58′	38.03	1.3
14.0	63°12′	30.76	1.8	66°37′	35.2	1.1
16.0	59°12′	29.62	1.6	63°10′	34.22	1.0
18.0	55°00′	28.29	1.4	59°36′	33.09	0.86
20.0	50°57′	26.74	1.2	55°54′	31.78	0.77
22.0	45°55′	24.91	1.0	53°31′	30.27	0.69
24.0	40°47′	22.73	0.9	52°00′	28.53	0.62

续表

臂 长（m）	25+8(一节副臂)			25+12(二节副臂)		
工作半径（m）	主臂仰角	起升高度（m）	起重量（t）	主臂仰角	起升高度（m）	起重量（t）
26.0	35°00′	20.10	0.79	47°55′	26.51	0.57
28.0	28°16′	16.76	0.7	38°42′	24.14	0.52
30.0	19°25′	12.08	0.6	33°19′	21.29	0.48
32.0				26°51′	17.71	0.44
34.0				18°36′	12.71	0.41

6. QY25B型汽车式起重机

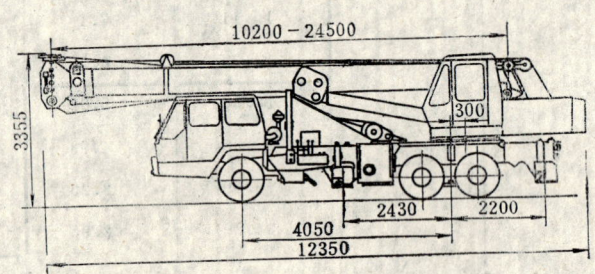

图 10-32　QY25B型起重机外形尺寸

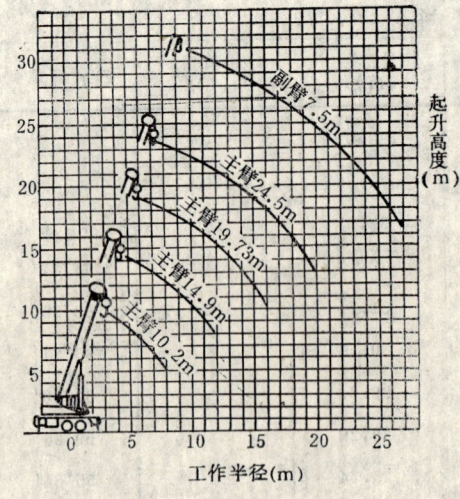

图 10-33　QY25B型起重机起升高度曲线

注：上图未考虑吊重形态下吊臂的变形

QY25B型起重机起重性能参数表（t） 表 10-32

工作半径(m) \ 臂长(m)	主臂 10.2	12.58	14.97	17.35	19.13	22.12	24.5	主+副臂 24.5+7.5
3.0	25.0							
3.5	20.2	16.15						
4.0	17.2	14.85	12.85					
4.5	14.8	12.95	11.95	10.75				
5.0	13.0	11.55	11.55	9.95				
5.5	11.6	10.25	10.25	9.35	8.35			
6.0	10.5	9.25	9.25	8.75	7.65	7.15		
7.0	8.3	7.55	7.66	7.45	6.95	6.35	5.75	
8.0	6.3	6.35	6.42	6.45	6.15	5.65	5.25	
9.0		5.38	5.46	5.5	5.55	5.05	4.75	
10.0		4.06	4.68	4.73	4.77	4.65	4.25	2.15
12.0			3.51	3.57	3.61	3.64	3.66	1.76
14.0				2.74	2.78	2.81	2.83	1.45
16.0					2.15	2.19	2.21	1.25
18.0						1.7	1.72	1.05
20.0							1.33	0.93
22.0							1.01	0.8
24.0								0.68
27.0								0.55

7. QY32型汽车起重机（徐州）

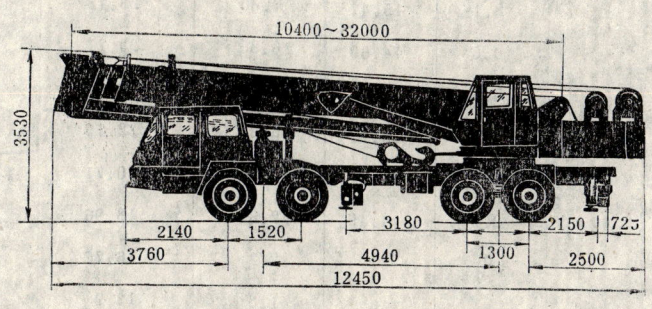

图 10-34　QY32型起重机外形尺寸

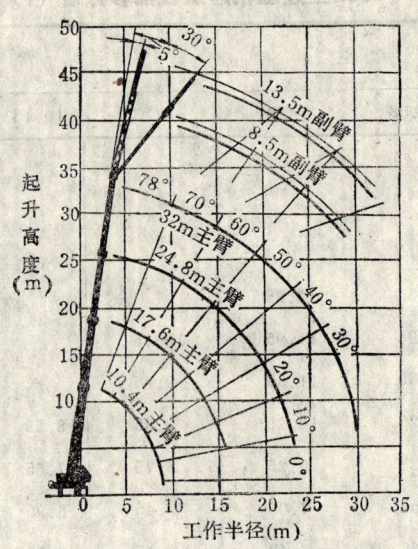

图 10-35 QY32型起重机起升高度曲线

QY32型起重机起重性能参数表（一）　　　　　　表 10-33

臂长（m）	10.4		17.6		24.8		32	
工作半径（m）	起重量（t）	起升高度（m）	起重量（t）	起升高度（m）	起重量（t）	起升高度（m）	起重量（t）	起升高度（m）
3.0	32.0	10.6						
3.5	27.0	10.4						
4.0	23.7	10.1	17.0	17.98				
4.5	21.5	9.6	17.0	17.8				
5.0	19.6	9.49	16.5	17.63				
5.5	18.0	8.9	15.15	17.4	10.0	24.9		
6.0	16.5	8.82	13.85	17.21	10.0	24.8	7.0	32.35
6.5	15.15	7.65	12.7	16.92	10.0	24.7	7.0	32.17
7.0	13.8	7.49	11.7	16.72	10.0	24.56	7.0	32.0
8.0	11.2	5.89	10.2	16.14	8.75	24.18	7.0	31.8
8.5	9.6	4.3	9.1	15.8	8.1	23.96	6.6	31.64
9.0			8.1	15.47	7.65	23.75	6.5	31.49
10.0			6.6	14.69	6.85	23.27	6.0	31.13
11.0			5.6	13.79	6.00	22.73	5.4	30.73
12.0			4.6	12.73	5.2	22.13	4.85	30.29
14.0			3.3	9.91	3.9	20.71	4.2	29.3
16.0			2.3	4.49	2.85	18.96	3.4	28.11
18.0					2.2	16.77	2.5	26.72
20.0					1.5	13.9	2.0	25.07
22.0					1.05	9.7	1.5	23.13
24.0							1.00	20.79

QY32型起重机起重性能参数表   表 10-34

臂长 (m)	32+8.5（副臂）		32+13.5（副臂）	
起重臂仰角	起重量 (t) 主臂与副臂夹角			
α (°)	α=5°	α=30°	α=5°	α=30°
78	2.8	1.2	2.0	0.8
75	2.4	1.1	1.62	0.7
70	1.82	1.0	1.25	0.65
65	1.45	0.9	1.0	0.6
60	1.2	0.8	0.82	0.55
55	1.05	0.75	0.72	0.5
50	0.7	0.62	0.62	0.45
45	0.48	0.42	0.42	0.4
40	0.3	0.25	0.25	0.25
35	0.15	0.14	0.14	0.13

注：表粗线上方起重量由吊臂强度决定，粗线下方起重量由起重机整机稳定性决定。

QY50型起重机起重性能参数表（一）   表 10-35

臂长 (m)	11		18.5		26		33.5	
工作半径 (m)	起重量 (t)	起升高度 (m)	起重量 (t)	起升高度 (m)	起重量 (t)	起升高度 (m)	起重量 (t)	起升高度 (m)
3.0	50.0	11.2						
4.0	38.0	10.7	25.0	18.8				
5.0	30.5	10.0	25.0	18.5				
6.0	24.0	9.2	21.4	18.1	14.0	26.0		
7.0	18.5	8.2	18.0	17.6	13.0	25.7	10.0	33.5
8.0	14.5	6.8	14.0	17.0	11.5	25.4	10.0	33.3
9.0	11.5	4.6	11.5	16.4	10.2	24.9	9.4	33.0
10.0			9.6	15.7	9.2	24.5	8.4	32.6
11.0			7.9	14.8	8.3	24.0	7.6	32.2
12.0			6.6	13.8	7.5	23.4	6.95	31.8
13.0			5.6	12.7	6.5	22.7	6.35	31.4
14.0			4.7	11.3	5.7	22.0	5.85	30.9
15.0			4.0	9.6	5.01	21.3	5.4	30.3
16.0			3.4	7.3	4.5	20.4	4.8	29.7
18.0					3.3	18.4	3.8	28.4
20.0					2.5	15.8	3.3	26.9
22.0					1.9	12.4	2.4	25.0
24.0							1.85	22.9
26.0							1.45	20.3
28.0							1.05	17.1

8. QY50型汽车起重机（徐州）

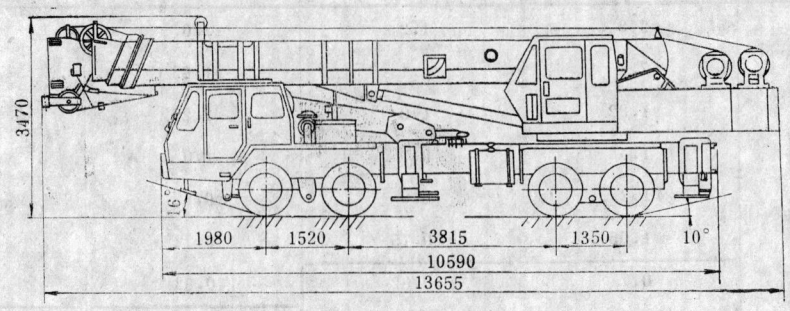

图 10-36　QY50型起重机外形尺寸图

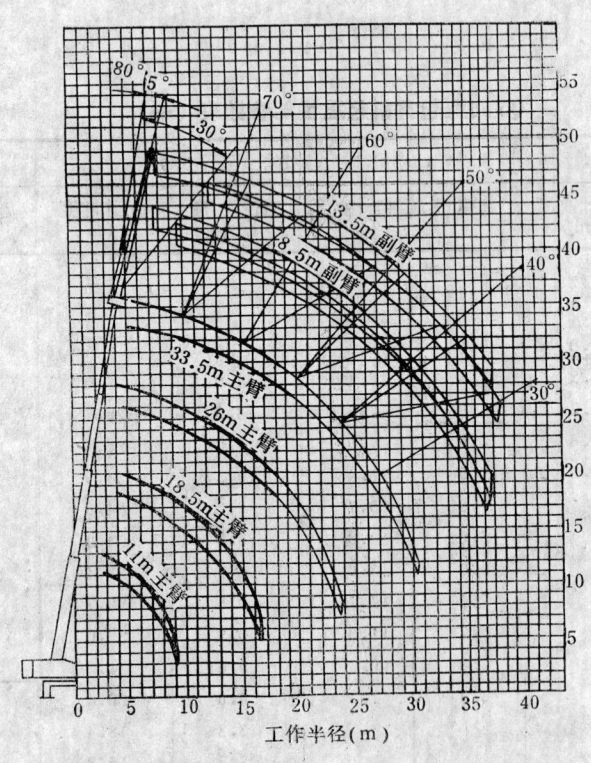

图 10-37　QY50型起重机起升高度曲线图

QY50型起重机副臂起重性能参数

表 10-36

条件	支腿全伸（侧方、后方臂）(t)			
主臂仰角 (°)	8.5m副臂		13.5m副臂	
	倾角5°	倾角30°	倾角5°	倾角30°
80	4.0	2.0	2.5	1.0
77	3.5	1.75	2.4	1.0
75	2.8	1.55	2.0	0.95
72	2.4	1.42	1.65	0.85
70	2.0	1.25	1.45	0.75
67	1.8	1.15	1.25	0.7
65	1.6	1.05	1.1	0.63
62	1.4	0.95	0.95	0.58
60	1.25	0.9	0.85	0.53
57	1.15	0.82	0.75	0.48
55	1.05	0.75	0.65	0.45
52	0.95	0.72	0.62	0.41
50	0.85	0.65	0.55	0.38

QY50型起重机起重性能参数表（二）

表 10-37

条件	支腿全伸（前方区、沿全圆周360°）(t)			
工作半径(m)	11m主臂	18.5m主臂	26m主臂	33.5m主臂
3.0	50.0			
3.5	43.0			
4.0	38.0	25.0		
4.5	34.0	25.0		
5.0	30.5	25.0		
5.5	24.0	23.0	14.0	
6.0	19.0	18.0	14.0	
6.5	15.5	14.5	14.0	
7.0	13.0	12.0	13.0	10.0
7.5	11.0	10.0	11.5	10.0
8.0	9.0	8.5	10.0	10.0
9.0	7.0	6.5	7.5	8.0
10.0		4.9	6.0	6.0
11.0		3.5	4.8	5.0
12.0		2.8	3.8	4.0
13.0		2.0	3.0	3.3
14.0		1.5	2.4	2.6
15.0		1.0	1.9	2.2
16.0		6.7	1.5	1.9
18.0			0.85	1.2

9. NK-450型汽车式起重机

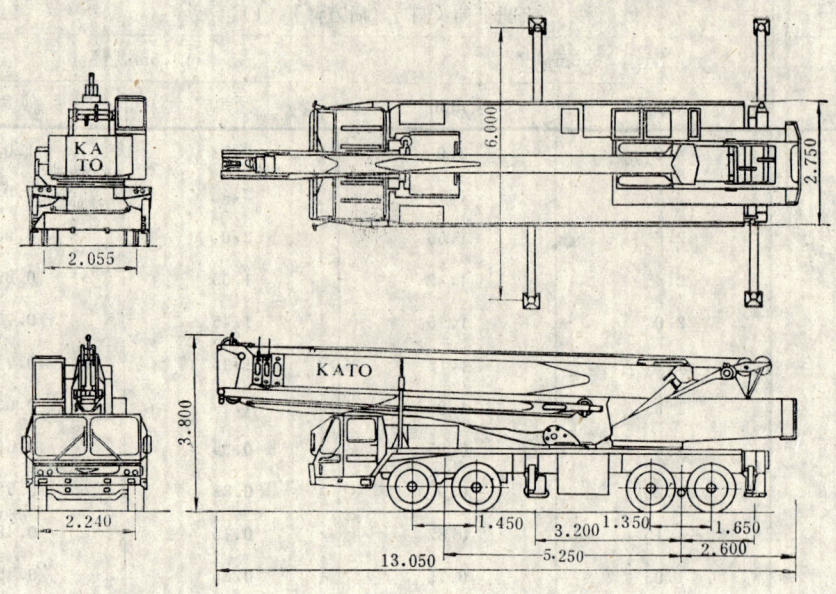

图 10-38　NK—450型起重机外形尺寸

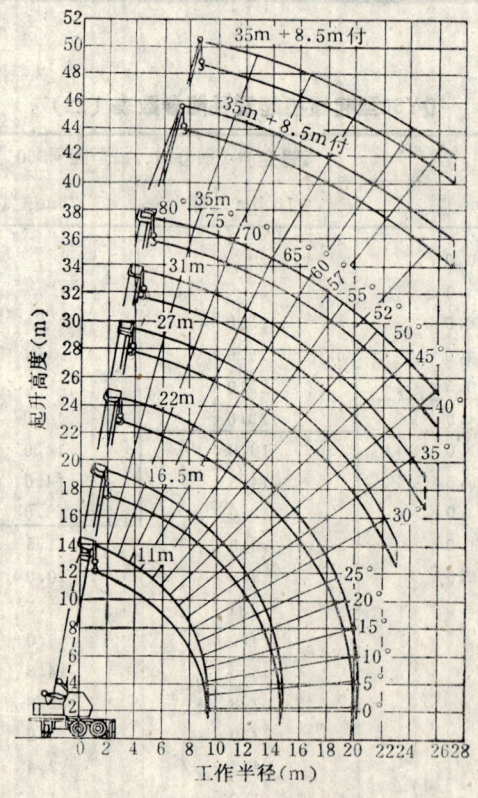

图 10-39　NK—450型起重机起升高度曲线图

NK—450型起重机主臂起重性能参数表（t） 表 10-38

工作半径 (m)	支 腿 全 伸						不支腿
	11m	16m	22m	27m	31m	35m	11m
3.0	45.0						8.0
3.5	40.0	24.0					6.4
4.0	36.4	24.0	20.0				5.1
5.0	29.5	24.0	20.0	16.0			3.4
5.9	24.0	24.0	20.0	16.0	12.0		2.4
6.3	22.25	21.4	20.0	16.0	12.0	8.0	2.3
6.6	21.5	20.0	20.0	16.0	12.0	8.0	1.85
7.0	19.2	18.7	18.0	16.0	12.0	8.0	1.6
7.2	18.1	17.75	17.25	16.0	12.0	8.0	1.45
7.8	15.7	15.5	15.2	14.1	12.0	8.0	1.00
8.2	14.4	14.05	14.05	13.3	12.0	8.0	
9.0	11.9	11.6	11.25	11.15	10.95	8.0	
10.0		9.4	9.25	9.15	9.6	8.0	
10.7		8.1	8.1	8.0	8.45	8.0	
11.0		7.65	7.65	7.55	8.0	7.7	
12.0		6.4	6.4	6.35	7.0	6.85	
13.0		5.4	5.4	5.35	6.1	6.05	
14.0		4.55	4.55	4.45	5.3	5.35	
15.0			3.75	3.75	4.35	4.55	
16.0			3.15	3.15	3.6	4.05	
18.0			2.2	2.2	2.6	2.95	
20.0			1.4	1.4	1.88	2.18	
22.0				0.8	1.25	1.55	

NK-450型起重机副臂起重性能参数表（t） 表 10-39

条 件	全伸腿 侧方或后方吊重			
吊臂仰角 (°)	35m+8.5m副臂偏角5°		35m+13.5m副臂偏角5°	
	工作半径(m)		工作半径(m)	
80	9.1	4.0	10.8	3.2
77	11.0	4.0	13.0	3.2
76.3	11.5	4.0	13.6	3.05
76	11.8	3.95	13.8	2.95
75	12.5	3.75	14.8	2.75
74	13.3	3.55	15.7	2.55
72	14.6	3.15	17.2	2.3
70	16.1	2.7	18.8	2.1
68	17.4	2.35	20.5	1.9
66	18.8	1.95	21.5	1.75
64	20.1	1.6	23.3	1.65
62	21.5	1.3	24.8	1.35
60	22.8	1.1	26.0	1.15
58	23.9	0.9	27.3	0.9

10. KMK6140型汽车起重机（北京装）

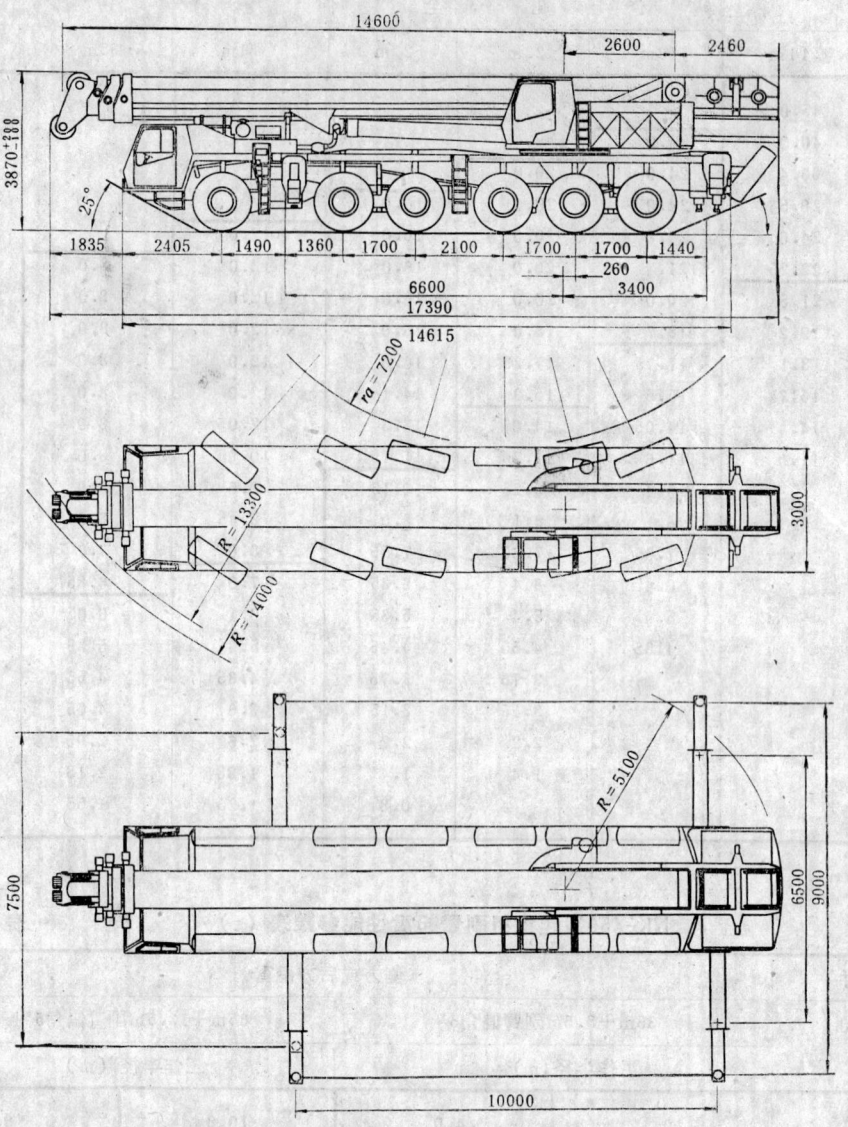

图 10-40　KMK6140型起重机外形尺寸

KMK6140型起重机起重性能参数表（t）（一）　　　　表 10-40

条　件	全伸腿360°任意方向、75%，平衡重 28t						
工作半径 m	14.6m			25.2m		35.5	46.1
3	140.0	124.0	99.0				
4	122.0	105	85.0	80.0	80.0		
5	103.0	92	74.5	80.0	73.0	41.0	
6	86.0	81	66.0	79.0	64.5	41.0	
7	73°	72°	59.0	71°	57.5	41.0	

续表

条件	全伸腿、360°任意方向、75%、平衡重28t						
工作半径（m）	14.6m				25.2m		35.5m	46.1m
8	56.5	63.0	53.0	61.5	51.5	39.0	20.5
9	45.5	54.0	48.0	53.0	46.5	36.5	20.5
10	37.5	45.5	44.0	44.0	42.0	34.5	20.5
12				31.0	35.4	30.2	20.5
14				23.0	27.0	27.0	19.2
16				18.0	21.2	22.5	17.8
18				14.0	17.0	18.3	16.6
20				11.0	13.8	15.1	15.4
22				8.5	11.0	12.5	14.1
24						10.4	12.0
26						8.6	10.3
28						7.1	8.8
30						5.8	7.5
32						4.7	6.4
34							5.4
36							4.6
38							3.8
40							3.2

KMK6140型起重机起重性能参数表（t）（二）　　　　　表 10-41

条件	全伸腿、360°任意方向、85%平衡重28t						
工作半径（m）	14.6m				25.2m		35.3m	46.1m
3	152.0	136.0	108.0				
4	133.0	115.0	93.0	88.0	88.0		
5	113.0	101.0	81.5	88.0	80.0	45.0	
6	94.0	89.0	72.5	86.5	70.5	45.0	
7	80.0	79.0	64.5	78.0	63.0	45.0	
8	62.0	69.0	58.0	67.5	56.5	42.5	22.0
9	49.5	59.0	52.5	58.0	51.0	40.0	22.0
10	40.5	50.0	48.0	48.0	46.0	37.5	22.0
12				34.0	38.9	33.2	22.0
14				25.0	29.7	29.7	21.1
16				19.5	23.3	24.7	19.6
18				15.0	18.7	20.1	18.2
20				12.0	15.1	16.6	16.9
22				9.3	12.1	13.7	15.5
24						11.4	13.2
26						9.4	11.3
28						7.8	9.6
30						6.3	8.2
32						5.1	7.0
34							5.9
36							5.0
38							4.1
40							3.5

KMK6140型起重机起重性能参数表（t）（三）　　　　表 10-42

条件	全伸腿、360°任意方向、75%、平衡重21t							
工作半径(m)	14.6m			25.2m		34.8m	35.5m	44.6m	46.1m
3	140.0	124.0	99.0						
4	116.0	105.0	85.0	80.0	80.0				
5	99.0	91.0	74.0	80.0	73.0	47.5	41.0		
6	83.0	80.0	65.0	73.0	64.5	47.5	41.0		
7	64.5	69.0	58.0	66.0	57.5	44.5	41.0		
8	49.0	58.5	52.5	57.5	51.5	41.5	39.0	23.5	20.5
9	39.0	48.5	48.0	47.0	46.5	38.5	36.5	23.5	20.5
10	32.0	39.5	44.0	38.0	42.0	36.0	34.3	23.5	20.5
12				26.8	31.2	31.7	30.2	22.5	20.5
14				19.7	23.5	24.9	24.9	20.6	19.2
16				15.0	18.3	19.7	19.7	18.8	17.8
18				11.4	14.5	15.8	15.8	17.3	16.6
20				8.7	11.5	12.9	12.9	14.5	14.5
22				6.5	9.1	10.5	10.5	12.2	12.2
24						8.5	8.5	10.3	10.3
26						6.9	6.9	8.6	8.6
28						5.5	5.5	7.2	7.2
30						4.4	4.4	6.1	6.1
32							3.4	5.0	5.0
34								4.2	4.2
36								3.4	3.4
38								2.7	2.7
40								2.1	2.1

KMK6140型起重机起重性能参数表（t）（四）　　　　表 10-43

条件	全伸腿、360°任意方向、85%、平衡重21t							
工作半径(m)	14.6m			25.2m		34.8m	33.5m	44.6m	46.1m
3	152.0	136.0	108.0						
4	127.0	115.0	93.0	88.0	88.0				
5	108.0	100.0	81.0	88.0	80.0	52.0	45.0		
6	91.0	88.0	71.5	80.0	70.5	52.0	45.0		
7	70.5	75.5	63.5	72.5	63.0	48.5	45.0		
8	53.5	64.0	57.5	63.0	56.5	45.5	42.5	25.5	22.0
9	42.5	53.5	52.5	51.5	51.0	40.0	40.0	25.5	22.0
10	35.0	43.5	48.0	42.0	46.0	39.5	37.5	25.5	22.0
12				29.4	34.3	34.8	33.2	24.5	22.0
14				21.6	25.8	27.4	27.4	22.5	21.1
16				16.5	20.1	21.6	21.6	20.5	19.6
18				12.5	15.9	17.3	17.3	19.0	18.2
20				9.5	12.6	14.2	14.2	15.9	15.9
22				7.1	10.0	11.5	11.5	13.4	13.4
24						9.3	9.3	11.3	11.3
26						7.6	7.6	9.4	9.4
28						6.0	6.0	7.9	7.9
30						4.8	4.8	6.7	6.7
32							3.7	5.5	5.5
34								4.6	4.6
36								3.7	3.7
38								2.9	2.9
40								2.3	2.3

KMK6140型起重机起重性能参数表（t）（五） 表10-44

条件	全伸腿、360°任意方向、75%、平衡重18t								
工作半径（m）	14.6m			25.2m		34.8m	35.5m	44.6m	46.1m
3	140.0	123.0	99.0						
4	116.0	105.0	85.0	80.0	80.0				
5	9700	91.0	74.0	80.0	73.0	47.5	41.0		
6	80.5	80.0	65.0	73.0	64.5	47.5	41.0		
7	60.2	67.5	58.0	66.0	57.5	44.5	41.0		
8	45.7	57.0	52.5	55.5	51.5	41.5	39.0	23.5	20.5
9	36.3	45.5	48.0	43.9	46.5	38.5	36.5	23.5	20.5
10	29.7	37.0	42.0	35.4	40.7	36.0	34.3	23.5	20.5
12				24.6	29.2	30.8	30.2	22.5	20.5
14				18.0	22.0	23.3	23.3	20.6	19.2
16				13.5	17.0	18.3	18.3	18.8	17.8
18				10.1	13.4	14.7	14.7	16.3	16.3
20				7.5	10.4	11.9	11.9	13.5	13.5
22				5.5	8.1	9.5	9.5	11.2	11.2
24						7.7	7.7	9.4	9.4
26						6.2	6.2	7.8	7.8
28						4.9	4.9	6.5	6.5
30						3.7	3.7	5.4	5.4
32							2.8	4.4	4.4
34								3.6	3.6
36								2.9	2.9
38								2.2	2.2
40								1.6	1.6

KMK6140型起重机起重性能参数表（t）（六） 表10-45

条件	全伸腿、360°任意方向、75%、平衡重10t								
工作半径（m）	14.6m			24.9m	25.2m	34.8m	35.5m	44.8m	46.1m
3	140.0	122.5	99.0						
4	114.0	103.5	85.0	60.0	80.0				
5	92.0	90.0	74.0	53.5	80.0	47.5			
6	63.5	74.0	65.0	49.0	72.0	47.5	27.0		
7	47.5	61.0	58.0	44.0	60.0	44.5	25.5		
8	36.0	46.5	51.0	40.5	44.5	41.5	24.0	23.5	20.5
9	28.0	36.0	43.0	37.5	34.0	38.5	22.5	23.5	20.5
10	23.0	29.0	35.0	34.8	27.5	27.5	21.3	23.5	20.5
12				26.5	18.5	25.2	19.0	22.5	20.5
14				20.1	13.2	18.9	17.2	20.6	19.2
16				15.7	9.3	14.6	15.6	16.3	16.3
18				12.5	6.4	11.4	14.3	13.0	13.0
20				10.1	4.3	8.8	12.1	10.6	10.6
22				8.0	2.6	6.7	10.1	8.6	8.6
24						5.0	8.5	6.9	6.9
26						3.7	7.1	5.4	5.4
28						2.5	5.9	4.3	4.3
30						1.5	4.9	3.3	3.3
32							4.0	2.4	2.4
34								1.7	1.7

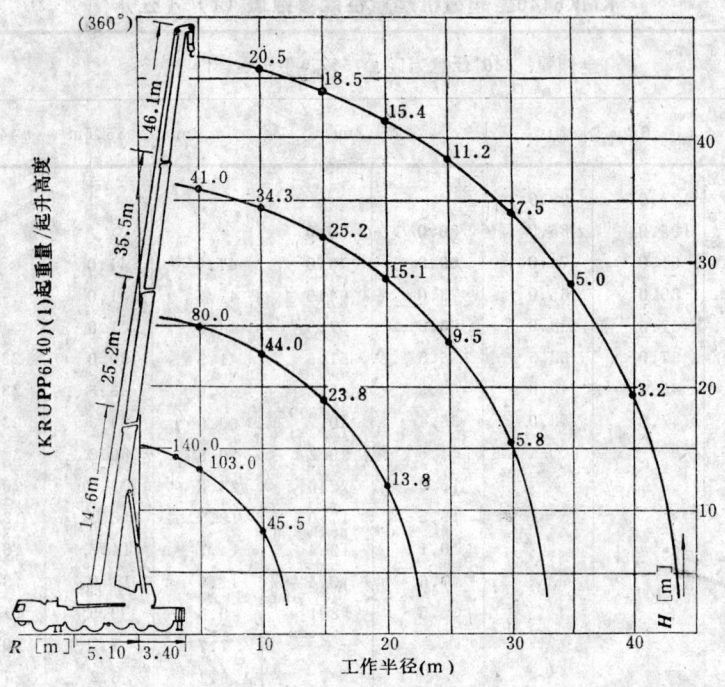

图 10-41 KMK6140型起重机主臂起重量/起升高度曲线

KMK6140型起重机加长臂起重性能参数表（t）（一） 表10-46

条件	加长臂长11.5~36.0m、360°任意方位、全伸腿、平衡重21t													
臂长(m)	主伸缩臂长34.8m													
	75%							85%						
工作半径(m)	11.5 0°	15.0 0°	18.5 0°	22.0 0°	25.5 0°	29.0 0°	32.5 0°	36.0 0°	11.5 0°	15.0 0°	18.5 0°	22.0 0°	25.5 0°	29.0 0°	32.5 0°	36.0 0°
9	12.5								13.7							
10	12.3	11.0							13.5	12.1						
12	11.6	10.0	9.7	8.3					12.7	11.0	10.6	9.1				
14	10.9	9.4	8.9	7.7	6.5	5.5			12.0	10.3	9.8	8.4	7.1	6.0		
16	10.3	8.8	8.1	7.1	6.2	5.2	4.6	3.7	11.3	9.6	8.9	7.8	6.8	5.7	5.0	4.0
18	9.3	8.2	7.5	6.6	5.9	4.9	4.3	3.6	10.2	9.0	8.2	7.2	6.5	5.4	4.7	3.9
20	8.3	7.5	6.9	6.1	5.7	4.7	4.1	3.4	9.1	8.2	7.6	6.7	6.2	5.1	4.5	3.7
22	7.7	6.9	6.3	5.7	5.4	4.4	3.9	3.3	8.4	7.6	6.9	6.2	5.9	4.9	4.3	3.6
24	7.0	6.3	5.8	5.3	5.2	4.3	3.7	3.1	7.7	6.9	6.4	5.8	5.7	4.7	4.0	3.4
26	6.4	6.0	5.4	4.9	5.0	4.1	3.5	3.0	7.0	6.6	5.9	5.4	5.5	4.5	3.8	3.3
28	5.8	5.6	5.0	4.5	4.7	3.9	3.3	2.9	6.3	6.1	5.5	5.0	5.1	4.3	3.6	3.1
30	5.3	5.3	4.7	4.3	4.3	3.7	3.1	2.7	5.8	5.8	5.1	4.7	4.7	4.0	3.4	2.9
32	4.4	4.8	4.3	4.0	4.0	2.8	2.6		4.8	5.2	4.7	4.4	4.4	3.8	3.0	2.8
34	3.5	3.9	4.0	3.7	3.6	3.3	2.7	2.5	3.8	4.3	4.4	4.0	3.9	3.6	2.9	2.7
36	2.7	3.1	3.4	3.5	3.3	3.2	2.5	2.3	2.9	3.4	3.7	3.8	3.6	3.5	2.7	2.5
38	2.0	2.4	2.7	2.9	2.9	3.0	2.3	2.2	2.2	2.6	2.9	3.2	3.2	3.3	2.5	2.4
40	1.4	1.8	2.1	2.3	2.5	2.6	2.2	2.1	1.5	1.9	2.3	2.5	2.7	2.8	2.4	2.3
42		1.2	1.5	1.7	1.9	2.0	2.0			1.3	1.6	1.8	2.1	2.2	2.2	2.2
44			1.1	1.2	1.4	1.5	1.7	1.8			1.6	1.3	1.5	1.6	1.8	1.9
46					1.0	1.2	1.3				1.1	1.3	1.4			

KMK6140型起重机加长臂起重性能参数表（t）（二）　　　　表 10-47

条件	加长臂长11.5～36.0m、360°任意方位、全伸腿、平衡重21t															
	臂长(m)	主 伸 缩 臂 长　34.8m														
		75%									85%						
工作半径(m)		11.5	15.0	18.5	22.0	25.5	29.0	32.5	36.0	11.5	15.0	18.5	22.0	25.5	29.0	32.5	36.0
		20°									20°						
12		9.4								10.3							
14		8.9								9.8							
16		8.5	7.1							9.3	7.8						
18		8.1	6.8	5.3						8.9	7.4	5.8					
20		7.7	6.4	5.0	4.6					8.4	7.0	5.5	5.0				
22		7.3	6.1	4.7	4.4	3.9				8.0	6.7	5.1	4.8	4.3			
24		6.9	5.8	4.5	4.2	3.7	3.0			7.6	6.3	4.9	4.6	4.0	3.3		
26		6.6	5.6	4.3	4.0	3.5	2.9	2.3		7.2	6.1	4.7	4.4	3.8	3.2	2.5	
28		6.3	5.3	4.1	3.9	3.4	2.7	2.2	1.7	6.9	5.8	4.5	4.3	3.7	2.9	2.4	1.8
30		5.7	5.1	3.9	3.7	3.2	2.6	2.1	1.6	6.2	5.6	4.3	4.0	3.5	2.8	2.3	1.7
32		5.0	4.9	3.7	3.5	3.1	2.5	2.0	1.5	5.5	5.4	4.0	3.8	3.3	2.7	2.2	1.6
34		4.0	4.6	3.6	3.4	3.0	2.4	1.9	1.4	4.4	5.0	3.9	3.7	3.3	2.6	2.1	1.5
36		3.1	3.7	3.4	3.3	2.9	2.3	1.8	1.4	3.4	4.0	3.7	3.6	3.2	2.5	1.9	1.5
38		2.3	2.9	3.3	3.2	2.8	2.2	1.8	1.3	2.5	3.2	3.6	3.5	3.0	2.4	1.9	1.4
40		1.6	2.2	2.7	3.1	2.7	2.1	1.7	1.3	1.7	2.4	2.9	3.4	2.9	2.3	1.8	1.4
42			1.6	2.0	2.4	2.6	2.1	1.6	1.3		1.7	2.2	2.6	2.8	2.3	1.7	1.3
44				1.4	1.8	2.1	2.0	1.6	1.2			1.5	1.9	2.3	2.2	1.7	1.3
46					1.3	1.6	1.9	1.5	1.1				1.4	1.7	2.1	1.6	1.2
48							1.4	1.4	1.1						1.5	1.5	1.2
50									1.0								1.1

KMK6140型起重机加长臂起重性能参数表（t）（三）　　　　表 10-48

条件	加长臂长11.5～36.0m、360°任意方位、全伸腿、平衡重21t															
	臂长(m)	主 伸 缩 臂 长　44.6m														
		75%									85%						
工作半径(m)		11.5	15.0	18.5	22.0	25.5	29.0	32.5	36.0	11.5	15.0	18.5	22.0	25.5	29.0	32.5	36.0
		0°									0°						
10		12.5								12.5							
12		12.5	10.1							12.5	10.1						
14		12.0	10.1	8.5	7.3					12.5	10.1	8.5	7.3				
16		11.3	9.8	8.5	7.3	6.4	5.2			12.4	10.1	8.5	7.3	6.4	5.2		
18		10.6	9.3	8.5	7.2	6.3	5.2	4.65	3.6	11.6	10.1	8.5	7.3	6.4	5.2	4.6	3.6
20		10.0	8.7	7.9	6.8	6.0	5.1	4.5	3.6	11.0	9.5	8.5	7.3	6.4	5.2	4.6	3.6
22		9.3	8.2	7.4	6.5	5.7	4.9	4.35	3.55	10.2	9.0	8.1	7.1	6.2	5.2	4.6	3.6
24		8.7	7.6	6.9	6.1	5.4	4.7	4.1	3.4	9.5	8.3	7.6	6.7	5.9	5.1	4.5	3.6
26		8.0	7.1	6.4	5.7	5.1	4.5	3.85	3.3	8.8	7.8	6.9	6.2	5.6	4.9	4.2	3.6
28		7.1	6.6	5.9	5.4	4.8	4.3	3.7	3.15	7.8	7.2	6.4	5.9	5.2	4.7	4.0	3.5
30		6.0	6.1	5.5	5.0	4.5	4.0	3.5	3.05	6.6	6.7	5.9	5.5	4.9	4.4	3.8	3.3
32		4.9	5.1	5.0	4.7	4.2	3.8	3.3	2.9	5.4	5.6	5.5	5.1	4.6	4.1	3.6	3.2
34		4.0	4.2	4.4	4.3	3.9	3.5	3.1	2.8	4.4	4.6	4.8	4.8	4.3	3.8	3.4	3.0
36		3.2	3.4	3.6	3.7	3.7	3.3	2.9	2.65	3.5	3.7	3.9	4.0	4.0	3.6	3.2	2.9
38		2.5	2.7	2.9	3.0	3.25	3.0	2.7	2.55	2.7	2.9	3.1	3.3	3.5	3.3	2.9	2.8
40		1.9	2.1	2.3	2.4	2.6	2.7	2.6	2.4	2.1	2.3	2.5	2.6	2.8	2.9	2.8	2.6
42		1.3	1.5	1.7	1.8	2.05	2.1	2.3	2.3	1.4	1.6	1.8	1.9	2.2	2.3	2.5	2.5
44			1.0	1.2	1.55	1.6	1.6	1.8	1.85		1.1	1.3	1.4	1.7	1.7	1.9	2.0
46					1.10	1.15	1.30	1.35				1.2	1.2	1.4	1.5		

KMK6140型起重机加长臂起重性能参数表（t）（四）　　表10-49

条件：加长臂长11.5～36.0m、360°任意方位、全伸腿、平衡重21t

主伸缩臂长 44.6m

工作半径(m)	75% 臂长(m)								85% 臂长(m)							
	11.5	15.0	18.5	22.0	25.5	29.0	32.5	36.0	11.5	15.0	18.5	22.0	25.5	29.0	32.5	36.0
	20°								20°							
14	9.4								10.3							
16	9.0								9.9							
18	8.7	7.2							9.5	7.9						
20	8.4	6.9	5.3						9.2	7.6	5.8					
22	8.0	6.6	5.1	4.7					8.8	7.2	5.6	5.1				
24	7.7	6.35	4.85	4.5	3.9				8.4	7.0	5.3	4.9	4.3			
26	7.3	6.1	4.65	4.35	3.8	3.1			8.0	6.7	5.1	4.75	4.1	3.4		
28	7.0	5.8	4.45	4.2	3.65	2.95	2.4		7.7	6.3	4.9	4.6	4.0	3.25	2.6	
30	6.7	5.6	4.3	4.0	3.5	2.8	2.3	1.7	7.3	6.1	4.7	4.4	3.8	3.0	2.5	1.85
32	5.6	5.35	4.1	3.9	3.35	2.7	2.2	1.65	6.1	5.8	4.5	4.3	3.65	2.9	2.4	1.8
34	4.6	5.0	4.0	3.75	3.25	2.6	2.1	1.60	5.0	5.5	4.4	3.9	3.55	2.8	2.3	1.75
36	3.75	4.2	3.9	3.6	3.15	2.5	2.0	1.55	4.1	4.6	4.3	3.9	3.45	2.7	2.2	1.7
38	3.0	3.4	3.7	3.5	3.05	2.4	1.95	1.50	3.3	3.7	4.0	3.8	3.35	2.6	2.15	1.65
40	2.3	2.7	3.0	3.0	2.95	2.35	1.90	1.40	2.5	2.9	3.3	3.6	3.25	2.55	2.1	1.5
42	1.7	2.1	2.4	2.65	2.85	2.25	1.8	1.35	1.8	2.3	2.6	2.9	3.10	2.45	2.0	1.45
44	1.15	1.5	1.8	2.1	2.4	2.2	1.75	1.30	1.25	1.6	1.9	2.3	2.6	2.4	1.9	1.4
46		1.0	1.3	1.55	1.85	2.1	1.7	1.25		1.1	1.4	1.7	2.0	2.3	1.85	1.35
48					1.1	1.4	1.6	1.65	1.20		1.2	1.50	1.75	1.8	1.3	
50						1.15	1.4	1.15					1.25	1.5	1.25	
52							1.0	1.10							1.1	1.2

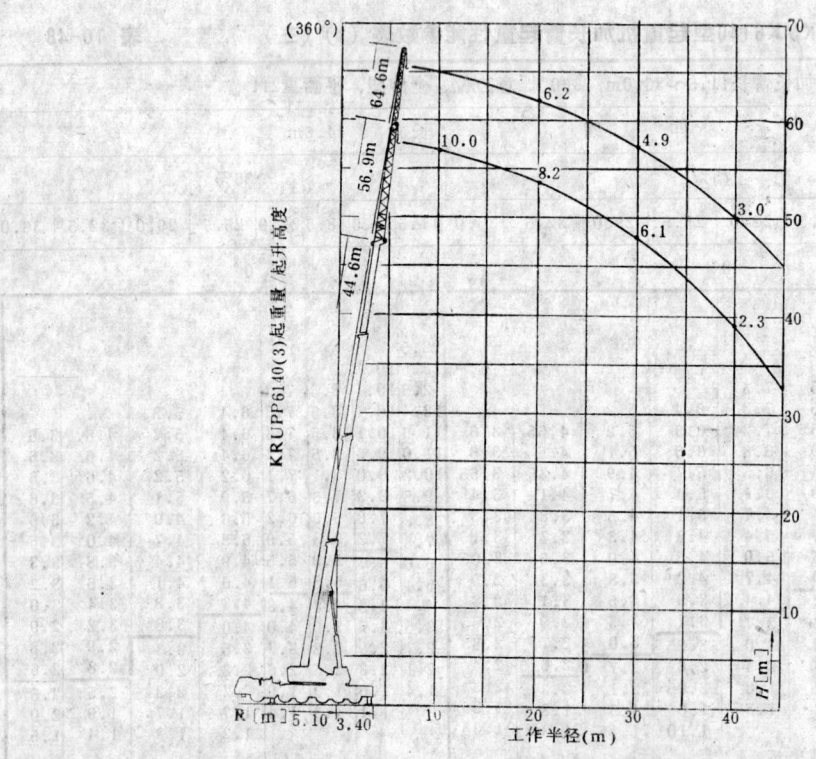

图10-42　KMK6140型起重机接长臂起重量/起升高度曲线

KMK6140型起重机变幅副臂起重性能参数（t）（一）　　　表10-50

条件	主伸缩臂长24.4m、360°任意方位、全伸腿、75%平衡重21t							
工作半径 (m)	变幅副臂长（m）							
	14.0	17.5	21.0	24.5	28.0	31.5	35.0	38.5
8	37.4							
	37.4	31.6						
10	37.4	31.6	26.6					
12	35.7	31.6	26.6	22.2	18.6			
14	30.0	29.7	26.6	22.2	18.6	16.2	13.9	
16		26.0	25.1	22.2	18.6	16.2	13.9	11.9
18		22.2	22.3	21.5	18.6	16.2	13.9	11.9
20			19.6	19.2	18.6	16.2	13.9	11.9
22				17.1	16.8	16.2	13.9	11.9
24				15.4	15.0	14.7	13.9	11.0
26					13.6	13.3	13.0	10.0
28						12.0	11.9	9.4
30						11.0	10.8	8.6
32							10.0	7.9
34								7.3
36								6.7

KMK6140型起重机变幅副臂起重性能参数（t）（二）　　　表10-51

条件	主伸缩臂长34.8m、360°任意方位、全伸腿、75%、平衡重21t							
工作半径 (m)	变幅副臂长（m）							
	14.0	17.5	21.0	24.5	28.0	31.5	35.0	38.5
10	18.7							
12	18.7	15.6	13.2					
14	18.7	15.6	13.2	11.3				
16	18.7	15.6	13.2	11.3	9.8	8.4		
18		15.6	13.2	11.3	9.8	8.4	7.2	6.0
20			13.2	11.3	9.8	8.4	7.2	6.0
22			13.2	11.3	9.8	8.4	7.2	6.0
24				11.3	9.8	8.4	7.2	6.0
26				11.3	9.8	8.4	7.2	6.0
28					9.8	8.4	7.2	6.0
30						8.4	7.2	6.0
32							7.2	6.0
34							7.2	6.0
36							7.2	6.0
38								5.8

KMK6140型起重机变幅副臂起重性能参数（t）（三） 表 10-52

条件 工作半径 （m）	主伸缩臂长44.6m、360°任意方位、全伸腿、75%、平衡重21t							
	变幅副臂长（m）							
	14.0	17.5	21.0	24.5	28.0	31.5	35.0	38.5
12	8.8							
14	8.8	7.3						
16	8.8	7.3	6.1	5.1	4.2	3.5		
18	8.8	7.3	6.1	5.1	4.2	3.5	2.8	
20		7.3	6.1	5.1	4.2	3.5	2.8	2.3
22			6.1	5.1	4.2	3.5	2.8	2.3
24				5.1	4.2	3.5	2.8	2.3
26				5.1	4.2	3.5	2.8	2.3
28				5.1	4.2	3.5	2.8	2.3
30					4.2	3.5	2.8	2.3
32						3.5	2.8	2.3
34						3.5	2.8	2.3
36							2.8	2.3
38								2.3
40								2.3

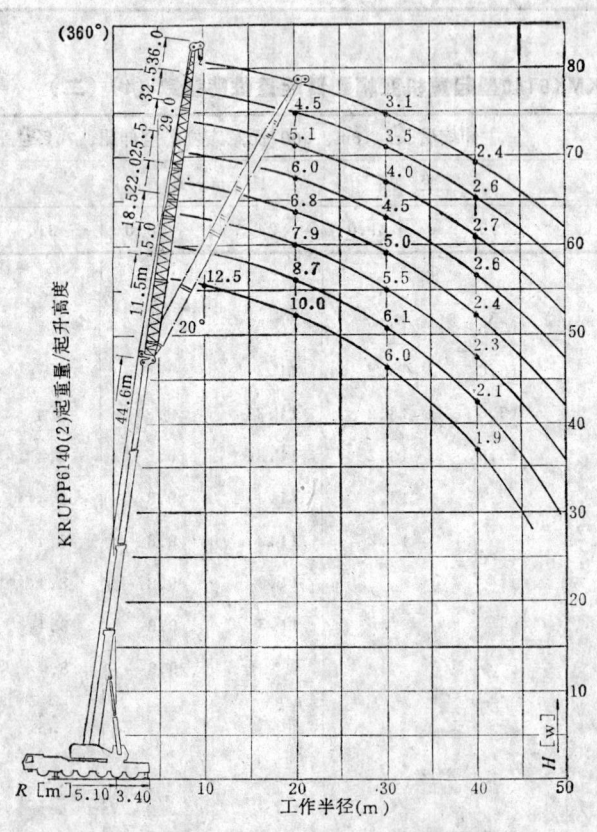

图 10-43 KMK6140型起重机变幅副臂起重量/起升高度

KMK6140型起重机侧置式桁架副臂起重性能参数（t）（一）　　表10-53

条件	副臂长12.3m/20.0m、360°任意方位、全伸腿、平衡重18t					
工作半径 (m)	伸缩臂长（m）					
	34.8		44.6		44.6	
	副臂12.3m		副臂12.3m		副臂20.0m	
	75%	85%	75%	85%	75%	85%
10	13.0	14.3				
11	12.6	13.8				
12	12.0	13.2	10.0	11.0		
13	11.0	12.1	10.0	11.0	6.5	7.1
14	10.0	11.0	9.9	10.9	6.5	7.1
16	9.2	10.1	9.3	10.2	6.5	7.1
18	8.4	9.5	8.7	9.5	6.5	7.1
20	7.8	8.2	8.2	9.0	6.2	6.8
22	7.2	7.9	7.7	8.4	6.0	6.6
24	6.7	7.3	7.2	7.9	5.7	6.2
26	6.2	6.8	6.8	7.4	5.5	6.0
28	5.4	6.3	6.4	7.0	5.2	5.7
30	5.3	5.9	6.1	6.7	4.9	5.4
32	5.1	5.6	5.1	5.6	4.7	5.1
34	4.8	5.2	4.3	4.7	4.4	4.8
36	4.5	4.9	3.5	3.8	4.2	4.6
38	4.2	4.3	2.9	3.2	3.5	3.9
40	3.7	4.0	2.3	2.5	3.0	3.3
42	3.2	3.5	1.7	1.8	2.4	3.6
44					1.9	2.1

KMK6140型起重机侧置式桁架副臂起重性能参数（t）（二）　　表10-54

条件	360°任意方位、全伸腿、75%、平衡重10t		
工作半径 (m)	伸缩臂长（m）		
	34.8	44.6	44.6
	副臂长12.3m	副臂12.3m	副臂20.0m
8	13.0		
9	12.6		
10	12.0	10.0	
12	11.0	10.0	6.5
14	10.0	9.8	6.5
16	9.2	9.2	6.5
18	9.4	8.7	6.5
20	7.8	8.2	6.2
22	7.2	7.7	6.0
24	6.7	7.2	5.7
26	6.2	6.1	5.5
28	5.8	5.0	4.2
30	5.4	4.1	3.3
32	4.8	3.2	2.9
34	4.0	2.5	2.3
36	2.8		2.0
38	2.3		2.0

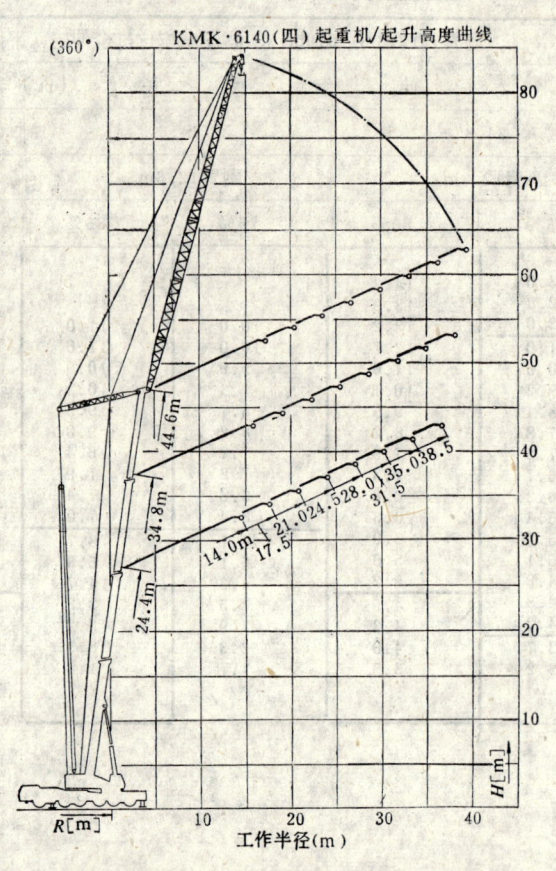

图 10-44 KMK6140型起重机侧置式桁架副臂起重量/起升高度曲线

第二节 运 输 车 辆

运输大型构件及履带式起重机转移时,必须用牵引车及拖板,其技术参数分别见表10-55,10-56;一般运输构件用载重车技术参数见表10-57所列。

一、牵引车头技术参数表

表 10-55

技术参数	厂型	捷克 T—813	长征 XD980	汉阳 HY462	汉阳 HY471	汉阳 HY473
牵引重量（t）		100	100	32	61	62
主要尺寸 (mm)	长	7760	7650	5545	6895	7245
	宽	2500	2580	2500	2580	2580
	高	2620	2550	2765	2765	2900
	轴距	1650 2700	3500	3200	3200+1350	3500+1350
	最小离地高	380	290	340		

续表

技术参数 \ 厂型	捷克 T—813	长征 XD980	汉阳 HY462	汉阳 HY471	汉阳 HY473
最小转弯半径(m)	9.75	9.2	7.25	10	10
最高时速（km/h）	70	37.8	60	62	64
发动机型号功率（马力）	T930 250	12V110F	抗发 x6130	道依兹 F10L413F	道依兹 F12L413F

二、牵引平板技术参数表

表 10-56

参数 \ 型号	半挂							全挂	
	GNBG 17.13	GNBG 17.13A	GNBG 17.13B	HY 955	HY 951B	HY 960	HY 962	SSG 880	QG 150
配用牵引车头	解放或东风			HY462	HY462	HY471	HY413	XD160	SH980 220HD
载重量(t)	10	10	10	20	25	50	50	80	150
主要尺寸(mm) 列车外形尺寸 长	10800	12000	13650	9150	10070	10945	10945	11995	14800
列车外形尺寸 宽	2500	2500	2500	2440	3050	3220	3220	3550	3700
列车外形尺寸 高	2400	2400	2400	1970	1950	3075	2920	2050	1600
货台尺寸 长	7100	8000	9900	9020	7000	6965	6965	7000	12600
货台尺寸 宽	2300	2300	2300	2350	3050	3220	3220	3500	3560
货台尺寸 高	500	500	500	540	1140	1150	1150	1298	1432
最高行驶速度（km/h）	70	65	65	61	61	62	64		
爬坡能力（％）	18	18	18	18	15	18	24		
最小转弯半径(m)	7.2	8	8	9	9.75	11	14	10.7	10.4

三、构件运输车技术参数表   表 10-57

参数 \ 厂牌型号			东风 EQ1130F (EQ144)	东风 EQ1141G (EQ153)	黄河 JN163	解放 CA1141Tz	长征 T815	斯达-斯太尔 1491—280/043	斯达-斯太尔 1291—260/56	交通 SH1261—4 (SH161A-4)
载重量（t）			8	8	10	8	15	21	11	15
主要尺寸 (mm)	外形尺寸	长	8163	7730	10140	8745	8874	9196	10196	10280
		宽	2470	2470	2495	2476	2500	2458	2458	2600
		高	2493	2710	2955	2425	3130	2956	2096	2965
	货台尺长	长	5300	5300	6731	5740	6232	7462	7760	7000
		宽	2294	2294	2270	2300	2300	2368	2372	2500
		高	550	550	550	550	550	620	600	650
最高时速（km/h）			80	88	83	85	88	85	90	75
最大爬坡度（%）			18	28	24	20	43.3	35.1	43.9	29
最小转弯半径（m）			10	8	11	10.2	10	10	11	11.5

第三节 常用数据及其它

一、常用数据及常用公式

1. 长度、重量、容积、面积

见表10-58～10-61。

重量单位换算表   表 10-58

吨	千克	克	市担	市斤	市两	英吨	美吨	唡	口两	日贯	日千
1	1000		20	2000		0.9842	1.1023	2204.6		266.67	1666.67
0.001	1	1000	0.02	2	20			2.2046	35.274	0.2667	1.6667
0.05	0.001 50	1	1	0.002 100	0.02 1000	0.0492	0.0551	110.23	0.0354	13.333	
		0.5	500 50	0.01	1 0.1	10 1		1.1023 1.7637	1.7637	0.1333	0.8333
1.0161 0.9027	1016.1 907.19		20.321 18.144	2032.1 1814.4		1 0.8929	1.12 1	2240 2000		270.95 241.916	1693.41 1511.97
	0.4536	28.35		0.9072	9.072 0.567			1 0.0625	16 1	0.1210	0.75586
	3.75 0.6			7.5 1.2	12			1.3228	132.28	1 0.16	6.25 1

注：1盎司=31.1035克。1俄斤=0.4千克。

表 10-59

长度单位换算表

公里	米	厘米	市里	市尺	市分	海浬	口里	码	英尺	英寸	日里	日町	日尺	日分
1	1000	—	2	30000	—	0.5396	0.6214	1093.6	3280.8	—	0.25116	9.16667	—	—
0.001	1	100	—	3	—	—	—	1.0936	3.2808	39.37	—	—	3.3	330
—	0.01	1	—	0.03	300	—	—	—	0.0328	0.3937	—	—	0.033	3.3
0.5	500	—	1	1500	—	—	—	546.82	1640.4	—	0.1273	—	1650	—
0.00033	0.3333	33.333	—	1	100	—	—	0.3645	1.0936	13.123	—	—	1.1	110
—	0.0033	0.3333	—	0.01	3	—	—	0.00364	0.01093	—	—	—	0.011	1.1
1.8532	1853.2	—	3.7064	5559.6	—	1	—	2026.66	—	—	0.47183	—	6114.92	—
1.6093	1609.3	—	3.2187	4828.0	—	0.86838	1	1760	5280	—	0.40873	—	5313.99	—
—	0.9144	—	—	2.7432	—	—	—	1	3	36	—	—	3.0175	—
—	0.3048	30.48	—	0.9144	91.44	—	—	0.3333	1	12	—	—	1.0058	—
—	0.0254	2.54	—	0.0762	7.62	—	—	0.0278	—	1	—	—	0.0084	—
3.9217	3921.69	—	7.85546	—	—	2.11938	2.4405	—	—	—	1	36	12960	—
—	109.91	—	—	327.2724	—	—	—	119.3117	—	—	0.02777	1	360	36000
0.0003	0.30303	30.3	—	0.909	90.91	—	—	—	0.9942	11.9305	—	—	1	100
—	0.003	0.30303	—	—	0.9091	—	—	—	—	0.11931	—	—	0.01	1

容积单位换算表 表10-60

立方米	市升	立方市尺	英加仑	美加仑	立方英尺	立方英寸	日升
1	1000	27	220.09	264.2	35.315	—	554.352
0.001	1	0.027	0.2201	0.2642	0.035	61.03	0.55435
0.037	37.037	1	8.1515	9.7841	1.3079	—	
0.00454	4.5437	0.1227	1	1.2003	0.1605	277.27	2.5186
0.00379	3.7854	0.1022	0.8331	1	0.1338	231.00	—
0.02832	28.317	0.7646	6.2305	7.4805	1	1728.00	15.6976
0.000016	0.0164	—	0.0036	0.0043	0.00058	1	—
0.0018	1.8039	0.0487	0.39704	0.47659	0.00637	110.093	1

面积单位换算表 表10-61

平方米	平方厘米	平方毫米	平方市尺	平方英尺	平方英寸
1	10000	1000000	9	10.7639	1550
0.0001	1	100	0.009	0.001077	0.155
0.000001	0.01	1	0.000009	0.000011	0.00155
0.111111	1111.11	11111.11	1	1.195989	172.23
0.092903	929.03	92903	0.836127	1	144.0
0.000645	6.4516	646.16	0.005806	0.006944	1

注：1公顷＝100亩＝$\frac{1}{100}$平方公里。

2. 法定计量与非法定计量换算见表10-62。

法定计量与非法定计量单位换算表 表10-62

量的名称	勿用非法定计量单位		法定计量单位		单位换算关系
	名称	符号	名称	符号	
力	千克力 吨力	kgf tf	牛顿 千牛顿	N kN	1kgf＝9.80665N 1tf＝9.80665kN
线分布力	千克力每米 吨力每米	kgf/m tf/m	牛顿每米 千牛顿每米	N/m kN/m	1kgf/m＝9.80665N/m 1tf/m＝9.80665kN/m
面分布力、压强	千克力每平方米	kgf/m²	牛顿每平方米（帕斯卡）	N/m²（Pa）	1kgf/m²＝9.80665N/m²（Pa）
	吨力每平方米	tf/m²	千牛顿每平方米（千帕斯卡）	kN/m²（kPa）	1tf/m²＝9.80665kN/m²（kPa）
	标准大气压 工程大气压	atm at	兆帕斯卡 兆帕斯卡	MPa MPa	1atm＝0.101325MPa 1at＝0.0980665MPa

续表

量的名称	勿用非法定计量单位		法定计量单位		单位换算关系
	名称	符号	名称	符号	
面分布力、压强	毫米水柱	mmH₂O	帕斯卡	Pa	1mmH₂O=9.80665Pa（按水密度为1g/cm²计）
	毫米汞柱 巴	mmHg bar	帕斯卡 帕斯卡	Pa Pa	1mmHg=133.322Pa 1bar=10⁵Pa
体分布力	千克力每立方米 吨力每立方米	kgf/m³ tf/m³	牛顿每立方米 千牛顿每立方米	N/m³ kN/m³	1kgf/m³=9.80665N/m³ 1tf/m³=9.80665kN/m³
力矩、弯矩扭矩、力偶矩、转矩	千克力米 吨力米	kgf·m tf·m	牛顿米 千牛顿米	N·m kN·m	1kgf·m=9.80665N·m 1tf·m=9.80665kN·m
双弯矩	千克力二次方米 吨力二次方米	kgf·m² tf·m²	牛顿二次方米 千牛顿二次方米	N·m² kN·m²	1kgf·m²=9.80665N·m² 1tf·m²=9.80665kN·m²
应力 材料强度	千克力每平方毫米 千克力每平方厘米 吨力每平方米	kgf/mm² kgf/cm² tf/m²	兆帕斯卡 兆帕斯卡 千帕斯卡	MPa MPa kPa	1kgf/mm²=9.80665MPa 1kgf/cm²=0.0980665MPa 1tf/m²=9.80665kPa
弹性模量 剪变模量 压缩模量	千克力每平方厘米	kgf/cm²	兆帕斯卡	MPa	1kgf/cm²=0.0980665MPa
压缩系数	平方厘米每千克力	cm²/kgf	每帕斯卡	MPa⁻¹	1cm²/kgf=(1/0.0980665)MPa⁻¹
地基抗力刚度系数	吨力每三次方米	tf/m³	千牛吨每三次方米	kN/m³	1tf/m³=9.80665kN/m³
地基抗力刚度系数	吨力每四次方米	tf/m⁴	千牛吨每四次方米	kN/m⁴	1tf/m⁴=9.80665kN/m⁴
功、能	千克力米 吨力米	kgf·m tf·m	焦耳 千焦耳	J kJ	1kgf·m=9.80665J 1tf·m=9.80665kJ
	立方厘米标准大气压	cm³·atm	焦耳	J	1cm³·atm=0.101325J
	升标准大气压 升工程大气压	L·atm L·at	焦耳 焦耳	J J	1L·atm=101.325J 1L·at=9.80665J
功率	千克力米每秒 国际蒸气表卡秒	kgf·m/s cal/s	瓦特 瓦特	W W	1kgf·m/s=9.80665W 1cal/s=4.1868W
	千卡每小时 热化学卡每秒	kcal/h calth/h	瓦特 瓦特	W W	1kcal/h=1.163W 1calth/h=4.184W

3. 三角函数表

见表10-63。

$$\sin A = \frac{a}{c} = \frac{对边}{斜边} = \cos B$$

$$\cos A = \frac{b}{c} = \frac{邻边}{斜边} = \sin B$$

$$\text{tg} A = \frac{a}{b} = \frac{对边}{邻边} = \text{ctg} B$$

$$\text{ctg} A = \frac{b}{a} = \frac{邻边}{对边} = \text{tg} B$$

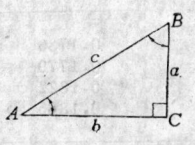

三角函数表

表 10-63

角 度	正弦 sin	余弦 cos	正切 tg	余切 ctg	
0°00′	0.0000	1.0000	0.0000		90°00′
15′	0.0044	1.0000	0.0044	229.182	45′
30′	0.0087	1.0000	0.0087	114.589	30′
45′	0.0131	0.9999	0.0131	76.390	15′
1°00′	0.0175	0.9998	0.0175	57.290	89°00′
15′	0.0218	0.9998	0.0218	45.829	45′
30′	0.0262	0.9997	0.0262	38.188	30′
45′	0.0305	0.9995	0.0306	32.730	15′
2°00′	0.0349	0.9994	0.0349	28.636	88°00′
15′	0.0393	0.9992	0.0393	25.452	45′
30′	0.0436	0.9991	0.0437	22.904	30′
45′	0.0480	0.9989	0.0480	20.819	15′
3°00′	0.0523	0.9986	0.0524	19.081	87°00′
15′	0.0567	0.9984	0.0568	17.611	45′
30′	0.0611	0.9981	0.0612	16.350	30′
45′	0.0654	0.9979	0.0655	15.257	15′
4°00′	0.0698	0.9976	0.0699	14.301	86°00′
15′	0.0741	0.9973	0.0743	13.457	45′
30′	0.0785	0.9969	0.0787	12.706	30′
45′	0.0828	0.9966	0.0831	12.035	15′
5°00′	0.0872	0.9962	0.0875	11.430	85°00′
15′	0.0915	0.9958	0.0919	10.883	45′
30′	0.0958	0.9954	0.0963	10.385	30′
45′	0.1002	0.9950	0.1017	9.9310	15′
6°00′	0.1045	0.9945	0.1051	9.5144	84°00′
15′	0.1089	0.9941	0.1095	9.1309	45′
30′	0.1132	0.9936	0.1139	8.7789	30′
45′	0.1172	0.9937	0.1184	8.4492	15′
7°00′	0.1219	0.9926	0.1228	8.1443	83°00′
15′	0.1262	0.9920	0.1272	7.8606	45′
30′	0.1305	0.9914	0.1317	7.5958	30′
45′	0.1349	0.9909	0.1361	7.3479	15′
8°00′	0.1392	0.9903	0.1405	7.1154	82°00′
15′	0.1435	0.9897	0.1450	6.8969	45′
30′	0.1478	0.9890	0.1495	6.6912	30′
45′	0.1521	0.9884	0.1539	6.4911	45′
9°00′	0.1564	0.9877	0.1584	6.3138	81°00′
15′	0.1607	0.9870	0.1629	6.1402	45′
30′	0.1650	0.9863	0.1673	5.9758	30′
45′	0.1693	0.9856	0.1718	5.8197	15′
10°00′	0.1736	0.9848	0.1763	5.6713	80°00′
15′	0.1779	0.9840	0.1808	5.5301	45′
30′	0.1822	0.9833	0.1853	5.3955	30′
45′	0.1865	0.9825	0.1899	5.2672	15′
	余弦 cos	正弦 sin	余切 ctg	正切 tg	角度

续表

角　　度	正弦sin	余弦cos	正切tg	余切ctg	
11°00′	0.1908	0.9816	0.1944	5.1446	79°00′
15′	0.1951	0.9808	0.1989	5.0273	45′
30′	0.1994	0.9799	0.2035	4.9152	30′
45′	0.2036	0.9791	0.2080	4.8077	15′
12°00′	0.2079	0.9781	0.2126	4.7046	78°00′
15′	0.2122	0.9772	0.2171	4.6057	45′
30′	0.2164	0.9763	0.2217	4.5107	30′
45′	0.2207	0.9753	0.2263	4.4194	15′
13°00′	0.2250	0.9744	0.2309	4.3315	77°00′
15′	0.2292	0.9734	0.2355	4.2468	45′
30′	0.2334	0.9724	0.2401	4.1653	30′
45′	0.2377	0.9713	0.2447	4.0867	15′
14°00′	0.2419	0.9703	0.2493	4.0108	76°00′
15′	0.2462	0.9692	0.2540	3.9375	45′
30′	0.2504	0.9681	0.2586	3.8667	30′
45′	0.2546	0.9670	0.2633	3.7982	15′
15°00′	0.2588	0.9659	0.2679	3.7321	75°00′
15′	0.2630	0.9648	0.2726	3.6680	45′
30′	0.2672	0.9636	0.2773	3.6059	30′
45′	0.2714	0.9625	0.2820	3.5457	15′
16°00′	0.2756	0.9613	0.2868	3.4874	74°00′
15′	0.2758	0.9601	0.2915	3.4308	45′
30′	0.2840	0.9588	0.2962	3.3759	30′
45′	0.2882	0.9576	0.3010	3.3226	15′
17°00′	0.2924	0.9563	0.3057	3.2709	73°00′
15′	0.2965	0.9550	0.3105	3.2205	45′
30′	0.3007	0.9537	0.3153	3.1716	30′
45′	0.3049	0.9524	0.3201	3.1240	15′
18°00′	0.3090	0.9511	0.3249	3.0777	72°00′
15′	0.3132	0.9497	0.3298	3.0326	45′
30′	0.3173	0.9483	0.3346	2.9887	30′
45′	0.3214	0.9469	0.3395	2.9459	15′
19°00′	0.3256	0.9455	0.3443	2.9042	71°00′
15′	0.3297	0.9441	0.3492	2.8636	45′
30′	0.3338	0.9426	0.3541	2.8239	30′
45′	0.3379	0.9412	0.3590	2.7852	15′
20°00′	0.3420	0.9397	0.3640	2.7475	70°00′
15′	0.3461	0.9382	0.3689	2.7106	45′
30′	0.3502	0.9367	0.3739	2.6746	30′
45′	0.3543	0.9351	0.3789	2.6395	15′
21°00′	0.3584	0.9336	0.3839	2.6051	69°00′
15′	0.3624	0.9320	0.3889	2.5715	45′
30′	0.3665	0.9304	0.3939	2.5386	30′
45′	0.3706	0.9288	0.3990	2.5065	15′
	余弦cos	正弦sin	余切ctg	正切tg	角度

续表

角　　度	正弦sin	余弦cos	正切tg	余切ctg	
22°00′	0.3746	0.9272	0.4040	2.4751	68°00′
15′	0.3786	0.9255	0.4091	2.4443	45′
30′	0.3827	0.9239	0.4142	2.4142	30′
45′	0.3867	0.9222	0.4193	2.3847	15′
23°00′	0.3907	0.9205	0.4245	2.3559	67°00′
15′	0.3947	0.9188	0.4296	2.3276	45′
30′	0.3987	0.9971	0.4348	2.2998	30′
45′	0.4027	0.9153	0.4400	2.2727	15′
24°00′	0.4067	0.9135	0.4452	2.2460	66°00′
15′	0.4107	0.9118	0.4505	2.2199	45′
30′	0.4147	0.9100	0.4567	2.1943	30′
45′	0.4148	0.9081	0.4610	2.1692	15′
25°00′	0.4226	0.9063	0.4663	2.1445	65°00′
15′	0.4266	0.9045	0.4716	2.1203	45′
30′	0.4305	0.9026	0.4770	2.0965	30′
45′	0.4344	0.9007	0.4823	2.0732	15′
26°00′	0.4384	0.8988	0.4877	2.0503	64°00′
15′	0.4423	0.8969	0.4931	2.0278	45′
30′	0.4462	0.8949	0.4986	2.0057	30′
45′	0.4501	0.8930	0.5040	1.9840	15′
27°00′	0.4540	0.8910	0.5095	1.9626	63°00′
15′	0.4579	0.8890	0.5150	1.9416	45′
30′	0.4617	0.8870	0.5206	1.9210	30′
45′	0.4656	0.8850	0.5261	1.9007	15′
28°00′	0.4695	0.8829	0.5317	1.8807	62°00′
15′	0.4733	0.8809	0.5373	1.8611	45′
30′	0.4772	0.8788	0.5430	1.8418	30′
45′	0.4810	0.8767	0.5486	1.8228	15′
29°00′	0.4848	0.8746	0.5543	1.8040	61°00′
15′	0.4886	0.8725	0.5600	1.7856	45′
30′	0.4924	0.8704	0.5658	1.7675	30′
45′	0.4962	0.8682	0.5715	1.7496	15′
30°00′	0.5000	0.8660	0.5774	1.7321	60°00′
15′	0.5038	0.8638	0.5832	1.7147	45′
30′	0.5075	0.8616	0.5890	1.6977	30′
45′	0.5113	0.8594	0.5949	1.6808	15′
31°00′	0.5150	0.8572	0.6009	1.6643	59°00′
15′	0.5188	0.8549	0.6068	1.6479	45′
30′	0.5225	0.8526	0.6128	1.6319	30′
45′	0.5262	0.8504	0.6188	1.6160	15′
32°00′	0.5299	0.8480	0.6249	1.6003	58°00′
15′	0.5336	0.8457	0.6310	1.5849	45′
30′	0.5373	0.8434	0.6371	1.5697	30′
45′	0.5410	0.8410	0.6432	1.5547	15′
	余弦cos	正弦sin	余切ctg	正切tg	角度

续表

角　度	正弦sin	余弦cos	正切tg	余切ctg	
33°00′	0.5446	0.8387	0.6494	1.5399	57°00′
15′	0.5483	0.8363	0.6556	1.5253	45′
30′	0.5519	0.8339	0.6619	1.5108	30′
45′	0.5556	0.8315	0.6682	1.4966	15′
34°00′	0.5592	0.8290	0.6745	1.4826	56°00′
15′	0.5628	0.8266	0.6809	1.4687	45′
30′	0.5664	0.8241	0.6873	1.4550	30′
45′	0.5700	0.8216	0.6937	1.4415	15′
35°00′	0.5736	0.8192	0.7002	1.4281	55°00′
15′	0.5771	0.8166	0.7067	1.4150	45′
30′	0.5807	0.8141	0.7133	1.4019	30′
45′	0.5842	0.8116	0.7199	1.3891	15′
36°00′	0.5878	0.8090	0.7265	1.3764	54°00′
15′	0.5913	0.8064	0.7332	1.3638	45′
30′	0.5948	0.8039	0.7400	1.3514	30′
45′	0.5983	0.8013	0.7467	1.3392	15′
37°00′	0.6018	0.7986	0.7536	1.3270	53°00′
15′	0.6253	0.7960	0.7604	1.3151	45′
30′	0.6088	0.7934	0.7673	1.3032	30′
45′	0.6122	0.7907	0.7743	1.2915	15′
38°00′	0.6157	0.7880	0.7813	1.2799	52°00′
15′	0.6191	0.7853	0.7883	1.2685	45′
30′	0.6225	0.7826	0.7954	1.2572	30′
45′	0.6259	0.7799	0.8026	1.2460	15′
39°00′	0.6293	0.7771	0.8098	1.2349	51°00′
15′	0.6327	0.7744	0.8170	1.2239	45′
30′	0.6361	0.7716	0.8243	1.2131	30′
45′	0.6394	0.7688	0.8317	1.2040	15′
40°00′	0.6428	0.7660	0.8391	1.1918	50°00′
15′	0.6461	0.7632	0.8466	1.1812	45′
30′	0.6494	0.7604	0.8541	1.1708	30′
45′	0.6528	0.7576	0.8617	1.1606	15′
41°00′	0.6561	0.7547	0.8693	1.1504	49°00′
15′	0.6593	0.7518	0.8770	1.1403	45′
30′	0.6626	0.7490	0.8847	1.1303	30′
45′	0.6659	0.7461	0.8925	1.1204	15′
42°00′	0.6691	0.7431	0.9004	1.1106	48°00′
15′	0.6724	0.7402	0.9083	1.1009	45′
30′	0.6756	0.7373	0.9163	1.0913	30′
45′	0.6788	0.7343	0.9244	1.0818	15′
43°00′	0.6820	0.7314	0.9325	1.0724	47°00′
15′	0.6852	0.7284	0.9407	1.0630	45′
30′	0.6884	0.7254	0.9490	1.0538	30′
45′	0.6915	0.7224	0.9573	1.0446	15′
44°00′	0.6947	0.7193	0.9657	1.0355	46°00′
15′	0.6978	0.7163	0.9742	1.0265	45′
30′	0.7009	0.7133	0.9827	1.0176	30′
45′	0.7040	0.7102	0.9913	1.0088	15′
45°00	0.7071	0.7071	1.000	1.000	45°00
	余弦cos	正弦sin	ctg	tg	角　度

4. 常用立体图形体积计算公式

见表10-64。

常用立体图形体积计算公式表　　　　表 10-64

设　V—容积、积体；　　　A—表面积
　　A_d—底面积　　　　　　A_s—侧面积
　　X—形心离底面的距离；　G—形心点

名称	简图	计算公式
正方形体	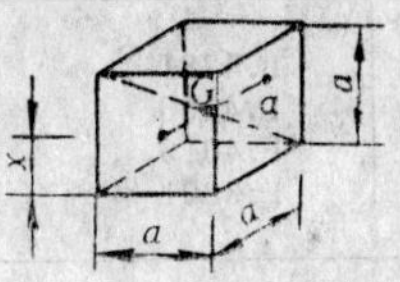	$V=a^3$　　$x=\dfrac{a}{2}$　　$A=6a^2$ $A_s=4a^2$　　$a=\sqrt{3}\,a$　　$A_d=a^2$
长方柱体	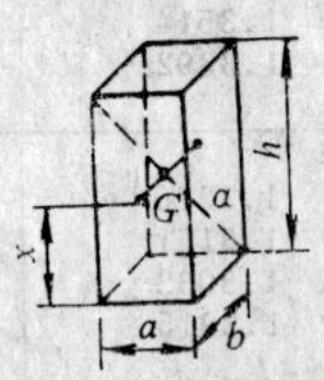	$V=a \cdot b \cdot h$　　$x=\dfrac{h}{2}$ $A=2(ab+ah+bh)$　　$A_d=a \cdot b$ $A_s=2h(a+b)$　　$d=\sqrt{a^2+b^2+h^2}$
正多角形柱体	a—边长 n—边数 h—高度 A_d—底面积	$V=A_d h$　　$A=2A_d+nah$ $A_s=nha$　　$x=\dfrac{h}{2}$
截头圆柱体	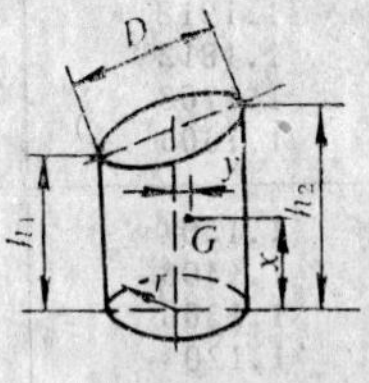	$V=\pi r^2 \dfrac{h_1+h}{2}$　　$x=\dfrac{h_1+h}{4}+\dfrac{(h-h_1)^2}{16(h_1+h)}$ $A_s=\pi r(h_1+h)$ $D=\sqrt{4r^2+(h-h_1)^2}$　　$y=\dfrac{r(h-h_1)}{4(h_1+h)}$
圆及中空圆柱体	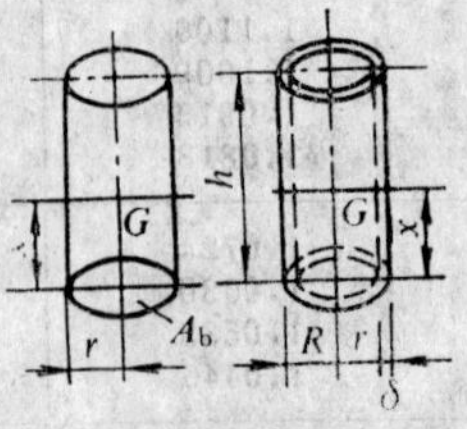	圆柱体　　　　　　　　　中空圆柱体 $V=\pi \cdot r^2 \cdot h=A_b \cdot h$　　$V=\pi h(R^2-r^2)$ $A=2\pi r(r+h)$　　　　　$=\pi h \delta(2R-\delta)$ 　　　　　　　　　　　　$=\pi h \delta(2r+\delta)$ $A_s=2\pi rh$ $x=\dfrac{h}{2}$　　　　　　　$x=\dfrac{h}{2}$
圆球体	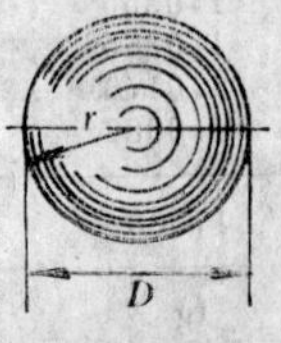	$V=\dfrac{4\pi r^3}{3}=\dfrac{\pi D^3}{6}=4.188790205 r^3$ $A=4\pi r^2=\pi D^2$

续表

名 称	简 图	计 算 公 式	
正六角形体		$V=2.5981a^2h$ $A=5.1962a^2+6ah$ $A_∎=6ah$	$d=\sqrt{h^2+4a^2}$ $x=\dfrac{x}{2}$
圆锥体		$V=\dfrac{\pi r^2 h}{3}$ $A_∎=\pi r L$	$x=\dfrac{h}{4}$ $L=\sqrt{r^2+h^2}$
角锥体		$V=\dfrac{Ad}{3}h$ $x=\dfrac{h}{4}$	$Ad=2.598a^2$
截头角锥体	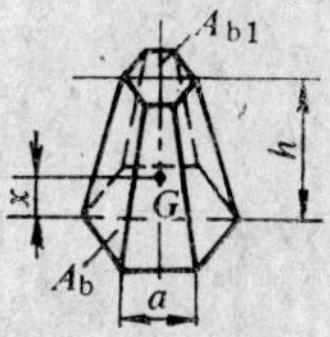	$V=\dfrac{h}{3}\left(Ad+Ad_1+\sqrt{AdAd_1}\right)$ $x=\dfrac{h}{4}\times\dfrac{Ad+2\sqrt{Ad\cdot Ad_1}+3Ad_1}{Ad+\sqrt{Ad\cdot Ad_1}+Ad_1}$	
截头圆锥体	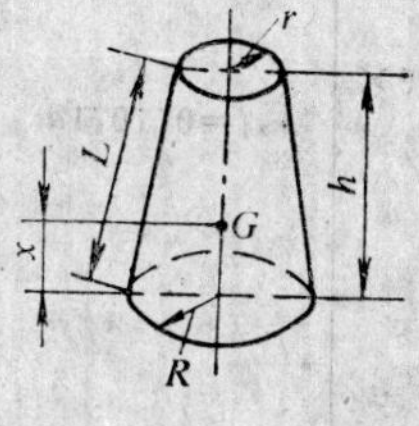	$V=\dfrac{\pi}{3}h(R^2+Rr+r^2)=\dfrac{\pi h}{4}\left(a^2+\dfrac{1}{3}b^2\right)$ $A_∎=\pi L(R+r) \qquad L=\sqrt{(R-r)+h^2}$ $x=\dfrac{h}{4}\times\dfrac{R^2+2Rr+3r^2}{R^2+Rr+r^2}$ $a=R+r \qquad b=R-r$	
长方棱台体	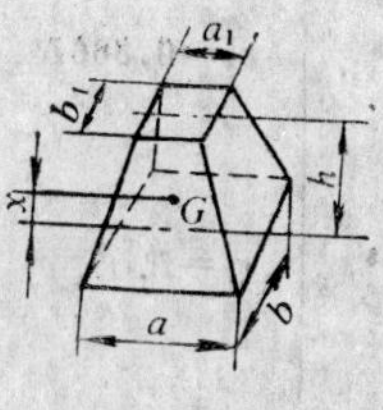	$V=\dfrac{h}{6}\{(2a+a_1)b+(2a_1+a)b_1\}$ $=\dfrac{h}{6}\{ab+(a+a_1)(b+b_1)+a_1b_1\}$ $x=\dfrac{h}{2}\times\dfrac{ab+ab_1+a_1b+3a_1b}{2ab+ab_1+a_1b+2a_1b_1}$	

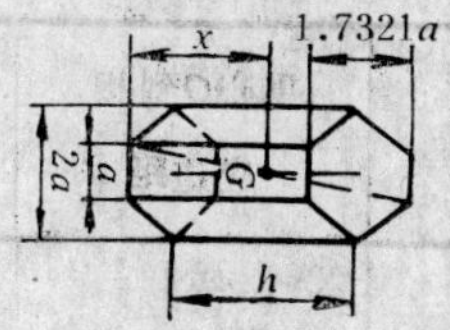

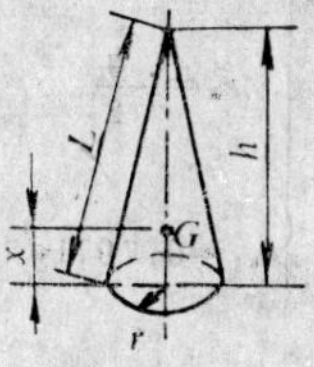

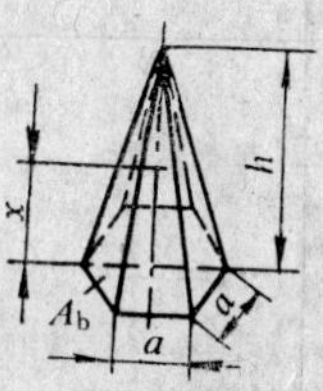

5. 截面的几何及力学特性

见表10-65。

截面的几何及力学特性表　　　　表 10-65

简　图	面积=A	惯性矩 I	截面系数 $W=\dfrac{I}{e}$	重心O到相应边距	回转半径 $r=\sqrt{\dfrac{I}{A}}$
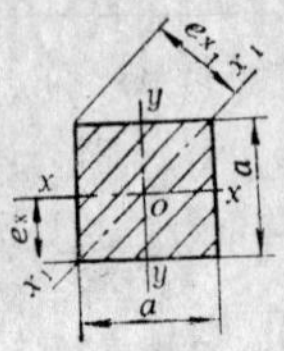	$A=a^2$	$I=\dfrac{a^4}{12}$	$W_x=\dfrac{a^3}{6}$ $W_{x_1}=0.1179a^3$	$e_x=\dfrac{a}{2}$ $e_{x_1}=0.7071a$	$r=\dfrac{a}{\sqrt{12}}=0.289a$
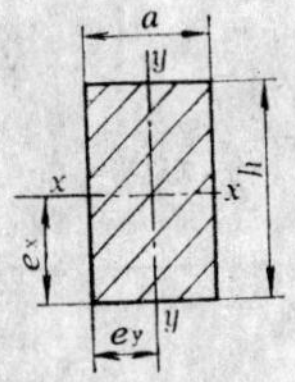	$A=ha$	$I_x=\dfrac{ah^3}{12}$ $I_y=\dfrac{b^3h}{12}$	$W_x=\dfrac{ah^2}{6}$ $W_y=\dfrac{a^2h}{12}$	$e_x=\dfrac{h}{2}$ $e_y=\dfrac{a}{2}$	$r_x=\dfrac{h}{\sqrt{12}}=0.289h$ $r_y=\dfrac{a}{\sqrt{12}}=0.289a$
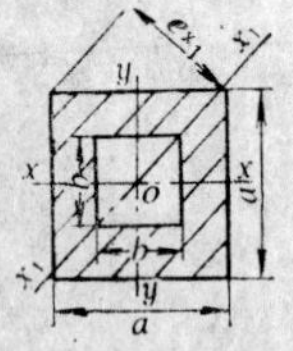	$A=a^2-b^2$	$I=\dfrac{a^4-b^4}{12}$	$W_x=\dfrac{a^4-b^4}{6a}$ $W_{x_1}=0.11179\times\dfrac{a^4-b^4}{a}$	$e_x=\dfrac{a}{2}$ $e_{x_1}=0.7071a$	$r=0.289\sqrt{a^2+b^2}$
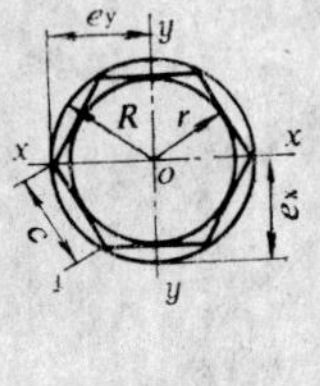	$A=2.598C^2$ $=3.464r^2$ $C=R$ $r=0.866R$	$I=0.5413R^4$	$W_x=0.625R^3$ $W_y=0.5613R^3$	$e_x=0.866R$ $e_y=R$	$r=0.4566R$

续表

简 图	面积=A	惯性矩 I	截面系数 $W=\dfrac{I}{e}$	重心O到相应边距	回转半径 $r=\sqrt{\dfrac{I}{A}}$
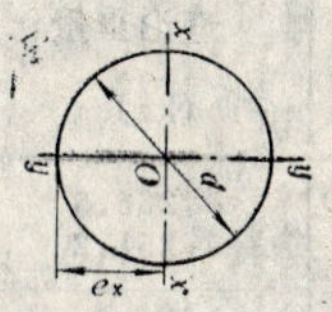 (圆形)	$A=\dfrac{\pi}{4}d^2$	$I=\dfrac{\pi}{64}d^4$	$W=\dfrac{\pi}{32}d^3$	$e_x=\dfrac{d}{2}$	$r=\dfrac{d}{4}$
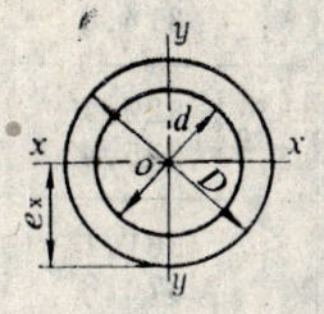 (圆环)	$A=\dfrac{\pi}{4}(D^2-d^2)$	$I=\dfrac{\pi}{64}(D^4-d^4)$	$W=\dfrac{\pi(D^4-d^4)}{32D}$	$e_{x_1}=\dfrac{D}{2}$	$r=\dfrac{1}{4}\sqrt{D^2-d^2}$
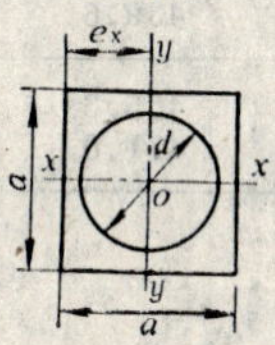 (正方形减圆)	$A=a^2-\dfrac{\pi d^2}{4}$	$I=\dfrac{\left(a^4-\dfrac{3\pi d^4}{16}\right)}{12}$	$W=\dfrac{1}{6a}\left(a^4-\dfrac{3\pi d^4}{16}\right)$	$e_y=\dfrac{a}{2}$	$r=\sqrt{\dfrac{16a^4-3\pi d^4}{48(4a^2-\pi d^4)}}$
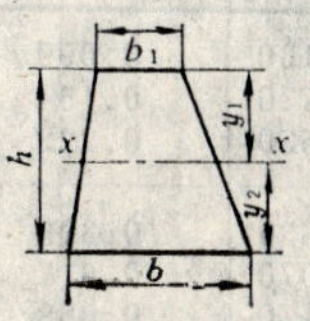 (梯形)	$A=\dfrac{h(b+b_1)}{2}$	$I=\dfrac{h^3(b^2+4bb_1+b^2_1)}{36(b+b_1)}$		$y_1=\dfrac{b(b_1+2b)}{3(b_1+b)}$ $y_2=\dfrac{h(b+2b_1)}{3(b_1+b)}$	
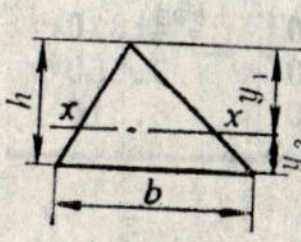 (三角形)	$A=\dfrac{bh}{2}$	$I_x=\dfrac{bh^3}{36}$	$W_{x_1}=\dfrac{6h^2}{24}$ $W_{x_2}=\dfrac{bh^2}{12}$	$y_1=\dfrac{2h}{3}$ $y_2=\dfrac{h}{3}$	$r_x=0.236h$

6. 钢板、钢筋的面积及理论重量

见表10-66、表10-67。

钢板每平方米面积理论重量表　　表 10-66

厚度(mm)	理论重量(kg)	厚度(mm)	理论重量(kg)	厚度(mm)	理论重量(kg)	厚度(mm)	理论重量(kg)
0.25	1.963	1.6	12.56	11	86.35	30	235.5
0.27	2.120	1.8	14.13	12	94.20	32	251.2
0.30	2.355	2.0	15.70	13	102.10	34	266.9
0.35	2.748	2.2	17.27	14	109.9	36	282.6
0.40	3.140	2.5	19.63	15	117.8	38	298.3
0.45	3.533	2.8	21.98	16	125.6	40	314.0
0.50	3.925	3.0	23.55	17	133.5	42	329.7
0.55	4.318	3.2	25.12	18	141.3	44	345.4
0.60	4.710	3.5	27.48	19	149.2	46	361.1
0.70	5.495	3.8	29.83	20	157.0	48	376.8
0.75	5.888	4.0	31.40	21	164.9	50	392.5
0.80	6.280	4.5	35.33	22	172.7	52	408.2
0.90	7.065	5.0	39.25	23	180.6	54	423.9
1.00	7.85	5.5	43.18	24	188.4	56	439.6
1.10	8.635	6.0	47.10	25	196.3	58	455.3
1.20	9.42	7.0	54.95	26	204.1	60	471.0
1.25	9.813	8.0	62.80	27	212.0		
1.40	10.990	9.0	70.65	28	219.8		
1.50	11.780	10.0	78.5	29	227.7		

钢筋面积及每米理论重量表　　表 10-67

直径(mm)	钢筋根数									理论重量(kg/m)
	1	2	3	4	5	6	7	8	9	
4	0.126	0.251	0.377	0.502	0.628	0.754	0.879	1.005	1.130	0.099
5	0.196	0.390	0.590	0.790	0.980	1.180	1.380	1.570	1.770	0.154
6	0.283	0.570	0.850	1.130	1.420	1.700	1.980	2.260	2.550	0.222
8	0.503	1.010	1.510	2.010	2.520	3.020	3.520	4.020	4.530	0.395
10	0.785	1.570	2.360	3.140	3.930	4.710	5.500	6.280	7.070	0.617
12	1.131	2.260	3.390	4.520	5.650	6.780	7.910	9.040	10.170	0.888
14	1.539	3.080	4.610	6.150	7.690	9.230	10.77	12.300	13.870	1.208
16	2.011	4.020	6.030	8.040	10.050	12.060	14.07	16.080	18.090	1.578
18	2.545	5.090	7.63	10.170	12.720	15.260	17.80	20.360	22.900	1.998
20	3.142	6.280	9.410	12.560	15.700	18.84	22.00	25.130	28.270	2.466
22	3.801	7.60	11.400	15.200	19.000	22.81	26.61	30.410	34.210	2.984
25	4.909	9.820	14.73	19.640	24.540	29.45	34.36	39.270	44.180	3.850
28	6.153	12.320	18.47	24.630	30.790	36.95	43.10	49.260	55.420	4.830
30	7.069	14.130	21.210	28.270	35.340	42.41	49.48	56.550	63.620	5.550
32	8.043	16.09	24.18	32.170	40.21	48.26	56.30	64.340	72.380	6.310

注：面积单位cm^2。

7. 常用型钢数据

(1) 热轧等边角钢规格见表10-68。

热 轧 等 边 角 钢 规 格 表

表 10-68

b—边宽 d—边厚 r—内圆弧半径 I—惯性矩 W—截面抵抗矩
r_1—边端内弧半径 z_0—重心距离 r_x,r_y,r_{x0},r_{y0}—截面对x,y,x_0,y_0轴的回转半径

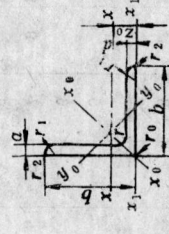

角钢号数	尺寸 (mm)			截面面积 (cm²)	理论重量 (kg/m)	参 考 数 值											r_y (cm)		
						$x-x$			x_0-x_0			y_0-y_0			x_1-x_1	z_0	$\delta=10$ (mm)	$\delta=12$ (mm)	$\delta=14$ (mm)
	b	d	r			I_x (cm⁴)	r_x (cm)	W_x (cm³)	I_{x0} (cm⁴)	r_{x0} (cm)	W_{x0} (cm³)	I_{y0} (cm⁴)	r_{y0} (cm)	W_{y0} (cm³)	I_{x1} (cm⁴)	(cm)			
2	20	3	3.5	1.132	0.889	0.40	0.59	0.29	0.63	0.75	0.45	0.17	0.39	0.20	0.81	0.60			
		4		1.459	1.145	0.50	0.58	0.36	0.78	0.73	0.55	0.22	0.38	0.24	1.09	0.64			
2.5	2.5	3		1.432	1.124	0.82	0.76	0.46	1.29	0.95	0.73	0.34	0.49	0.33	1.57	0.73			
		4		1.859	1.459	1.03	0.74	0.59	1.62	0.93	0.92	0.43	0.48	0.40	2.11	0.76			
3	30	3		1.749	1.373	1.46	0.91	0.68	2.31	1.15	1.09	0.61	0.59	0.51	2.71	0.85			
		4		2.276	1.786	1.84	0.90	0.87	2.92	1.13	1.37	0.77	0.58	0.62	3.63	0.89			
3.6	36	3	4.5	2.109	1.656	2.58	1.11	0.99	4.09	1.39	1.61	1.07	0.71	0.76	4.68	1.00			
		4		2.756	2.163	3.29	1.09	1.28	5.22	1.38	2.05	1.37	0.70	0.93	6.25	1.04			
		5		3.382	2.654	3.95	1.08	1.56	6.24	1.36	2.45	1.65	0.70	1.09	7.84	1.07			
4	40	3	5	2.359	1.852	3.59	1.23	1.23	5.69	1.55	2.01	1.49	0.79	0.96	6.41	1.09			
		4		3.086	2.422	4.60	1.22	1.60	7.29	1.54	2.58	1.91	0.79	1.19	8.56	1.13			
		5		3.791	2.976	5.53	1.21	1.96	8.76	1.52	3.10	2.30	0.78	1.39	10.74	1.17			
4.5	45	3	5	2.659	2.088	5.17	1.40	1.58	8.20	1.76	2.58	2.14	0.90	1.24	9.12	1.22			
		4		3.486	2.736	6.65	1.38	2.05	10.56	1.74	3.32	2.75	0.89	1.54	12.18	1.26			
		5		4.292	3.369	8.04	1.37	2.51	12.74	1.72	4.00	3.33	0.88	1.81	15.25	1.30			
		6		5.076	3.985	9.33	1.36	2.95	14.76	1.70	4.64	3.89	0.88	2.06	18.36	1.33			

续表

角钢号数	尺寸 (mm) b	d	r	截面面积 (cm²)	理论重量 (kg/m)	参考数值 $x-x$ I_x (cm⁴)	r_x (cm)	W_x (cm³)	x_0-x_0 I_{x_0} (cm⁴)	r_{x_0} (cm)	W_{x_0} (cm³)	y_0-y_0 I_{y_0} (cm⁴)	r_{y_0} (cm)	W_{y_0} (cm³)	x_1-x_1 I_{x_1} (cm⁴)	Z_0 (cm)	r_y (cm) $\delta=10$ (mm)	$\delta=12$ (mm)	$\delta=14$ (mm)
5	50	3	5.5	2.971	2.332	7.18	1.55	1.96	11.37	1.96	3.22	2.98	1.00	1.57	12.50	1.34	2.43	2.51	2.58
		4		3.897	3.059	9.26	1.54	2.56	14.70	1.94	4.16	3.82	0.99	1.96	16.69	1.38	2.45	2.53	2.61
		5		4.803	3.770	11.21	1.53	3.13	17.79	1.92	5.03	4.64	0.98	2.31	20.90	1.42	2.48	2.56	2.64
		6		5.688	4.465	13.05	1.52	3.68	20.68	1.91	5.85	5.42	0.98	2.63	25.14	1.46			
5.6	56	3	6	3.343	2.624	10.19	1.75	2.48	16.14	2.29	4.08	4.24	1.13	2.02	17.56	1.48	2.64	2.72	2.80
		4		4.390	3.446	13.18	1.73	3.24	20.92	2.18	5.28	5.46	1.11	2.52	23.43	1.53	2.67	2.75	2.82
		5		5.415	4.251	16.02	1.72	3.97	25.42	2.17	6.42	6.61	1.10	2.98	29.33	1.57	2.69	2.77	2.84
		8		8.367	6.568	23.63	1.68	6.03	37.37	2.11	9.44	9.89	1.09	4.16	47.24	1.68	2.71	2.79	2.86
6.3	63	4	7	4.978	3.907	19.03	1.96	4.13	30.17	2.46	6.78	7.89	1.26	3.29	33.35	1.70	2.93	3.01	3.08
		5		6.143	4.822	23.17	1.94	5.08	36.77	2.45	8.25	9.57	1.25	3.90	41.73	1.74	2.96	3.04	3.11
		6		7.288	5.721	27.12	1.93	6.00	43.03	2.43	9.66	11.20	1.24	4.46	50.14	1.78	2.98	3.06	3.14
		8		9.515	7.469	34.46	1.90	7.75	54.56	2.40	12.25	14.33	1.23	5.47	67.11	1.85	3.02	3.10	3.18
		10		11.657	9.151	41.09	1.88	9.39	64.85	2.36	14.56	17.33	1.22	6.36	84.31	1.93	3.07	3.15	3.23
7	70	4	8	5.570	4.372	26.39	2.18	5.14	41.80	2.74	8.44	10.99	1.40	4.17	45.74	1.86	3.21	3.28	3.36
		5		6.875	5.397	32.21	2.16	6.32	51.08	2.73	10.32	13.34	1.39	4.95	57.21	1.91	3.23	3.30	3.38
		6		8.160	6.406	37.77	2.15	7.48	59.93	2.71	12.11	15.61	1.38	5.67	68.73	1.95	3.25	3.33	3.40
		7		9.424	7.398	43.09	2.14	8.59	68.35	2.69	13.81	17.82	1.38	6.34	80.29	1.99	3.28	3.36	3.43
		8		10.667	8.373	48.17	2.12	9.68	76.37	2.68	15.43	19.98	1.37	6.98	91.92	2.03	3.29	3.37	3.45
(7.5)	7.5	5	9	7.367	5.818	39.97	2.33	7.32	63.30	2.92	11.94	16.63	1.50	5.77	70.56	2.04	3.42	3.49	3.56
		6		8.797	6.905	46.95	2.31	8.64	74.38	2.90	14.02	19.51	1.49	6.67	84.55	2.07	3.44	3.52	3.59
		7		10.160	7.976	53.57	2.30	9.93	84.96	2.89	16.02	22.18	1.48	7.44	98.71	2.11	3.47	3.55	3.61
		8		11.503	9.030	59.96	2.28	11.20	95.07	2.88	17.93	24.86	1.47	8.19	112.97	2.15	3.50	3.57	3.65
		10		14.124	11.089	71.98	2.26	13.64	113.92	2.84	21.48	30.05	1.46	9.56	141.71	2.22	3.53	3.61	3.67

续表

角钢号数	尺寸 (mm) b	d	r	截面面积 (cm²)	理论重量 (kg/m)	参考数值 I_x (cm⁴)	$x-x$ r_x (cm)	W_x (cm³)	I_{x_0} (cm⁴)	x_0-x_0 r_{x_0} (cm)	W_{x_0} (cm³)	I_{y_0} (cm⁴)	y_0-y_0 r_{y_0} (cm)	W_{y_0} (cm³)	x_1-x_1 (cm)	Z_0 (cm)	$\delta=10$ (mm)	$\delta=12$ (mm)	$\delta=14$ (mm)
8	80	6	9	7.912	6.211	48.79	2.48	8.34	77.33	3.13	13.67	20.25	1.60	6.66	86.36	2.15	3.63	3.70	3.78
		7		9.397	7.376	57.35	2.47	9.87	90.98	3.11	16.08	23.72	1.59	7.65	102.50	2.19	3.65	3.72	3.80
		8		10.860	8.525	65.58	2.46	11.73	104.07	3.10	18.40	27.09	1.58	8.58	119.70	2.23	3.67	3.75	3.81
		10		12.303	9.658	73.49	2.44	12.83	116.60	3.08	20.61	30.39	1.57	9.46	136.97	2.27	3.69	3.77	3.84
		12		15.126	11.874	88.43	2.42	15.64	140.09	3.04	24.76	36.77	1.56	11.08	171.74	2.35	3.71	3.79	3.86
9	90	6	10	10.637	8.350	82.77	2.79	12.61	131.26	3.51	20.63	34.28	1.80	9.95	145.87	2.44	4.05	4.12	4.19
		7		12.301	9.656	94.03	2.78	14.54	150.47	3.50	23.64	39.18	1.78	11.19	170.30	2.48	4.07	4.14	4.22
		8		13.944	10.946	106.47	2.67	16.42	168.97	3.48	26.55	43.97	1.78	12.35	194.80	2.52	4.09	4.16	4.24
		10		17.167	13.476	128.58	2.74	20.07	203.90	3.45	32.04	53.26	1.76	14.52	244.07	2.59	4.11	4.18	4.26
		12		20.306	15.940	149.22	2.71	23.57	236.21	3.41	37.12	62.22	1.75	16.49	293.76	2.67	4.13	4.20	4.28
10	100	6	12	11.932	9.366	114.95	3.10	15.68	181.98	3.90	25.74	47.92	2.00	12.69	200.07	2.67	4.43	4.50	4.57
		7		13.796	10.830	131.86	3.09	18.10	208.97	3.89	29.55	54.74	1.99	14.26	233.54	2.71	4.45	4.52	4.59
		8		15.638	12.276	148.24	3.08	20.47	235.07	3.88	33.24	61.41	1.98	15.75	267.09	2.76	4.47	4.54	4.61
		10		19.261	15.120	179.51	3.05	25.06	284.68	3.84	40.26	74.35	1.96	18.54	334.48	2.84	4.52	4.59	4.66
		12		22.800	17.898	208.90	3.03	29.48	330.95	3.81	46.80	86.84	1.95	21.08	402.34	2.91	4.56	4.64	4.71
		14		26.256	20.611	236.53	3.00	33.73	374.06	3.77	52.90	99.00	1.94	23.44	470.75	2.99	4.60	4.68	4.75
		16		29.627	23.257	262.53	2.98	37.82	414.16	3.74	58.57	110.89	1.94	25.63	539.80	3.06	4.64	4.72	4.79
11	110	7	12	15.196	11.928	177.16	3.41	22.05	280.94	4.30	36.12	73.38	2.20	17.51	310.64	2.96	4.85	4.92	4.99
		8		17.238	13.532	199.46	3.40	24.95	316.49	4.28	40.69	82.42	2.19	19.39	355.20	3.01	4.87	4.95	5.01
		10		21.261	16.690	242.19	3.38	30.60	384.39	4.25	49.42	99.98	2.17	22.91	444.65	3.09	4.93	5.00	5.08
		12		25.200	19.782	282.55	3.35	36.05	448.17	4.22	57.62	116.93	2.15	26.15	534.60	3.16	4.96	5.03	5.11
		14		29.056	22.809	320.71	3.32	41.31	508.01	4.18	65.31	133.40	2.14	29.14	625.16	3.24	4.99	5.06	5.14

续表

角钢号数	尺寸 (mm) b	d	r	截面面积 (cm²)	理论重量 (kg/m)	参考数值										Z_0 (cm)	r_y (cm)		
						$x-x$			x_0-x_0			y_0-y_0			x_1-x_2		$\delta=10$ (mm)	$\delta=12$ (mm)	$\delta=14$ (mm)
						I_x (cm⁴)	r_x (cm)	W_x (cm³)	I_{x0} (cm⁴)	r_{x0} (cm)	W_{x0} (cm³)	I_{y0} (cm⁴)	r_{y0} (cm)	W_{y0} (cm³)	I_{x0} (cm⁴)				
12.5	125	8	14	19.750	15.504	297.03	3.88	32.52	470.89	4.88	53.28	123.16	2.50	25.86	521.01	3.37	5.47	5.54	5.61
		10		24.373	19.133	361.67	3.85	39.97	573.89	4.85	64.93	149.46	2.48	30.62	651.93	3.45	5.52	5.59	5.66
		12		28.912	22.696	423.16	3.83	47.17	671.44	4.82	75.96	174.88	2.46	35.03	783.42	3.53	5.55	5.63	5.70
		14		33.367	26.193	481.65	3.80	54.16	763.73	4.78	86.41	199.57	2.45	39.13	915.61	3.61	5.61	5.68	5.75
14	140	10		27.373	21.488	514.65	4.34	50.58	817.27	5.46	82.56	212.04	2.78	39.20	915.11	3.82	6.12	6.19	6.25
		12		32.512	25.522	603.68	4.31	59.80	958.79	5.43	96.85	248.57	2.67	45.02	1099.28	3.90	6.15	6.23	6.30
		14		37.567	29.490	688.81	4.28	68.75	1093.56	5.40	110.47	284.06	2.75	50.45	1284.22	3.98	6.18	6.26	6.33
		16		43.539	33.393	770.24	4.26	77.46	1221.81	5.36	123.42	318.67	2.74	55.55	1470.07	4.06	6.20	6.28	6.35
16	160	10	16	31.503	24.729	779.53	4.98	66.70	1237.30	6.27	109.36	321.76	3.20	52.76	1365.33	4.31	6.92	6.99	7.05
		12		37.441	29.391	916.58	4.95	78.98	1455.68	6.24	128.67	377.49	3.18	60.74	1639.57	4.39	6.95	7.02	7.09
		14		43.296	33.987	1048.36	4.92	90.95	1665.02	6.20	147.17	431.70	3.16	68.24	1914.68	4.47	6.99	7.06	7.13
		16		49.067	38.518	1175.08	4.89	102.63	1865.57	6.17	164.89	484.59	3.14	75.31	2190.82	4.55	7.03	7.10	7.17
18	180	12		42.241	33.159	1321.35	5.59	100.82	2100.10	7.05	165.00	542.61	3.58	78.41	2332.80	4.89	7.76	7.83	7.90
		14		48.896	38.383	1514.48	5.56	116.25	2407.42	7.02	189.14	621.53	3.56	88.38	2723.48	4.97	7.79	7.86	1.93
		16		55.467	43.542	1700.99	5.54	131.13	2703.37	6.98	212.40	698.60	3.55	97.83	3115.29	5.05	7.81	7.88	7.95
		18		61.955	48.634	1875.12	5.50	145.64	2988.24	6.94	234.78	762.01	3.51	105.14	3502.43	5.13	7.85	7.93	8.00
20	200	14	18	54.642	42.894	2103.55	6.20	144.70	3343.26	7.82	236.40	863.38	3.98	111.82	3734.10	5.46	8.61	8.67	8.74
		16		62.013	48.680	2366.15	6.18	163.65	3760.89	7.79	265.93	971.41	3.96	123.96	4270.39	5.54	8.64	8.71	8.77
		18		69.301	54.401	2620.64	6.15	182.22	4164.54	7.75	294.48	1076.74	3.94	135.52	4808.13	5.62	8.67	8.74	8.80
		20		76.505	60.056	2867.30	6.12	200.42	4554.55	7.72	322.06	1180.04	3.93	146.55	5347.51	5.69	8.71	8.78	8.84
		24		90.661	71.168	3338.25	6.07	236.17	5294.97	7.64	374.41	1381.53	3.90	166.55	6457.16	5.87	8.76	8.83	8.89

$r_1 = \frac{1}{3}d$, $r_2 = 0$, $r_0 = 0$.

(2) 热轧不等边角钢规格表

热轧不等边角钢规格见表10-69。

热轧不等边角钢规格表

表10-69

B—长边宽度　　　　　　　d—边厚
b—短边宽度　　　　　　　r_1—边端内弧半径
x_0—重心距离　　　　　　　r—内圆弧半径
I—惯性矩　　　　　　　　W—截面抵抗矩
y_0—重心距　　　　　　　r_x, r_y, r_u, r_v—截面对 x, y, u, v 轴的回转半径

角钢号码	尺寸 (mm)				截面面积 cm²	理论重量 kg/m	参 考 数 值														
							$x-x$			$y-y$			x_1-x_1		y_1-y_1				$u-u$		
	B	b	d	r			I_x cm⁴	r_x cm	W_x cm³	I_y cm⁴	r_y cm	W_y cm³	I_{x_1} cm⁴	y_0 cm	I_{y_1} cm⁴	x_0 cm	I_u cm⁴	r_u cm	W_u cm³	tgα
2.5/1.6	25	16	3	3.5	1.162	0.912	0.70	0.78	0.43	0.22	0.44	0.19	1.56	0.86	0.43	0.42	0.13	0.34	0.16	0.392
			4		1.499	1.176	0.88	0.77	0.55	0.27	0.43	0.24	2.09	0.90	0.59	0.46	0.17	0.34	0.20	0.381
3.2/2	32	20	3		1.492	1.171	1.53	1.01	0.72	0.46	0.55	0.39	3.27	1.08	0.82	0.49	0.28	0.43	0.25	0.382
			4		1.939	1.522	1.93	1.00	0.93	0.57	0.54	0.39	4.37	1.12	1.12	0.53	0.35	0.42	0.32	0.374
4/2.5	40	25	3	4	1.890	1.484	3.08	1.28	1.15	0.93	0.70	0.49	6.39	1.32	1.59	0.59	0.56	0.54	0.40	0.386
			4		2.467	1.936	3.93	1.26	1.49	1.18	0.69	0.63	8.53	1.37	2.14	0.63	0.71	0.54	0.52	0.381
4.5/2.8	45	28	3	5	2.119	1.687	4.45	1.44	1.47	1.34	0.79	0.62	9.10	1.47	2.23	0.64	0.80	0.61	0.51	0.383
			4		2.806	2.203	5.69	1.42	1.91	1.70	0.78	0.80	12.13	1.51	3.00	0.68	1.02	0.60	0.66	0.380
5/3.2	50	32	3	5.5	2.431	1.908	6.24	1.60	1.84	2.02	0.91	0.82	12.49	1.60	3.31	0.73	1.20	0.70	0.88	0.404
			4		3.177	2.494	8.02	1.59	2.29	2.58	0.90	1.06	16.65	1.65	4.45	0.77	1.53	0.69	0.87	0.402
5.6/3.6	56	36	3	6	2.743	2.153	8.88	1.80	2.32	2.92	1.03	1.05	17.54	1.78	4.70	0.80	1.73	0.79	0.87	0.408
			4		3.590	2.818	11.45	1.79	3.02	3.76	1.02	1.37	23.39	1.82	6.33	0.85	2.23	0.79	1.13	0.408
			5		4.415	3.466	13.86	1.77	3.71	4.49	1.01	1.65	29.25	1.87	7.94	0.88	2.67	0.78	1.36	0.404
6.3/4.0	63	40	4	7	4.058	3.185	16.49	2.02	3.87	5.23	1.14	1.70	33.30	2.04	8.63	0.92	3.12	0.88	1.40	0.398
			5		4.993	3.920	20.02	2.00	4.74	6.31	1.12	2.71	41.63	2.08	10.86	0.95	3.76	0.87	1.71	0.396
			6		5.908	4.638	23.36	1.96	5.59	7.29	1.11	2.43	49.98	2.12	13.12	0.99	4.34	0.86	1.99	0.393
			7		6.802	5.339	26.53	1.98	6.40	8.24	1.10	2.78	58.07	2.15	15.47	1.03	4.97	0.86	2.29	0.389

续表

角钢号数	尺寸 mm				截面面积 cm²	理论重量 kg/m	参考数值											
							x—x			y—y			x_1-x_1		y_1-y_1		u—u		tgα
	B	b	d	r			I_x cm⁴	r_x cm	W_x cm³	I_y cm⁴	r_y cm	W_y cm³	I_{x1} cm⁴	y_0 cm	I_{y1} cm⁴	x_0 cm	I_u cm⁴	r_u cm	W_u cm³	
7/4.5	70	4.5	4	7.5	4.547	3.570	23.17	2.26	4.86	7.55	1.29	2.17	45.92	2.42	12.26	1.02	4.40	0.98	1.77	0.410
			5		5.609	4.403	27.96	2.23	5.92	9.13	1.28	2.65	57.10	2.28	15.39	1.06	5.40	0.98	2.19	0.407
			6		6.647	5.218	32.54	2.21	6.95	12.62	1.26	3.12	68.35	2.32	18.58	1.09	6.35	0.98	2.59	0.404
			7		7.657	6.011	37.22	2.20	8.03	12.01	1.25	3.57	79.99	2.36	21.84	1.13	7.16	0.97	2.94	0.402
(7.5/5)	75	50	5	8	6.125	4.808	34.86	2.39	6.83	12.61	1.44	3.30	70.00	2.40	21.04	1.17	7.41	1.10	2.74	0.435
			6		7.260	5.699	41.12	2.38	8.12	14.70	1.42	3.88	84.30	2.44	25.37	1.21	8.54	1.08	3.19	0.435
			8		9.467	7.431	52.39	2.35	10.52	18.53	1.40	4.99	112.50	2.52	34.23	1.29	10.87	1.07	4.10	0.429
			10		1.590	9.098	62.71	2.33	12.79	21.96	1.38	6.04	140.80	2.60	43.43	1.36	13.10	1.06	4.99	0.423
8/5	80	50	5	8	6.375	5.005	41.96	2.56	7.78	12.82	1.42	3.32	85.21	2.60	21.06	1.14	7.66	1.10	2.74	0.388
			6		7.560	5.935	49.49	2.56	9.25	14.95	1.41	3.91	102.53	2.65	25.41	1.18	8.85	1.03	3.20	0.387
			7		8.724	6.848	56.16	2.54	10.58	16.96	1.39	4.48	119.33	2.69	29.32	1.21	10.18	1.03	3.70	0.384
			8		9.867	7.745	62.83	2.52	11.92	18.85	1.38	5.03	136.41	2.73	34.32	1.25	11.38	1.07	4.16	0.381
9/5.6	90	56	5	9	7.212	5.661	60.45	2.90	9.92	18.32	1.59	4.21	121.32	2.91	29.53	1.25	10.98	1.23	3.49	0.385
			6		8.557	6.717	71.03	2.88	11.74	21.42	1.58	4.96	145.59	2.95	35.58	1.29	12.90	1.22	4.13	0.384
			7		9.880	7.756	81.01	2.86	13.49	24.36	1.57	5.70	169.66	3.00	41.71	1.33	14.67	1.22	4.72	0.382
			8		11.183	8.779	91.03	2.85	15.27	27.15	1.56	6.41	194.17	3.04	47.93	1.36	16.34	1.21	5.29	0.380
10/6.3	100	63	6	10	9.617	7.550	99.06	3.21	14.64	30.94	1.79	6.35	199.71	3.24	50.50	1.43	18.42	1.38	5.25	0.394
			7		11.111	8.722	113.45	3.20	16.88	35.26	1.78	7.29	233.00	3.28	59.14	1.47	21.00	1.38	6.02	0.393
			8		12.584	9.878	127.37	3.18	19.08	39.39	1.77	8.21	266.32	3.32	67.83	1.50	23.50	1.37	6.78	0.391
			10		15.467	12.142	153.81	3.15	23.32	47.12	1.74	9.98	333.06	3.40	85.73	1.58	28.33	1.35	8.24	0.387
10/8	100	80	6	10	10.637	8.350	107.04	3.17	15.19	61.24	2.40	10.16	199.83	2.95	102.68	1.97	31.65	1.72	8.37	0.627
			7		12.301	9.656	122.73	3.16	17.52	70.08	2.39	11.71	233.20	3.00	119.98	2.01	36.17	1.72	9.60	0.626
			8		13.944	10.946	137.92	3.14	19.81	78.58	2.37	13.21	266.61	3.04	137.37	2.05	40.58	1.71	10.8	0.625
			10		17.167	13.476	166.87	3.12	24.24	94.65	2.35	16.12	333.63	3.12	172.48	2.13	49.10	1.69	13.12	0.622

续表

角钢号数	尺寸 mm B	b	d	r	截面面积 cm²	理论重量 kg/m	参考数值 I_x cm⁴	r_x cm	W_x cm³	I_y cm⁴	r_y cm	W_y cm³	I_{x1} cm⁴	y_0 cm	I_{y1} cm⁴	x_0 cm	I_u cm⁴	r_u cm	W_u cm³	$tg\alpha$
11/7	110	70	7	10	10.64	8.35	133.37	3.54	17.85	42.92	2.01	7.90	265.78	3.53	69.08	1.57	25.36	1.54	6.53	0.403
			8		12.30	9.66	153.00	3.53	20.60	49.02	2.00	9.09	310.07	3.57	80.83	1.61	28.96	1.53	7.50	0.402
			10		13.94	10.95	172.04	3.51	23.30	54.87	1.98	10.25	354.39	3.62	92.70	1.65	32.45	1.53	8.45	0.401
			12		17.17	13.48	208.39	3.48	28.54	65.88	1.96	12.48	443.13	3.70	116.83	1.72	39.20	1.51	10.29	0.397
12.5/8	125	80	8	11	14.096	11.066	227.98	4.02	26.86	74.42	2.30	12.01	454.99	4.01	120.32	1.80	43.81	1.76	9.92	0.408
			10		15.989	12.551	256.77	4.01	30.41	83.49	2.28	13.56	619.99	4.06	137.85	1.84	49.15	1.75	11.18	0.407
			12		19.712	15.474	312.04	3.98	37.33	100.67	2.26	16.56	650.09	4.14	173.44	1.92	59.45	1.74	13.64	0.404
			14		23.351	18.330	364.41	3.95	44.01	116.67	2.24	19.43	780.39	4.22	209.67	2.00	69.35	1.72	16.01	0.400
14/9	140	90	8	12	18.038	14.160	365.64	4.50	38.48	120.69	2.59	17.34	730.53	4.50	195.79	2.04	70.83	1.98	14.31	0.411
			10		22.261	17.475	445.50	4.47	47.31	146.03	2.56	21.22	913.20	4.58	245.92	2.12	85.82	1.96	17.48	0.409
			12		26.400	20.724	521.59	4.44	55.87	169.79	2.54	24.95	1096.09	4.66	296.89	2.19	100.21	1.95	20.54	0.406
			14		32.456	23.908	594.10	4.42	64.18	192.10	2.51	28.54	1279.26	4.74	348.82	2.27	114.13	1.94	23.52	0.403
16/10	160	100	10	13	25.315	19.872	668.69	5.14	62.13	205.03	2.85	26.56	1362.89	5.24	336.59	2.28	121.74	2.19	21.92	0.390
			12		30.054	23.592	784.91	5.11	73.49	239.06	2.82	31.28	1635.56	5.32	405.94	2.36	142.33	2.17	25.79	0.388
			14		34.709	27.247	886.30	5.08	84.56	271.20	2.80	35.83	1908.50	5.40	476.42	2.43	162.23	2.16	29.56	0.385
			16		39.281	30.835	1003.04	5.05	95.33	301.60	2.77	40.24	2181.79	5.48	548.22	2.51	182.57	2.16	33.44	0.382
18/11	180	110	10	14	28.373	22.273	956.25	5.80	78.96	278.11	3.13	32.49	1940.40	5.89	447.22	2.44	166.50	2.42	26.88	0.376
			12		33.712	26.464	1124.72	5.78	93.53	325.03	3.10	38.32	2328.38	5.98	538.94	2.52	194.87	2.40	31.66	0.374
			14		38.967	30.589	1286.91	5.75	107.76	369.55	3.08	43.97	2716.60	6.06	631.95	2.59	222.30	2.39	36.32	0.372
			16		44.139	34.649	1443.06	5.72	121.64	411.85	3.06	49.44	3105.15	6.14	726.46	2.67	248.94	2.38	40.87	0.369
20/12.5	200	125	12	14	37.912	29.761	1570.90	6.44	116.73	483.16	3.57	49.99	3193.85	6.54	787.74	2.83	285.79	2.74	41.23	0.392
			14		43.867	34.436	1800.97	6.41	134.65	550.83	3.54	57.44	3726.17	6.62	922.47	2.91	326.58	2.73	47.34	0.390
			16		49.739	39.045	2023.35	6.38	152.18	615.44	3.52	64.69	4258.86	6.70	1058.86	2.99	366.21	2.71	53.32	0.388
			18		55.526	43.588	2238.30	6.35	169.33	677.19	3.49	71.74	4792.00	6.73	1197.13	3.06	404.83	2.70	59.18	0.385

231

(3) 热轧普通槽钢规格
见表10-70。

表 10-70

热 轧 普 通 槽 钢 规 格 表

h—高度　　　　　　b—腿宽　　　　　　d—腰厚　　　　　　t_1—平均腿厚
r—内圆弧半径　　　I—惯性矩；　　　　r—腿端圆弧半径
W—截面抵抗矩　　　Z_0—y轴与y_1y_1轴间距离
r_x, r_y—截面对x, y轴的回转半径

型号	尺 寸 (mm)					截面面积 cm²	理论重量 kg/m	参 考 数 值							
	h	b	d	t	r	r_1			$x-x$			$y-y$			y_1-y_1	Z_0
									W_x cm³	I_x cm⁴	r_x cm	W_y cm³	I_y cm⁴	r_y cm	I_{y_1} cm⁴	cm
5	50	37	4.5	7.0	7.0	3.50	6.93	5.44	10.40	26.00	1.94	3.55	8.30	1.10	20.90	1.35
6.3	63	40	4.8	7.5	7.5	3.75	8.444	6.63	16.123	50.786	2.453	4.50	11.872	1.185	28.38	1.36
6.5	65	40	4.8	7.5	7.5	3.75	8.54	6.70	17.00	55.20	2.54	4.59	12.00	1.19	28.30	1.38
8	80	43	5.0	8.0	8.0	4.0	10.24	8.04	25.30	101.30	3.15	5.79	16.60	1.27	37.40	1.43
10	100	48	5.3	8.5	8.5	4.25	12.74	10.00	39.70	198.30	3.95	7.80	25.60	1.41	54.90	1.52
12	120	53	5.5	9.0	9.0	4.5	15.36	12.06	57.70	346.30	4.75	10.17	37.40	1.56	77.70	1.62
14a	140	58	6.0	9.5	9.5	4.75	18.51	14.53	80.50	563.70	5.52	13.01	53.20	1.70	107.10	1.71
14b	140	60	8.0	9.5	9.5	4.75	21.31	16.73	87.10	609.40	5.35	14.12	61.10	1.69	120.60	1.67
16a	160	63	6.5	10.0	10.0	5.0	21.95	17.23	108.30	866.20	6.28	16.30	73.30	1.83	144.10	1.80
16	160	65	8.5	10.0	10.0	5.0	25.15	19.74	116.80	934.50	6.10	17.55	83.40	1.82	168.80	1.75

续表

型号	尺寸(mm)					截面面积 cm²	理论重量 kg/m	参考数值							
	h	b	d	t	r	r_1			$x-x$			$y-y$		x_1-x_1	Z_0
									W_x cm³	I_x cm⁴	r_x cm	W_x cm³	I_y cm⁴	r_y cm	I_y cm⁴	cm
18a	180	68	7.0	10.5	10.5	5.25	25.69	20.17	141.4	1272.7	7.04	20.03	98.6	1.96	189.7	1.88
18	180	70	9.0	10.5	10.5	5.25	29.29	22.99	152.2	1369.9	6.84	21.52	111.0	1.95	210.1	1.84
20a	200	73	7.0	11.0	11.0	5.5	28.83	22.63	178.0	1780.4	7.86	24.20	128.0	2.11	244.0	2.01
20	200	75	9.0	11.0	11.0	5.5	32.83	25.77	191.4	1913.7	7.64	25.88	143.6	2.09	268.4	1.95
22a	220	77	7.0	11.5	11.5	5.75	31.84	24.99	217.6	2393.9	8.67	28.17	157.8	2.23	298.2	2.10
22	220	79	9.0	11.5	11.5	5.75	36.24	28.45	233.8	2571.4	8.42	30.05	176.4	2.21	326.3	2.03
24a	240	78	7.0	12.0	12.0	6.0	34.21	26.55	254.3	3052.2	9.45	30.47	173.8	2.25	324.6	2.10
24b	240	80	9.0	12.0	12.0	6.0	39.00	30.62	273.5	3282.6	9.17	32.51	194.1	2.23	354.8	2.03
24c	240	82	11.0	12.0	12.0	6.0	43.81	34.39	292.7	3513.0	8.96	34.42	213.4	2.21	388.1	2.00
27a	270	82	7.5	12.5	12.5	6.25	39.27	30.83	323.1	4362.0	10.54	35.5	215.6	2.34	393.1	2.13
27b	270	84	9.5	12.5	12.5	6.25	44.67	35.07	347.4	4690.1	10.25	37.72	239.2	2.31	428.2	2.06
27c	270	86	11.5	12.5	12.5	6.25	50.07	39.30	371.7	5018.1	10.1	39.79	261.4	2.28	466.8	2.03
30a	300	85	7.5	13.5	13.5	6.75	43.89	34.45	403.2	6047.9	11.72	41.10	259.5	2.43	466.5	2.17
30b	300	87	9.5	13.5	13.5	6.75	49.59	39.16	433.2	6497.9	11.41	44.03	289.2	2.41	515.2	2.13
30c	300	89	11.5	13.5	13.5	6.75	55.89	43.81	463.2	6947.9	11.15	46.38	315.8	2.38	559.7	2.09

注：按GB700—79和GB1591—79的技术标准生产。

（4）热轧普通工字钢规格

见表10-71。

热轧普通工字钢规格表 表 10-71

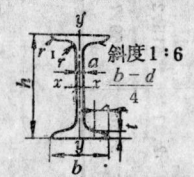

h—高度　　　　　b—腿宽　　　　　d—腰厚
t—平均腿厚　　　r—内圆弧半径　　r_1—腿端圆弧半径
I—惯性矩　　　　W—截面系数　　　S—半截面的静力矩
i—惯性半径（i_x, i_y—截面对xx, yy轴的回转半径）

型号	尺寸 (mm)						截面面积 (cm^2)	理论重量 (kg/m)	参考数值						
									$x-x$				$y-y$		
	h	b	d	t	r	r_1			I_x (cm^4)	W_x (cm^3)	i_x (cm)	$I_x:S_x$	I_y (cm^4)	W_y (cm^3)	i_y (cm)
10	100	68	4.5	7.6	6.5	3.3	14.3	11.2	245	49.0	4.14	8.59	33.0	9.72	1.52
12	120	74	5.0	8.4	7.0	3.5	17.8	14.0	436	72.7	4.95	10.3	46.9	12.7	1.62
14	140	80	5.5	9.1	7.5	3.8	21.5	16.9	712	102	5.76	12.0	64.4	16.1	1.73
16	160	88	6.0	9.9	8.0	4.0	26.1	20.5	1130	141	6.58	13.8	93.1	21.2	1.89
18	180	94	6.5	10.7	8.5	4.3	30.6	24.1	1660	185	7.36	15.4	122	26.0	2.00
20a	200	100	7.0	11.4	9.0	4.5	35.5	27.9	2370	237	8.15	17.2	158	31.5	2.12
20b	200	102	9.0	11.4	9.0	4.5	39.5	31.1	2500	250	7.96	16.9	169	33.1	2.06
22a	220	110	7.5	12.3	9.5	4.8	42.0	33.0	3400	309	8.99	18.9	225	40.9	2.31
24a	240	116	8.0	13.0	10.0	5.0	47.7	37.4	4570	381	9.77	20.7	280	48.4	2.42
24b	240	118	10.0	13.0	10.1	5.0	52.6	41.2	4800	400	9.57	20.4	297	50.4	2.38
25a	250	116	8	13	10	5	48.5	38.1	5023.54	401.883	10.18	21.5768	280.0462	48.283	2.403
25b	250	118	10	13	10	5	53.5	42.0	5283.965	422.717	9.936	21.270	309.2966	52.423	2.404
27a	270	122	8.5	13.7	0.5	5.3	54.6	42.8	6550	485	10.9	23.8	345	56.6	2.51
27b	270	124	10.5	13.7	10.5	5.3	60.0	47.1	6870	509	10.7	22.9	366	58.9	2.47
30a	300	126	9.0	14.4	11.0	5.5	61.2	48.0	8950	597	12.1	25.7	40.0	63.5	2.55
30b	300	128	11.0	14.4	11.0	5.5	67.2	52.7	9400	627	11.8	25.4	422	65.9	2.50
30c	300	130	13.0	14.4	11.0	5.5	73.4	57.4	9850	657	11.6	25.0	445	68.5	2.46
36a	360	136	10.0	15.8	12.0	6.0	76.3	59.9	15760	875	14.4	30.7	552	81.2	2.69
36b	360	138	12.0	15.8	12.0	6.0	83.5	65.6	16530	919	14.1	30.3	582	84.3	2.64
36c	360	140	14.0	15.8	12.0	6.0	90.7	71.2	17310	962	13.8	29.9	612	87.4	2.6

注：普通碳素钢和低合金钢热轧工字钢的技术条件应分别符合GB700—88（普通碳素结构钢技术条件），GB1591—88（低合金结构钢技术条件）的规定。

（5）钢轨的规格

重钢轨见表10-72和图10-45；轻钢轨见表10-73和图10-46。

重钢轨的规格表

表 10-72

| 轨型 (kg/m) | 断面尺寸 (mm) | | | | 截面面积 (cm^2) | 理论重量 (kg/m) | 重心距 (cm) | | 惯性矩 (cm^4) | | 截面系数 (cm^3) | | | 标准号 |
	轨高 h	底宽 b	头宽 c	腰厚 d			至轨底 Z_1	至轨顶 Z_2	I_x	I_y	轨底 $W_1=\dfrac{I_x}{Z_1}$	轨顶 $W_2=\dfrac{I_x}{Z_1}$	$W_3=\dfrac{I_y}{\frac{b}{2}}$	
33	120	110	60	12.5	42.5	33.286	5.76	6.24	821.9	165.1	142.6	131.8	30	YB350—63
36	134	114	80	13	49.5	38.733	6.67	6.73	1204.4	209.3	180.6	178.9	36.7	GB183—63
43	140	114	70	14.5	57.0	44.653	6.90	7.10	1489.0	260.0	217.3	208.3	45.0	GB182—63
50	152	132	70	15.5	65.8	51.514	7.10	8.10	2037.0	377.0	287.2	251.3	57.1	GB181—63

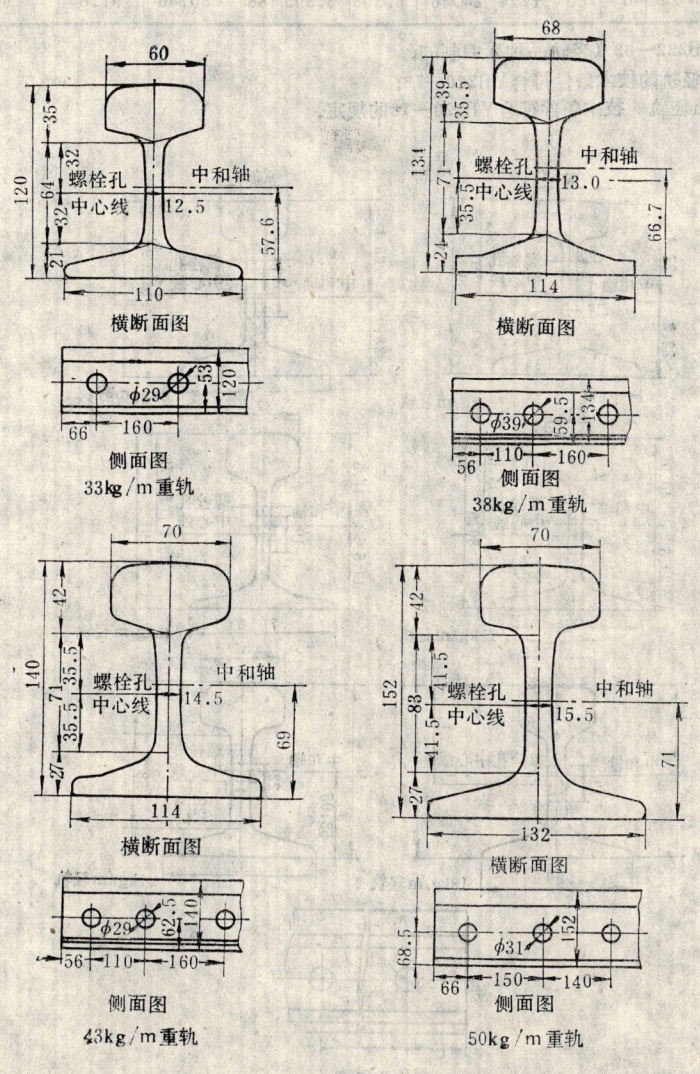

图 10-45 重钢轨尺寸图

轻轨规格表　　表10-73

轨型 (kg/m)	断面尺寸							截面面积 (cm^2)	理论重量 (kg/m)	重心距离		惯性矩		截面系数		
	轨高 h	底轨 b	头宽 c	腰厚 d	ϕ	s_1	s_2			至轨底 Z_1	至轨顶 Z_2	I_x	I_y	$W_1=\dfrac{I_x}{Z_1}$	$W_2=\dfrac{I_y}{Z_2}$	$W_3=\dfrac{I_x}{\frac{b}{2}}$
	(mm)									(cm)		(cm^4)		(cm^3)		
5	50	44	22	4.5	13	26	52	6.41	5.03	2.22	2.78	25.2	5.35	11.4	9.1	2.43
8	65	54	25	7.0	16	32	70	10.76	8.42	2.89	3.61	59.3	9.62	20.6	16.4	3.56
11	80.5	66	32	7.0	16	44	100	14.31	11.20	3.96	4.09	125	15.1	31.7	30.5	4.58
15	91	76	37	7.0	19	47	100	18.80	14.72	4.35	4.75	222	30.2	51.0	46.6	7.94
18	90	80	40	10.0	19	46.5	100	23.07	18.06	4.29	4.71	240	41.1	56.1	51.0	10.3
24	107	92	51	10.9	22	60	100	31.24	24.46	5.305	5.395	486	80.46	91.64	90.12	17.49

注：1. 本表根据YB222—63《轻轨品种》编制的。
　　2. 5—11kg/m轻轨的技术条件符合YB220—78；
　　　15—24kg/m轻轨的技术条件符合YB220—78的规定。

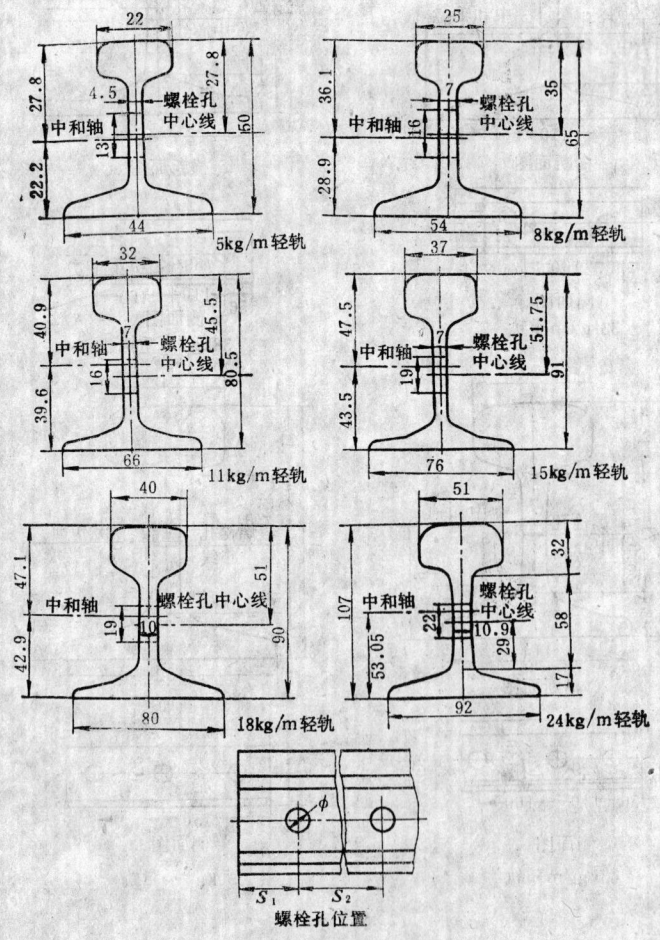

图10-46　轻轨尺寸图

8. 常见材料的强度标准值及强度设计值

见表10-74～10-88。

混凝土强度标准值（N/mm²）　　　　　　　　　　　　　　　　　　表 10-74

强度种类	符号	混凝土强度等级										
		C7.5	C10	C15	C20	C25	C30	C35	C40	C45	C50	C55	C60
轴心抗压	f_{ck}	5	6.7	10	13.5	17	20	23.5	27	29.5	32	34	36
弯曲抗压	f_{cmk}	5.5	7.5	11	15	18.5	22	26	29.5	32.5	35	37.5	39.5
抗 拉	f_{tk}	0.75	0.9	1.2	1.5	1.75	2	2.25	2.45	2.6	2.75	2.85	2.95

混凝土强度设计值（N/mm²）　　　　　　　　　　　　　　　　　　表 10-75

强度种类	符号	混凝土强度等级										
		C7.5	C10	C15	C20	C25	C30	C35	C40	C45	C50	C55	C60
轴心抗压	f_c	3.7	5	7.5	10	12.5	15	17.5	19.5	21.5	23.5	25	26.5
弯曲抗压	f_{cm}	4.1	5.5	8.5	11	13.5	16.5	19	21.5	23.5	26	27.5	29
抗 拉	f_t	0.55	0.65	0.9	1.1	1.3	1.5	1.65	1.8	1.9	2	2.1	2.2

注：1. 计算现浇钢筋混凝土轴心受压及偏心受压构件时，如截面的长边或直径小于300mm，则表中混凝土的强度设计值应乘以系数0.8；当构件质量（如混凝土成型、截面和轴线尺寸等）确有保证时，可不受此限；
2. 离心混凝土的强度设计值应按有关专门规定取用。

混凝土弹性模量E_c（N/mm²）　　　　　　　　　　　　　　　　　　表 10-76

混凝土强度等级	弹 性 模 量
C7.5	1.45×10^4
C10	1.75×10^4
C15	2.20×10^4
C20	2.55×10^4
C25	2.80×10^4
C30	3.00×10^4
C35	3.15×10^4
C40	3.25×10^4
C45	3.35×10^4
C50	3.45×10^4
C55	3.55×10^4
C60	3.60×10^4

钢筋强度标准值（N/mm²）　　　　　　　　　　　　　　　　　表 10-77

种	类	f_{yk}或f_{pyk}或f_{ptk}
热轧钢筋	Ⅰ级（A3、AY3）	235
	Ⅱ级（20MnSi、20MnNb(b)）	
	$d \leq 25$	335
	$d = 28 \sim 40$	315
	Ⅲ级（25MnSi）	370
	Ⅳ级（40Si2MnV、45SiMnV、45Si2MnTi）	540
冷拉钢筋	Ⅰ级（$d \leq 12$）	280
	Ⅱ级 $d \leq 25$	450
	$d = 28 \sim 40$	430
	Ⅲ级	500
	Ⅳ级	700
热处理钢筋	40Si2Mn（$d=6$） 48Si2Mn（$d=8.2$） 45Si2Cr（$d=10$）	1470

钢丝、钢绞线强度标准值（N/mm²）　　　　　　　　　　　　表 10-78

种	类	f_{ntk}或f_{ptk}	
碳素钢丝	φ4	1670	
	φ5	1570	
刻痕钢丝	φ5	1470	
冷拔低碳钢丝	甲级：	Ⅰ组	Ⅱ组
	φ4	700	650
	φ5	650	600
	乙级：φ3～φ5	550	
钢绞线	$d=9.0(7\phi3)$	1670	
	$d=12.0(7\phi4)$	1570	
	$d=15.0(7\phi5)$	1470	

注：碳素钢丝系指国家标准《预应力混凝土用钢丝》GB5223—85中的伪直回火钢丝。

钢筋强度设计值（N/mm²）　　　　　　　　　　　　　　　　表 10-79

种	类	f_y或f_{py}	f'_y或f'_{py}
热轧钢筋	Ⅰ级（A3、AY3）	210	210
	Ⅱ级（20MnSi、20MnNb(b)）		
	$d \leq 25$	310	310
	$d = 28 \sim 40$	290	290
	Ⅲ级（25MnSi）	340	340
	Ⅳ级（40Si2MnV、45SiMnV、45Si2MnTi）	500	400

续表

种	类	f_y 或 f_{py}	f'_y 或 f'_{py}
冷拉钢筋	Ⅰ级（$d \leq 12$）	250	210
	Ⅱ级 $d \leq 25$ $d = 28 \sim 40$	380 360	310 290
	Ⅲ级	420	340
	Ⅳ级	580	400
热处理钢筋	40Si2Mn（$d=6$） 48Si2Mn（$d=8.2$） 45Si2Cr（$d=10$）	1000	400

注：1. 在钢筋混凝土结构中，轴心受拉和小偏心受拉构件的钢筋抗拉强度设计值大于310N/mm²时，仍应按310N/mm²取用；其他构件的钢筋抗拉强度设计值大于340N/mm²时，仍应按340N/mm²取用；对于直径大于12mm的Ⅰ级钢筋，如经冷拉，不得利用冷拉后的强度；
2. 当钢筋混凝土结构的混凝土强度等级为C10时，光面钢筋的强度设计值应按190N/mm²取用，变形钢筋（包括月牙纹钢筋和螺纹钢筋）的强度设计值应按230N/mm²取用；
3. 构件中配有不同种类的钢筋时，每种钢筋根据其受力情况应采用各自的强度设计值。

钢丝、钢绞线强度设计值（N/mm²） 表 10-80

种	类		f_y 或 f_{py}		f'_y 或 f'_{py}
碳素钢丝	$\phi 4$		1130		400
	$\phi 5$		1070		
刻痕钢丝	$\phi 5$		1000		360
冷拔低碳钢丝	甲级：$\phi 4$		Ⅰ组 460	Ⅱ组 430	400
	$\phi 5$		430	400	
	乙级：$\phi 3 \sim \phi 5$ 用于焊接骨架和焊接网时 用于绑扎骨架和绑扎网时		320 250		320 250
钢绞线	$d=9.0$（7ϕ3）		1130		360
	$d=12.0$（7ϕ4）		1070		
	$d=15.0$（7ϕ5）		1000		

注：1. 冷拔低碳钢丝用作预应力钢筋时，应按表10-78规定的钢丝强度标准值逐盘进行检验，其强度设计值应按甲级采用；乙级冷拔低碳钢丝可按分批检验，并宜用作焊接骨架、焊接网、架立筋、箍筋和构造钢筋；
2. 当碳素钢丝、刻痕钢丝、钢绞线的强度标准值不符合表10-78的规定时，其强度设计值应进行换算。

钢筋弹性模量（N/mm²） 表 10-81

种 类	E
Ⅰ级钢筋、冷拉Ⅰ级钢筋	2.1×10^5
Ⅱ级钢筋、Ⅲ级钢筋、Ⅳ级钢筋、热处理钢筋、碳素钢丝、冷拔低碳钢丝	2.0×10^5
冷拉Ⅱ级钢筋、冷拉Ⅲ级钢筋、冷拉Ⅳ级钢筋、刻痕钢丝、钢绞线	1.8×10^5

钢筋混凝土结构中钢筋疲劳强度设计值（N/mm²）　　表 10-82

疲劳应力比值	f_y^f		
	Ⅰ级钢筋	Ⅱ级钢筋	Ⅲ级钢筋
$-1.0 \leqslant \rho^f < -0.8$	85		
$-0.8 \leqslant \rho^f < -0.6$	95		
$-0.6 \leqslant \rho^f < -0.4$	105		
$-0.4 \leqslant \rho^f < -0.2$	115		
$-0.2 \leqslant \rho^f < 0$	135		
$0 \leqslant \rho^f < 0.1$	155	175	175
$0.1 \leqslant \rho^f < 0.2$	165	185	185
$0.2 \leqslant \rho^f < 0.3$	175	200	205
$0.3 \leqslant \rho^f < 0.4$	185	210	220
$0.4 \leqslant \rho^f < 0.5$	195	225	235
$0.5 \leqslant \rho^f < 0.6$		235	255
$0.6 \leqslant \rho^f < 0.7$		250	275
$0.7 \leqslant \rho^f < 0.8$		260	290
$0.8 \leqslant \rho^f < 0.9$		275	305

注：当纵向受拉钢筋采用闪光接触对焊接头时，其接头处钢筋疲劳强度设计值应按表中数值乘以系数0.8。

3号钢钢材分组尺寸（mm）　　表 10-83

组　别	圆钢、方钢和扁钢的直径或厚度	角钢、工字钢和槽钢的厚度	钢板的厚度
第1组	≤40	≤15	≤20
第2组	>40～100	>15～20	>20～40
第3组		>20	>40～50

注：工字钢和槽钢的厚度系指腹板的厚度。

钢材的强度设计值（N/mm²）　　表 10-84

钢　号	组　别	厚度或直径(mm)	抗拉、抗压和抗弯 f	抗剪 f_v	端面承压（刨平顶紧）f_{ce}
8号钢	第1组	—	215	125	320
	第2组	—	200	115	320
	第3组	—	190	110	320
16Mn钢、16Mnq钢	—	≤16	315	185	445
	—	17～25	300	175	425
	—	26～36	290	170	410
15MnV钢、15MnVq钢	—	≤16	350	205	450
	—	17～25	335	195	435
	—	26～36	320	185	415

注：3号镇静钢钢材的抗拉、抗压、抗弯和抗剪强度设计值，可按表中的数值增加5%。

钢铸件的强度设计值（N/mm²）　　　　表 10-85

钢　号	抗拉、抗压和抗弯 f	抗　剪 f_v	端面承压（刨平顶紧）f_{ce}
ZG200-400	155	90	260
ZG230-450	180	105	290
ZG270-500	210	120	325
ZG310-570	240	140	370

焊缝的强度设计值（N/mm²）　　　　表 10-86

焊接方法和焊条型号	构件钢材 钢　号	构件钢材 组别	构件钢材 厚度或直径(mm)	对接焊缝 抗压 f_c^w	对接焊缝 焊缝质量为下列级别时，抗拉和抗弯 f_t^w 一级、二级	对接焊缝 焊缝质量为下列级别时，抗拉和抗弯 f_t^w 三级	对接焊缝 抗剪 f_v^w	角焊缝 抗拉、抗压和抗剪 f_f^w
自动焊、半自动焊和E43××型焊条的手工焊	3号钢	第1组	—	215	215	185	125	160
		第2组	—	200	200	170	115	160
		第3组	—	190	190	160	110	160
自动焊、半自动焊和E50××型焊条的手工焊	16Mn钢、16Mnq钢	—	≤16	315	315	270	185	200
			17~25	300	300	255	175	200
			26~36	290	290	245	170	200
自动焊、半自动焊和E55××型焊条的手工焊	15MnV钢、15MnVq钢	—	≤16	350	350	300	205	220
			17~25	335	335	285	195	220
			26~36	320	320	270	185	220

注：自动焊和半自动焊所采用的焊丝和焊剂，应保证其熔敷金属抗拉强度不低于相应手工焊焊条的数值。

常用树种木材的强度设计值和弹性模量（N/mm²）　　　　表 10-87

强度等级	组别	适用树种	抗弯 f_w	顺纹抗压及承压 f_c	顺纹抗拉 f_t	顺纹抗剪 f_v	横纹承压 $f_{c,90}$ 全表面	横纹承压 $f_{c,90}$ 局部表面及齿面	横纹承压 $f_{c,90}$ 拉力螺栓垫板下面	弹性模量 E
TC17	A	柏　木	17	16	10	1.7	2.3	3.5	4.6	10000
	B	东北落叶松		15	9.5	1.6				
TC15	A	铁杉、油杉	15	13	9	1.6	2.1	3.1	4.2	10000
	B	鱼鳞云杉、西南云杉		12	1.5					
TC13	A	油松、新疆落叶松、云南松、马尾松	13	12	8.5	1.5	1.9	2.9	3.8	10000
	B	红皮云杉、丽江云杉、红松、樟子松		10	8.0	1.4				9000

续表

强度等级	组别	适用树种	抗弯 f_w	顺纹抗压及承压 f_c	顺纹抗拉 f_t	顺纹抗剪 f_v	横纹承压 $f_{c,90}$ 全表面	横纹承压 $f_{c,90}$ 局部表面及齿面	横纹承压 $f_{c,90}$ 拉力螺栓垫板下面	弹性模量 E
TC11	A	西北云杉、新疆云杉	11	10	7.5	1.4	1.8	2.7	3.6	9000
	B	杉木、冷杉		10	7.0	1.2				
TB20	—	栎木、青冈、稠木	20	18	12	2.8	4.2	6.3	8.4	12000
TB17	—	水曲柳	17	16	11	2.4	3.8	5.7	7.6	11000
TB15	—	锥栗（栲木、桦木）	15	14	10	2.0	3.1	4.7	6.2	10000

注：1. 对位于木构件端部（如接头处）的拉力螺栓垫板，其计算中所取的木材横纹承压强度设计值，应按"局部表面及齿面"一栏的数值采用。

木材强度设计值和弹性模量的调整系数　　表 10-88

项次	使用条件	调整系数 强度设计值	调整系数 弹性模量
1	露天结构	0.9	0.85
2	在生产性高温影响下，木材表面温度达40～50℃	0.8	0.8
3	恒荷载验算（注1）	0.8	0.8
4	木构筑物	0.9	1.0
5	施工荷载	1.3	1.0

注：1. 仅有恒荷载或恒荷载所产生的内力超过全部荷载所产生的内力的80%时，应单独以恒荷载进行验算。
2. 当若干条件同时出现，表列各系数应连乘。

常用材料重度（或每 m³ 重量）　　表 10-89

名称	重度（t/m³）	名称	重度（t/m³）
碳钢	7.85	软木	0.1～0.4
铸钢	7.8	胶合板	0.56
铸铁	7.2～7.5	刨花板	0.4
黄铜	8.4～8.85	竹材	0.9
铝板	2.73	石膏	2.3～2.4
华山松	0.437	生石灰	1.1
红松	0.44	水泥	1.2
马尾松	0.533	普通粘土砖	1.7
云南松	0.588	砖砌体	1.8
杉木	0.376	素混凝土	2.2～2.4
柏木	0.588	毛石砌体	2.4
水曲柳	0.886	碎石	1.6
桦木	0.615	钢筋混凝土	2.4～2.5
山杨	0.486	粘土	1.9
楠木	0.610	平板玻璃	2.5

二、构件安装时的允许偏差和检验方法

构件安装时的允许偏差和检验方法,分别见表10-89～10-101。

1. 钢筋混凝土构件和预应力钢筋混凝土构件

柱、屋架、梁等构件安装的允许偏差和检验方法表　　　　表10-90

项次	项	目		允许偏差 mm	检验方法
1	杯形基础	中心线对轴线位置位移 杯底安装标高		10 +0 -10	尺量检查 用水准仪检查
2	柱	中心线对定位轴线位置偏移 下上柱接口中心线位置偏移		5 3	尺量检查
		垂直度	≤5m >5m	5 10	用经纬仪或吊线和尺量检查
			≥10m多节柱	1/1000柱高 且不大于20	
		牛腿上表面 和柱顶标高	≤5m >5m	+0 -5 +0 -8	用水准仪或尺量检查
3	梁或吊车梁	中心线对定位轴线位置偏移 梁上表面标高		5 +0 -5	尺量检查 用水准仪或尺量检查
4	屋 架	下弦中心线对定位轴线位置偏移		5	尺量检查
		垂直度	桁架、拱形屋架薄腹梁	1/250屋架高 5	用经纬仪或吊线和尺量检查
5	天窗架	构件中心线对定位轴线位置偏移 垂直度		5 1/300天窗架高	尺量检查 用经纬仪或吊线和尺量检查
6	托架梁	底座中心线对定位轴线位置偏移 垂直度		5 10	尺量检查 用经纬仪或吊线和尺量检查
7	板	相邻板下表面平整度	抹 灰 不抹灰	5 3	用直尺和楔形塞尺检查
8	楼梯阳台	水平位置偏移		10	尺量检查
		标高		±5	用水准仪和尺量检查
9	工业厂房样板	标 高 墙板两端高低差		±5 ±5	

大模板及装配式大板构件安装允许偏差和检验方法　　　　表10-91

项次	项 目		允许偏差(mm)		检验方法
			大模板	装配式大板	
1	轴线位置位移		5	3	尺量检查
2	标 高	层 高	±10	±10	用水准仪或尺量检查
		全 高	±20	±20	

续表

项次	项目		允许偏差(mm)		检验方法
			大模板	装配式大板	
3	垂直度	墙板	5	3	用2m托线板检查
		全高	1/1000全高且不大于20	10	用经纬仪或吊线和尺量检查
		每层山墙内倾	2	2	用2m托线板检查
4	墙板拼缝	高差	±5	±5	用直尺和楔形塞尺检查
		垂直度	5	5	用2m托线板检查
5	楼板搁置长度		±10	±10	尺量检查
	大楼板同一轴线相邻板上面高差		5	5	用直尺和楔形塞尺检查
	小楼板下表面相邻板高差	抹灰	5	5	
		不抹灰	3	3	
6	楼梯阳台雨罩	位置偏移	10	10	尺量检查
		标高	±5	±5	用水准仪或尺量检查

预应力混凝土结构的允许偏差和检验方法　　　　　表10-92

项次	项目		允许偏差(mm)	检验方法
1	截面尺寸	长度 块体	±5	尺量检查
		长度 薄腹梁、桁架	+15 -10	
		宽度	±5	
		高度	±5	
2	侧向弯曲		构件长度的1/1000且不大于20	拉线和尺量检查
3	保护层厚度		+10 -5	尺量检查
4	块体对角线差		10	尺量两个对角线
5	块体表面平整度		5	用直尺和楔形塞尺检查
6	预应力预留孔道位置偏移		10	尺量检查
7	预埋钢板	中心线位置偏移	10	用直尺和楔形塞尺检查
		上表面平整度	5	
		构件两端锚固支承面平整度	2	
8	预埋螺栓	中心线位置偏移	5	尺量检查
		外露长度	+10 -5	
9	预埋管预留孔中心线位置偏移		5	
10	预留洞中心线位置偏移		15	
11	块体拼装	立缝宽度	+10 -5 但最小宽度不小于10	尺量检查
11		纵轴线位置偏移	3	拉线和尺量检查
12	采用钢丝束镦头锚具钢丝下料长度相对差值		钢丝下料长度的1/5000,且不大于5	尺量检查

2. 木屋架和梁、柱安装的允许偏差和检验方法

木屋架和梁柱安装的允许偏差和检验方法　　　　表 10-93

项次	项目	允许偏差(mm)	检验方法
1	结构中心线的间距	±20	尺量检查
2	垂直度	$H/200$ 且不大于 15	吊线尺量检查
3	受压或压弯构件纵向弯曲	$L/300$	吊（拉）线尺量检查
4	支座轴线对支承面中心位移	10	尺量检查
5	支座标高	±5	用水准仪检查

注：H 为屋架、柱的高度；L 为构件长度。

3. 钢结构

焊缝尺寸的允许偏差和检验方法　　　　表 10-94

项次	项目		允许偏差(mm)			检验方法
			一级	二级	三级	
1	对接焊缝	焊缝余高(mm) $b<20$	0.5～2	0.5～2.5	0.5～3.5	用焊缝量规检查
		$b\geq 20$	0.5～3	0.5～3.5	0.4～4	
		焊缝错边	$<0.1\delta$ 且不大于 2	$<0.1\delta$ 且不大于 2	$<0.1\delta$ 且不大于 3	
2	贴角焊缝	焊缝余高(mm) $R\leq 6$		0～+1.5		用焊缝量规检查
		$R>6$		0～+3		
		焊角宽(mm) $R\leq 6$		0～+1.5		
		$R>6$		0～+3		
3	T型接头要求焊透的K型焊缝(mm) $R=\dfrac{\delta}{2}$			0～+1.5		

注：b 为焊缝宽度；R 为焊角尺寸；δ 为母材厚度。

单层钢柱制作的允许偏差和检验方法　　　　表 10-95

项次	项目		允许偏差(mm)	检验方法
1	柱底面到柱端与桁架连接的最上一个安装孔的距离	$L\leq 15m$	±10	用钢尺检查
		$L<15m$	±15	
2	柱底面到牛腿支承面距离	$L_1\leq 10m$	±5	
		$L_1>10m$	±8	
3	连接同一构件的任意两组安装孔距离		±2	
4	受力支托板表面到第一个安装孔距离		±1	
5	牛腿平面翘曲		2	用拉线、直角尺和钢尺检查
6	柱身挠曲矢高		$L/1000$ 且不大于 12	
7	柱身扭曲	牛腿处	3	用拉线、吊线和钢尺检查
		其它处	8	
8	柱截面几何尺寸	接合处	±3	用钢尺检查
		其它处	±5	
9	翼缘板倾斜度	$b\leq 400mm$	$b/100$	用直角尺和钢尺检查
		$b>400mm$	5	
		接合处	1.5	
10	柱脚底板翘曲		3	用 1m 直尺和塞尺检查
11	柱脚螺栓孔中心对柱中心线的偏移		±1.5	用钢尺检查

注：L 为钢柱长度；L_1 为柱底面到牛腿支承面距离；b 为翼缘板宽度。

高层多节柱制作的允许偏差和检验方法 表 10-96

项次	项目		允许偏差(mm)	检验方法
1	一节柱长		±3	用钢尺检查
2	多节柱总长		±7	
3	柱身挠曲矢高		$L/1000$且不于5	
4	牛腿的翘曲或扭曲	$L_2 \leqslant 600$mm	2	用拉线、直角尺和钢尺检查
		$L_2 > 600$mm	3	
5	柱截面几何尺寸		±3	用钢尺检查
6	翼缘板倾斜度	$b \leqslant 400$mm	$b/100$	用直角尺和钢尺检查
		$b > 400$mm	5	
		接合处	1.5	
7	腹板中心线偏移	接合处	2	用钢尺检查
		其它处	3	
8	柱脚底板翘曲		3	用1m直尺和塞尺检查
9	柱脚螺栓对柱中心线偏移		1.5	用钢尺检查
10	每节柱柱身扭曲		5	用拉线、吊线和钢尺检查
11	柱底刨平面到牛腿支承的距离		±2	用钢尺检查

注：L为一节柱长度；L_2为牛腿长度；b为翼缘板宽度。

焊接实腹梁的允许偏差和检验方法 表 10-97

项次	项目		允许偏差(mm)	检验方法
1	梁跨度	端部刀板封头	−5	用钢尺检查
		其它型式	±$L/2500$ 且不大于10	
2	端部高度	$H \leqslant 2$m	±2	
		$H > 2$m	±3	
3	两端最外侧安装孔距离		±3	
4	起拱度		±5且不得下挠	用拉线和钢尺检查
5	侧弯矢高		$L/2000$ 且不大于10	
6	扭曲		$h/250$	用拉线、吊线和钢尺检查
7	腹板局部平直度	$\delta < 14$mm	$3L/1000$	用1m直尺和塞尺检查
		$\delta \geqslant 14$mm	$2L/1000$	
8	翼缘板倾斜度		2	用直角尺和钢尺检查
9	上翼缘板与轨道接触面平直度		1	用1m直尺,200mm直尺和塞尺检查
10	腹板中心线偏移		3	用钢尺检查
11	翼缘板宽度		±3	

注：L为梁的长度；H为梁的端部高度；δ为腹板厚度。

屋架、屋架梁及其它桁架制作的允许偏差和检验方法　　　　表 10-98

项次	项	目	允许偏差(mm)	检验方法
1	屋（桁）架最外端两个孔或两端支承面最外侧距离	$L \leq 24m$	+3 -7	用钢尺检查
		$L > 24m$	+5 -10	
2	桁架或天窗中点高度		±3	
3	桁架起拱	设计要求起拱	+10 -0	用拉线和钢尺检查
		设计不要求起拱	±L/5000	
4	桁架弦杆在相邻节点间平直度		l/1000不大于5	
5	固定檩条的连接件间距		±5	
6	固定檩条或其它构件的孔中心距	孔组距	±3	用钢尺检查
		组内孔距	±1.5	
7	支点处固定上下弦杆的安装孔距离		±2	
8	支承面到第一个安装孔距离		±1	
9	杆件节点杆件几何中心线交汇点		3	划线后用钢尺检查

注：L 为屋（桁）架长度；l 为弦杆在相邻节点间距离。

构件孔径的允许偏差和检验方法　　　　表 10-99

项次	项	目	允许偏差(mm)	检验方法
1	精制螺栓	直径10～18mm	螺栓杆	+0 -0.18	用量规检查
			螺栓孔	+0.18 -0	
2		直径18～30mm	螺栓杆	+0 -0.21	
			螺栓孔	+0.21 -0	
3		直径30～50mm	螺栓杆	+0 -0.25	
			螺栓孔	+0.25 -0	
4	高强度螺栓孔			+1 -0	

构件螺栓孔距的允许偏差和检验方法　　　　表 10-100

项次	项	目	允许偏差(mm)	检验方法
1	同组螺栓	相邻两孔距	≤500mm	±0.7	用钢尺检查
		任意两孔距	≤500mm	±1.0	
			500～120mm	±1.2	
2	相邻两组的端孔距		≤500mm	±1.2	
			500～1200mm	±1.5	
			1200～3000mm	±2	
			>3000mm	±3	

钢结构主体与围护系统安装的允许偏差和检验方法　　　表10-101

项次	项　　目		允许偏差(mm)	检验方法
1	柱	柱中心线与定位轴线偏移	5	用吊线和钢尺检查
2	柱	柱基准点标高　有吊车梁	+3 / −5	用水准仪检查
	柱	柱基准点标高　无吊车梁	+5 / −8	
3	柱	单层柱垂直度　$H \leqslant 10m$	10	用经纬仪或吊线和钢尺检查
	柱	单层柱垂直度　$H > 10m$	$H/1000$ 且不大于25	
4	柱	多节柱垂直度　底层柱 / 顶层柱	10 / 35	
5	柱	柱的侧向弯曲	$H/1000$ 且不大于15	用经纬仪或拉线和钢尺检查
6	屋架、纵、横梁	桁架弦杆在相邻节点间隙	$l/1000$ 且不大于5	用拉线和钢尺检查
7	屋架、纵、横梁	檩条间距	±5	用钢尺检查
8	屋架、纵、横梁	垂直度	$h/250$ 且不大于15	用经纬仪或拉线和钢尺检查
9	屋架、纵、横梁	侧向弯曲	$L/1000$ 且不大于10	用拉线和钢尺检查

注：H为柱的高度；h为屋架、纵、横梁高度；L为屋架、纵、横梁长度；l为弦杆在相邻节点间距离。

吊车梁安装的允许偏差和检验方法　　　表10-102

项次	项　　目		允许偏差(mm)	检验方法
1	跨间同一横截面内吊车梁顶面高差	在支座处	10	用水准仪和钢尺检查
	跨间同一横截面内吊车梁顶面高差	在其它处	15	
2	在房屋跨间任一截面的跨距		±10	用钢尺检查
3	垂　直　度		$H/500$	用吊线和钢尺检查
4	上表面标高		±5	用水准仪和钢尺检查
5	相邻两柱间梁面高差		$L/1000$ 且不大于10	
6	接头部位中心错位		3	用钢尺检查
7	制动板表面平直度每1米		3	用1m直尺和塞尺检查
8	制动梁弦杆在相邻节点间平直度		$l/1000$ 且不大于5	用拉线和钢尺检查
9	侧向弯曲		$L/1000$ 且不大于10	
10	中心线对牛腿中心线偏移		±5	用钢尺检查

注：H为梁高度；L为梁长度；l为弦杆在相邻节点间距离。

以上各表摘自《建筑安装工程质量检验评定统一标准》(GBJ300—88)。

三、起重吊装指挥信号

起重吊装信号常用手势、口笛、旗语。手势信号见表10-102所列。

1. 手势

表 10-103

顺序	动作	手势图	说明
1	吊钩升起		食指向上伸出，作旋转动作
2	吊钩降落		食指向下，同时作旋转动作
3	吊钩微微上升		一手平举，手心向下；另一手食指向上，对着手心作旋转动作
4	吊钩微微降落		一手平举，手心向上；另一手食指向下，对着手心作旋转动作
5	吊臂升起		大拇指向上，作上下运动
6	吊臂降落		大拇指向下，作上下运动
7	吊臂微微升起	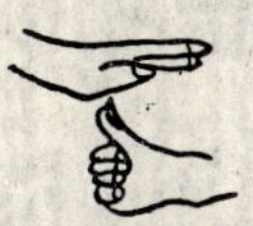	一手大拇指向上，指着另一手心作上下运动
8	吊臂微微降落		一手大拇指向下，指着另一手手的手心作上下运动
9	起重机向前移动	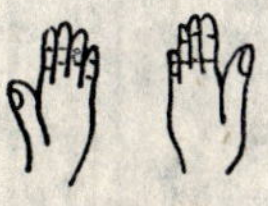	两手心向里，对着自己作前后运动
10	起重机向后移动		两手心向外，作前后运动

续表

项次	动作	手势图	说明
11	吊臂向右转		左手食指横指右手心,作旋转动作
12	吊臂向左转		右手食指横指左手心,作旋转动作
13	起重机向右转		左手手心向外,右手手心向里,两手作前后运动
14	起重机向左转		右手手心向外,左手手心向里作前后运动
15	起重机停止工作		把手平伸向前,手背向上,作左右运动
16	紧急停止		举手握拳

2. 哨笛（配合手势使用）

(1) 吹两短声,表示起升：嘟嘟——嘟嘟——嘟嘟。

(2) 吹三短声,表示下落：嘟嘟嘟——嘟嘟嘟——嘟嘟嘟。

(3) 吹一长声,表示停止：嘟——。

3. 旗语（也可配合哨笛使用）

(1) 红绿旗上举,表示开车；

(2) 红绿旗下指,表示停车；

(3) 绿旗向上,表示起升吊钩；

(4) 绿旗向下,表示降落吊钩；

(5) 绿旗左右摆动,表示停止滑车动作；

(6) 红旗向上,表示吊臂起升；

(7) 红旗向下,表示吊臂降落；

(8) 红旗左右摆动,表示停止吊臂动作；

(9) 二旗卷起指向左,表示吊臂向右转,二旗卷起指向右,表示吊臂向左转。

(10) 二旗交叉,表示构件安装完了,停止全部动作。